普通高等教育"十四五"软件工程专业系列教材

江西省线上一流本科课程配套教材

软件测试基础及实践

颜 丽 ◎ 主编

中国铁道出版社有限公司
CHINA RAILWAY PUBLISHING HOUSE CO., LTD.

内 容 简 介

本书对软件测试相关技术和管理以及软件测试职业规划和职业能力要求等进行了全面、系统的阐述。全书共分为8章，主要包括软件测试概述、软件测试基础、软件缺陷基础、白盒测试、黑盒测试、自动化测试、性能测试、软件测试评估等内容。

本书内容全面、重点突出、难易适中，注重基本概念和基础理论的讲解，精心设计了多个典型案例，采用案例驱动方式对测试工具的实操做出了完整演示，强调测试技术的实践应用，使读者能更好地理解和掌握软件测试技术，并运用到实际测试工作中。本书提供微视频、实验案例库、练习素材及相关软件测试工具的安装包和配置文档等丰富的配套数字资源，方便学生自学；学习者也可前往上海泽众软件科技有限公司官网（http://www.spasvo.com）获取软件下载服务。

本书既可以作为高等学校计算机及相关专业"软件测试"课程的教材，也可以作为软件测试人员、软件评测师职业资格认定报考人员和软件测试爱好者的自学读物。

图书在版编目（CIP）数据

软件测试基础及实践 / 颜丽主编 . —北京：中国铁道出版社有限公司，2022.11（2024.6 重印）

普通高等教育"十四五"软件工程专业系列教材

ISBN 978-7-113-29884-5

Ⅰ . ①软… Ⅱ . ①颜… Ⅲ . ①软件－测试－高等学校－教材 Ⅳ . ① TP311.55

中国版本图书馆 CIP 数据核字（2022）第 256092 号

书　　名：软件测试基础及实践

作　　者：颜　丽

策　　划：曹莉群　　　　　　　　　　编辑部电话：（010）63549501

责任编辑：贾　星　贾淑媛

封面设计：高博越

责任校对：苗　丹

责任印制：樊启鹏

出版发行：中国铁道出版社有限公司（100054，北京市西城区右安门西街8号）

网　　址：https://www.tdpress.com/51eds/

印　　刷：河北宝昌佳彩印刷有限公司

版　　次：2022年11月第1版　2024年6月第2次印刷

开　　本：787 mm×1 092 mm　1/16　印张：17.75　字数：502千

书　　号：ISBN 978-7-113-29884-5

定　　价：49.80元

版权所有　侵权必究

凡购买铁道版图书，如有印制质量问题，请与本社教材图书营销部联系调换。电话：（010）63550836

打击盗版举报电话：（010）63549461

前　言

目前，社会对软件质量的要求越来越高，软件规模不断增大，复杂性日益提升，如何保障软件质量已成为软件行业十分注重的问题。软件测试工作受到越来越多的重视，从事软件测试工作的人员也越来越多，社会对素质过硬的软件测试人员的需求也越来越迫切。编者作为萍乡学院软件测试人才培养的一线教师，一直关心和思考如何将软件测试教材的内容设计得合理、适用，才能更加符合社会对软件测试人员的理论要求、技术要求和实践能力要求。

编者将多年的软件测试教学经验融入书中，在内容安排、案例设计等方面做了精心研究。本书紧紧围绕软件测试的职业能力要求来编写，第1章至第5章是针对初级测试工程师的职业要求编写，是本书的重点内容；第6章自动化测试是针对中级测试工程师的职业要求编写；第7章和第8章是针对高级测试工程师的职业要求编写。本书保证了软件测试基础理论的系统性和完整性，重点突出基本理论、基本知识和基本技能，同时，一定程度上阐述了软件自动化测试、性能测试和软件测试评估的基础知识、工作流程和工具使用。

全书共8章，第1章介绍了软件测试的必要性、软件测试与软件质量保证和软件开发之间的关系、软件测试职业概述和软件测试发展；第2章介绍了软件测试的基本概念、软件测试模型、软件测试的工作流程和软件测试管理工具的实操演练；第3章介绍了软件缺陷的基本概念、软件缺陷的分离和再现、软件缺陷报告的撰写、软件缺陷的生命周期、软件缺陷的分析方法和软件缺陷管理工具的实操演练；第4章和第5章介绍了白盒测试和黑盒测试常用的测试方法，并通过案例介绍测试方法的实际应用和静态测试工具的操作使用；第6章介绍了自动化测试的基本概念、自动化测试流程、自动化测试工具的分类和选择，以及Web自动化测试工具和移动自动化测试工具的

软件测试基础及实践

实操演练;第7章介绍了性能测试的内容、指标、流程和常见的性能测试工具的使用;第8章从覆盖评估、缺陷评估和性能评估三方面阐述对软件质量的评估。全书的结构图如下:

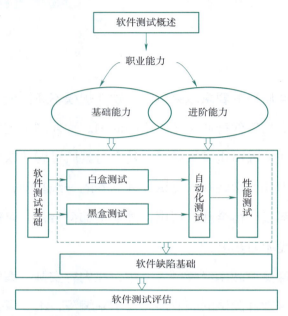

本书的参考学时为34学时,各章节的参考学时见下面的学时分配表。

章次	教学内容	学时分配
第1章	软件测试概述	2
第2章	软件测试基础	6
第3章	软件缺陷基础	4
第4章	白盒测试	6
第5章	黑盒测试	8
第6章	自动化测试	4
第7章	性能测试	2
第8章	软件测试评估	2

本书充实了软件测试的入门基础知识和技术及自动化测试和性能测试的进阶知识,以知识链接的形式呈现,重视课程内容与职业能力要求对接,体现继承与创新相结合,既可以为软件测试入门的学生和软件测试进阶的学生提供一定的指导,又可为想取得软件评测师职业资格证书的学习者奠定一定的知识基础,也适用于测试工作者及测试爱好者自主学习。

前言

本书融合了微课数字资源，体现以学生为中心的编写理念，以满足学生个性化发展的需求。数字资源由编者负责的江西省线上一流本科课程"软件质量保证与测试"提供，课程网址是 https://www.xueyinonline.com/detail/222558117，其中包括重要知识点的课件、授课视频、随堂练习、课后思考及实验案例库等。数字资源的融合力求将软件测试的思维模式和学习方法渗透到本书内容中，有助于学生利用碎片化时间主动地学习和思考，激发学生的学习积极性，有利于学生更为牢固地掌握软件测试的基础知识、测试方法和技术，也有利于提升学生解决软件测试问题的思维能力和实践能力。

本书涉及的软件测试管理工具、静态测试工具、自动化测试工具和性能测试工具由上海泽众软件科技有限公司提供，在此由衷地感谢上海泽众软件科技有限公司提供的教学案例资源和软件测试工具，感谢上海泽众软件科技有限公司的商务经理黄远波、软件测试工程师刘自强和市场总监钟惠民提供的技术指导及对本书提出的宝贵意见。编者在编写过程中参阅了大量国内外相关文献资料，在此一并向这些文献的作者表示感谢。

由于编者水平有限，书中难免存在疏漏之处，敬请广大读者批评指正！

编　者

2022 年 9 月

目 录

第 1 章 软件测试概述 1
1.1 软件测试引论 1
1.1.1 软件故障案例 2
1.1.2 软件缺陷与软件故障 4
1.1.3 软件质量与质量模型 6
1.1.4 软件测试的必要性 9
1.2 软件测试与软件质量保证 10
1.3 软件测试与软件开发 11
1.4 软件测试职业概述 13
1.4.1 软件测试职位和职责 13
1.4.2 软件测试硬实力要求 15
1.4.3 软件测试软实力要求 16
1.5 软件测试的发展 17
1.5.1 软件测试的发展历程 17
1.5.2 软件测试的认知误区 19
1.5.3 软件测试的发展趋势 21
小结 23
习题 23

第 2 章 软件测试基础 26
2.1 软件测试的基本概念 27
2.1.1 软件测试的定义 27
2.1.2 软件测试的目的 27
2.1.3 软件测试的原则 28
2.1.4 软件测试的对象 31
2.1.5 软件测试的分类 31

2.2 软件测试模型 41
2.2.1 V 模型 41
2.2.2 W 模型 43
2.2.3 H 模型 44
2.2.4 X 模型 45
2.2.5 敏捷测试模型 46
2.3 软件测试流程 47
2.3.1 测试需求分析 48
2.3.2 测试计划制订 49
2.3.3 测试用例设计 55
2.3.4 测试执行 61
2.3.5 测试报告编写 68
2.3.6 测试结束标准 70
2.3.7 常见的软件测试管理系统 73
2.4 软件测试管理工具——TestCenter 75
2.4.1 TestCenter 简介 75
2.4.2 TestCenter 的安装 78
2.4.3 TestCenter 的使用 84
小结 104
习题 105

第3章 软件缺陷基础 110
3.1 软件缺陷基本概念 110
3.1.1 软件缺陷的定义 110
3.1.2 软件缺陷的种类 111
3.1.3 软件缺陷的描述 114
3.1.4 软件缺陷的属性 115
3.2 分离和再现软件缺陷 118
3.3 软件缺陷报告 121
3.4 软件缺陷的生命周期 124
3.5 软件缺陷的分析 128
3.6 软件缺陷管理系统 133
3.6.1 软件缺陷管理系统概述 133

目录

3.6.2 常见的软件缺陷管理系统 136
3.7 软件缺陷管理工具——TestCenter 136
3.7.1 TestCenter 缺陷管理的特点 136
3.7.2 TestCenter 缺陷管理的过程 137
小结 149
习题 150

第 4 章 白盒测试 153
4.1 白盒测试概述 154
4.2 静态测试方法 154
4.2.1 代码检查法 154
4.2.2 静态结构分析法 156
4.2.3 常见的静态测试工具 156
4.2.4 静态测试工具——CodeAnalyzer 157
4.3 动态测试方法 165
4.3.1 逻辑覆盖法 165
4.3.2 基本路径测试法 171
4.3.3 Z 路径覆盖法 176
4.3.4 常见的动态测试工具 176
小结 177
习题 178

第 5 章 黑盒测试 181
5.1 黑盒测试概述 182
5.2 等价类划分法 183
5.2.1 等价类划分法概述 183
5.2.2 等价类的划分 183
5.2.3 测试用例的设计 185
5.3 边界值分析法 188
5.3.1 边界值分析法概述 188
5.3.2 边界值的确定 188
5.3.3 测试用例的设计 188
5.4 判定表法 190
5.4.1 判定表法概述 190

- 5.4.2 判定表的组成 ... 191
- 5.4.3 测试用例的设计 ... 191
- 5.5 因果图法 ... 195
  - 5.5.1 因果图法概述 ... 195
  - 5.5.2 因果图的图形符号 ... 195
  - 5.5.3 测试用例的设计 ... 197
- 5.6 正交试验法 ... 200
  - 5.6.1 正交试验法概述 ... 200
  - 5.6.2 正交表的选择 ... 200
  - 5.6.3 测试用例的设计 ... 202
- 5.7 场景法 ... 206
  - 5.7.1 场景法概述 ... 206
  - 5.7.2 场景分析 ... 206
  - 5.7.3 测试用例的设计 ... 207
- 5.8 错误推测法 ... 213
  - 5.8.1 错误推测法概述 ... 213
  - 5.8.2 测试用例的设计 ... 214
- 小结 ... 215
- 习题 ... 216

第6章 自动化测试 ... 219

- 6.1 自动化测试概述 ... 220
- 6.2 自动化测试流程 ... 221
- 6.3 自动化测试工具概述 ... 223
  - 6.3.1 自动化测试工具的分类 ... 223
  - 6.3.2 自动化测试工具的选择 ... 224
- 6.4 常见的自动化测试工具 ... 225
- 6.5 Web自动化测试工具——AutoRunner ... 227
  - 6.5.1 AutoRunner简介 ... 227
  - 6.5.2 AutoRunner的安装 ... 229
  - 6.5.3 AutoRunner的使用 ... 230
- 6.6 移动自动化测试工具——MobileRunner ... 237
  - 6.6.1 MobileRunner简介 ... 237

目录

  6.6.2 MobileRunner 的安装 238

  6.6.3 MobileRunner 的使用 239

小结 242

习题 242

第 7 章 性能测试 245

7.1 性能测试概述 246

7.2 性能测试内容 247

7.3 性能测试指标 248

7.4 性能测试流程 249

7.5 常见的性能测试工具 251

7.6 性能测试工具——PerformanceRunner 252

  7.6.1 PerformanceRunner 简介 252

  7.6.2 PerformanceRunner 的安装 253

  7.6.3 PerformanceRunner 的使用 255

小结 261

习题 262

第 8 章 软件测试评估 264

8.1 覆盖评估 265

  8.1.1 基于需求的覆盖评估 265

  8.1.2 基于代码的覆盖评估 265

8.2 缺陷评估 266

  8.2.1 缺陷发现率 266

  8.2.2 缺陷潜伏期 267

  8.2.3 缺陷密度 267

  8.2.4 整体缺陷清除率 268

8.3 性能评估 268

小结 269

习题 269

附录 A 部分习题参考答案 270

参考文献 272

第1章

软件测试概述

📄 引言

本章概括介绍由于软件故障或缺陷引发的典型案例，描述软件出现问题时使用的各种术语、软件质量的模型及软件测试的必要性；介绍软件测试与软件质量、软件测试与软件开发的关系；描述软件测试的职位和职责及软件测试的能力要求，并对于想从事软件测试的读者给出职业规划建议；最后探讨软件测试的发展。

🌐 内容结构图

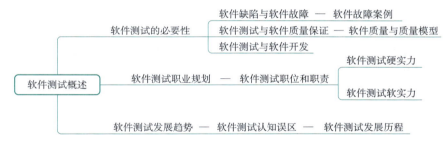

✏️ 学习目标

了解：通过软件工程的管理过程了解软件测试与软件质量保证、软件开发之间的关系；通过软件测试经历的发展过程以及存在的认知误区了解软件测试发展的趋势。

理解：通过对软件缺陷与故障的关系及其引发的案例、软件质量与质量模型的要求深入理解软件测试的必要性。

应用：通过软件测试职位及相应职责要求和能力要求的学习，能制订符合自身发展的职业规划。

分析：本章作为导引，目的在于让读者能够就软件测试和软件质量保证、软件测试和软件开发、软件测试行业发展方向等方面有深入的思考，并提出一些有意义的问题。

1.1 软件测试引论

在互联网时代，软件质量是市场竞争的需要，质量好的软件是留住客户的最关键的手段之一，软件企业也必须依靠质量才能立于不败之地；高质量的软件可以大大降低"质量问题产生的成本"，提升软件企业竞争力。软件测试作为保证软件质量的重要手段之一，越来越得到企业的重视，软件测试也是软件生命周期中不可或缺的存在。

1.1.1 软件故障案例

软件作为新一代信息技术产业的灵魂和信息革命的重要标志，其显著特点就是人类脑力劳动的成果，随着软件系统的规模和复杂度与日俱增，出现了各种各样的软件缺陷。由于软件故障造成的各类事故层出不穷，有的甚至带来灾难性后果。下面案例的介绍解答了一个简单又重要的问题——充分的软件测试是非常有必要性。

1. 爱国者导弹防御系统事件

美国爱国者导弹防御系统是主动战略防御（即星球大战）系统的简化版本，它首次被用在海湾战争对抗伊拉克飞毛腿导弹的防御作战中，总体上看效果不错。但在1991年2月25日海湾战争期间，在沙特阿拉伯的美国爱国者导弹系统没能成功拦截飞入美军营地的飞毛腿导弹，该飞毛腿导弹击中了该地的一个美军军营并导致28名士兵阵亡。

事后的政府调查发现这次拦截失败的原因在于导弹系统时钟内的一个软件错误。该系统预测一个飞毛腿导弹下一次将会在哪里出现是通过一个函数来实现的，该函数接收两个参数，即飞毛腿导弹的速度和雷达在上一次侦测到该导弹的时间，其中时间是基于系统时钟时间乘以1/10所得到的秒数进行表示。众所周知，计算机中的数字是以二进制形式来表示的，十进制的1/10用二进制来表示就会产生一个微小的精度误差。当时该爱国者导弹系统的电池已经启动了100 h，系统最终导致的时间偏差达到了0.34 s之多。一个飞毛腿导弹飞行的速度大概是1 676 m/s，因此在0.34 s的误差时间内针对飞毛腿导弹就会产生超过半公里的误差，这个距离显然无法准确地拦截正在飞来的飞毛腿导弹。

这个时间误差导致的问题在代码的某些部分是有进行修复的，也就是说有人已经意识到这个错误，但问题在于当时并没有把相关的所有问题代码进行修复，这个时间精度的问题依然存在该系统之中。

2. 英特尔奔腾芯片缺陷

如果在计算机的"计算器"中输入以下算式：

$$（419583/3145727）\times 3145727-419583$$

如果答案是0说明该计算机浮点运算没问题。如果答案不是0表示计算机的浮点除法存在缺陷。1994年，英特尔奔腾CPU芯片就曾经存在这个软件缺陷，而且被大批生产卖给用户，最后，英特尔为自己处理软件缺陷的行为道歉并拿出4亿多美元来支付更换坏芯片的费用，可见这个软件缺陷造成的损失有多大。

该缺陷是美国弗吉尼亚州Lguchbny大学的Thomas R.Nicely博士发现的。他在奔腾PC上做除法实验时记录了一个没想到的结果。他把发现的问题放到因特网上，随后引发了一场风波，成千上万的人发现了同样的问题，以及其他得出错误结果的情形。万幸的是，这种情况很少见，仅仅在进行精度要求很高的数学、科学和工程计算中才导致错误。大多数进行财会管理和商务应用的用户根本不会遇到此类问题。

其实，英特尔的软件测试工程师在芯片发布之前进行内部测试时已经发现了这个问题，但管理层认为这没有严重到一定要修正，甚至需要公布这个问题。当软件缺陷被发现时，英特尔通过新闻发布和公开声明试图掩饰这个问题的严重性。受到压力时，英特尔承诺更换有问题的芯片，但要求用户必须证明自己受到软件缺陷的影响。结果舆论大哗，因特网新闻组充斥着愤怒的客户要求英特尔解决问题的呼声。得到这个教训之后，英特尔在网站上报告已发现的问题，并认真对待客户在因特网新闻组上的反馈意见。

这个事件不仅说明软件缺陷所带来的问题，更重要的是说明对待软件缺陷的态度。

3. 迪士尼圣诞节礼物事件

1994 年圣诞节前夕，迪士尼公司发布了第一个面向儿童的多媒体光盘游戏"狮子王童话"。尽管在此之前，已经有不少公司在儿童计算机游戏市场上运作多年，但对迪士尼公司而言，还是第一次进军这个市场。由于迪士尼公司的诸多品牌和事先的大力宣传及良好的促销活动，市场销售情况非常好，该游戏成为父母为自己孩子过圣诞节的必买礼物。

但结果却出人意料，12 月 26 日，圣诞节后的第一天，迪士尼公司的客户支持部电话开始响个不停，不断有人咨询、抱怨为什么游戏总是安装不成功，或无法正常使用。很快，电话支持部门就淹没在愤怒家长的责问声和玩不成游戏孩子们的哭诉之中，报纸和电视开始不断报道此事。

后来证实，迪士尼公司没有对当时市场上的各种 PC 机型进行完整的系统兼容性测试，只是在几种 PC 机型上进行了相关测试。所以，这个游戏软件只能在少数系统中正常运行，但在大众使用的其他常见系统中却不能正常安装和运行，甚至导致很多 PC 安装游戏之后崩溃。

4. Ariane 5 型运载火箭爆炸

1996 年 6 月 4 日，Ariane 5 火箭首次发射。火箭在发射 37 s 之后偏离其飞行路径并突然发生爆炸，与 Ariane 5 火箭一同化为灰烬的还有 4 颗太阳风观察卫星。这是世界航天史上的一大悲剧，也是历史上损失惨重的软件故障事件。

事后的调查显示，控制惯性导航系统的计算机向控制引擎喷嘴的计算机发送了一个无效数据，其原因在于将一个 64 位浮点数转换成 16 位有符号整数时产生了溢出。这个溢出值测量的是火箭的水平速率，开发人员在设计 Ariane 4 火箭的软件时，认真分析了火箭的水平速率，确定其值绝不会超出一个 16 位的数。而 Ariane 5 火箭比 Ariane 4 的速度高出近 5 倍，显然会超出一个 16 位数的范围。不幸的是，开发人员在设计 Ariane 5 火箭时只是简单地重用了这部分程序，并没有检查它所基于的假设。

5. 火星登陆事故

1999 年，美国宇航局的火星基地登陆飞船在试图登陆火星表面时突然坠毁失踪。质量管理小组观测到故障并认定出现错误动作的原因极可能是某一个数据位被意外更改。什么情况下这个数据位被修改了？又为什么没有在内部测试时发现呢？

从理论上看，登陆计划过程是在飞船降落到火星的过程中，降落伞将被打开，减缓飞船的下落速度。降落伞打开后的几秒内，飞船的 3 条腿将迅速撑开，并在预定地点着陆。当飞船离地面 1 800 m 时，它将丢弃降落伞，点燃登陆推进器，在余下的高度缓缓降落地面。美国宇航局为了省钱，简化了确定何时关闭推进器的装置。为了替代其他太空船上使用的贵重雷达，在飞船的脚上装了一个廉价的触点开关，在计算机中设置一个数据位来关掉燃料。很简单，飞船的脚不"着地"，引擎就会点火。不幸的是，质量管理小组在事后的测试中发现，当飞船的脚迅速摆开准备着陆时，机械振动在大多数情况下也会触发着地开关，导致设置错误的数据位。设想飞船开始着陆时，计算机极有可能关闭推进器，而火星登陆飞船下坠 1 800 m 之后冲向地面，必然会撞成碎片。

为什么会出现这样的结果？原因很简单。登陆飞船经过了多个小组测试，其中一个小组测试飞船的脚落地过程，但从没有检查那个关键的数据位，因为那不是这个小组负责的范围；另一个小组测试着陆过程的其他部分，但这个小组总是在开始测试之前重置计算机、清除数据位。双方本身的工作都没有问题，就是没有合在一起测试，使接口没有被测，而问题就在这里，后一个小组没有注意到数据位已经被错误设置。

总之，导致这个事故的原因仅仅由于两个测试小组单独进行测试，没有进行很好沟通，缺少一个集成测试的阶段。

6. "千年虫"问题

在 20 世纪 70 年代，程序员为了节约非常宝贵的内存资源和硬盘空间，在存储日期时用 YYMMDD 方式，即只保留年份的后两位，如"1980"被存为"80"。但是到 2000 年时，两位数的表示就会出现争议，争议到底是 1900 年还是 2000 年，甚至还有闰年的判断上也会出现争议，特别是一些需要跨时间计算的数据，这样会导致系统等一系列崩溃。所以，当 2000 年快要来到的时候，为了这样一个简单的设计缺陷，全世界付出几十亿美元的代价。

为了避免此类问题再发生后续，就采用了 YYYYMMDD 的表示方法。这个千年虫是由于程序 Bug 引起的问题，并不是病毒。

7. Windows 2000 安全漏洞

据美国军方在 2002 年 3 月 18 日证实，微软网络软件中一个原来未知的缺陷让一名联机攻击者控制了美国国防部服务器的公开接口。微软远程服务是一种用于远程登录到大学、政府机关及其他机关网站的系统或邮件服务器上的协议。Windows 2000 内运行的远程服务软件所出现的安全漏洞可能导致三种截然不同的安全隐患——拒绝服务、权限滥用、信息泄露。安全漏洞可能会导致 DOS 攻击，使得系统无法向合法用户提供远程登录服务。而另外两种安全缺陷更严重些，都涉及系统管理权限，有可能帮助攻击者通过键盘输入的一个系统功能在无须登录的情况下完全控制 Windows 2000 系统。这样攻击者便可以在计算机上执行任意操作，包括在计算机上添加用户、安装或删除系统组件、添加或删除软件、破坏数据或执行其他操作。

8. "冲击波"计算机病毒

2003 年 8 月 11 日，"冲击波"计算机病毒首先在美国发作，使美国的政府机关、企业及个人用户的成千上万的计算机受到攻击。随后，"冲击波蠕虫"很快在因特网上广泛传播，中国、日本和欧洲等国家也相继受到不断的攻击，结果使十几万台邮件服务器瘫痪，给整个世界范围内的 Internet 通信带来惨重损失。

制造"冲击波蠕虫"的黑客仅仅用了 3 周时间就制造了这个程序，"冲击波"计算机病毒仅仅是利用微软 Messenger Service 中的一个缺陷，攻破计算机安全屏障，可使基于 Windows 操作系统的计算机崩溃。该缺陷几乎影响当前所有微软 Windows 系统，它甚至使安全专家产生更大的忧虑：独立的黑客们将很快找到利用该缺陷控制大部分计算机的方法。随后，微软公司不得不紧急发布补丁包，修正这个缺陷。

9. 东京证券交易所

2005 年 11 月 1 日，日本东京证券交易所股票交易系统发生大规模系统故障，导致所有股票交易全面告停，短短 2 个小时造成了上千亿元的损失。故障原因是当年 10 月为增强系统处理能力而更新的交易程存在缺陷，由于系统升级造成文件不兼容，从而影响交易系统的使用。

10. Google 公司 Gmail 故障

2009 年 2 月，Google 的 Gmail 故障，Gmail 用户几小时不能访问邮箱。故障是因数据中心之间的负载均衡软件的 Bug 引发的。Gmail 故障导致用户不能正常使用电脑或几个小时内无法访问邮箱。

1.1.2 软件缺陷与软件故障

软件测试使用各种术语描述软件出现的问题，通用的术语有：软件错误（Software Error）、软件缺陷（Software Defect）、软件故障（Software Fault）、软件失效（Software

Failure）。

1. 软件错误

在可以预见的时期内，软件仍将由人来开发。在整个软件生存期的各个阶段，都贯穿着人的直接或间接干预。由于软件开发人员思维上的主观局限性，且目前开发的软件系统都具有较高的复杂性，决定了在开发过程中出现软件错误是不可避免的。

软件错误是指在软件生存期内的不希望或不可接受的人为错误，其结果是导致软件缺陷的产生。可见，软件错误是一种人为过程，相对于软件本身，是一种外部行为，例如编程人员在编码过程中将条件表达式写错了等。

2. 软件缺陷

从产品内部看，软件缺陷是软件产品开发或维护过程中所存在的错误、误差等各种问题；从外部看，软件缺陷是系统所需要实现的某种功能的失效或违背。

软件缺陷就是软件产品中所存在的问题，最终表现为用户所需要的功能没有完全实现，不能满足或不能全部满足用户的需求。软件缺陷反映了软件开发过程中需求分析、功能设计、用户界面设计、编程等环节所隐含的问题。软件缺陷的表现形式有多种，不仅体现在功能的失效方面，而且体现在其他方面，例如：

- 设计不合理，不是用户所期望的风格、格式等。
- 部分实现了软件某项功能。
- 实际结果和预期结果不一致。
- 系统崩溃，界面混乱。
- 数据结果不正确，精度不够。
- 存取时间过长，界面不美观等。

引起软件缺陷的原因比较复杂，来源于方方面面，有软件自身的问题，也有沟通的问题，还有技术问题等。主要因素有：

- 在需求定义时，用户或产品经理在产品功能上没有想清楚。
- 需求分析、系统设计时，相关方不能准确表达自己的意见，沟通之间也会存在误解，特别是技术人员和用户、市场人员的沟通存在较大的困难。
- 沟通不充分，或在多个环节沟通以后信息容易失真，误差会不断放大。
- 软件设计规格说明书中有些功能不可能或无法实现。
- 系统设计存在不合理性，难以面面俱到，容易忽视某些质量特性要求。
- 复杂的程序逻辑处理不当，数据范围的边界考虑不够周全，容易引起程序出错。
- 算法错误或没有进行优化，从而造成错误、精度不够或性能低下。
- 软件模块或组件多，接口参数多，配合不好，容易出现不匹配的问题。
- 异常情况，一时难以想到某些特别的应用场合，如时间同步、大数据量和用户的特别操作等。
- 其他人为错误，如文字写错、数据输入出错、程序敲错等。

在实践中，大多数软件缺陷产生的原因并非编程错误，主要来自产品说明书的编写和产品方案设计，而编程排在第三位。

3. 软件故障

软件故障是指软件运行过程中出现的一种不希望或不可接受的内部状态。譬如，软件处于执行一个多余循环过程时，这种情况下软件就会出现故障。此时若无适当的措施（容错）加以及时处理，便产生软件失效。显然，软件故障是一种动态行为。

4. 软件失效

软件失效是指软件运行时产生的一种不希望或不可接受的外部行为结果，如软件运行在某一条件下导致了计算机的死机状态。

通常，软件错误是一种人为错误。一个软件错误必定产生一个或多个软件缺陷。当一个软件缺陷被激活时，便产生一个软件故障；同一个软件缺陷在不同条件下被激活，可能产生不同的软件故障。软件故障如果没有及时的容错措施加以处理，便不可避免地导致软件失效；同一个软件故障在不同条件下可能产生不同的软件失效。

软件失效的机理可描述为：软件错误→软件缺陷→软件故障→软件失效。

1.1.3 软件质量与质量模型

1. 质量的定义

质量的内容十分丰富，随着社会经济和科学技术的发展，也在不断充实、完善和深化，同样，人们对质量概念的认识也经历了一个不断发展和深化的过程。主要有代表性的概念有以下4个：

（1）朱兰的定义

美国质量管理专家朱兰博士从顾客的角度出发，提出了产品质量就是产品的适用性。即产品在使用时能成功地满足用户需要的程度。用户对产品的基本要求就是适用，适用性恰如其分地表达了质量的内涵。

（2）美国质量专家的定义

美国质量管理专家克劳斯比从生产者的角度出发，曾把质量概括为"产品符合规定要求的程度"；美国的质量管理大师德鲁克认为"质量就是满足需要"；全面质量控制的创始人菲根堡姆认为，产品或服务质量是指营销、设计、制造、维修中各种特性的综合体。

（3）ISO 8402：1994 中的定义

质量：反映实体满足明确或隐含需要能力的特性总和。

① 在合同环境中，需要是规定的，而在其他环境中，隐含需要则应加以识别和确定。

② 在许多情况下，需要会随时间而改变，这就要求定期修改规范。

（4）ISO 9000：2015 中质量的定义

国际标准化组织（ISO）2015年颁布的 ISO 9000：2015《质量管理体系基础和术语》中对质量的定义是：客体的一组固有特性满足要求的程度。相对于 ISO 8402：1994 的定义，这个定义更能直接地表述质量的属性，由于它对质量的载体不做界定，说明质量是可以存在于不同领域或任何事物中的。

2. 软件质量的定义

软件质量与传统意义上的质量概念并无本质上的区别，只是针对软件的某些特性做了调整。概括地说，软件质量就是"软件满足明确规定的和隐含的需求能力有关的全部特征和特性"。具体地说，软件质量是指对用户在功能和性能方面需求的满足、对规定的标准和规范的遵循，以及任何专业开发的软件产品都应该具有的隐含特征的满足。该软件质量定义包括三个方面，前两方面是根据质量术语"明确规定的"，最后一方面是按术语"隐含的"内容提出的，可以将软件质量分为三个层次，具体如下：

① 用户的需求是软件质量评价的基础，不满足户需求的软件是不能交付使用和走向市场的。

② 规定的标准和规范是软件开发的共同准则，不遵循这些标准和规范，就可能导致软件开发的无序和软件质量的低下。

③ 软件的某些要求虽未明确提出，但却是大家公认的，也应得到满足。

对于高质量的软件,除了满足上述需求之外,对于内部人员来说,它应该也是易于维护与升级的。软件开发时,统一的符合标准的编码规范、清晰合理的代码注释、形成文档的需求分析、软件设计等资料对于软件后期的维护与升级都有很大的帮助,同时,这些资料也是软件质量的一个重要体现。

软件质量是各种因素的复杂组合,软件质量因素也称为软件质量特性。人们要实现软件质量的整体提升就需要改善软件质量的各种特性。那么影响软件质量的特性有哪些?如何评价软件的质量呢?换句话说,满足哪些特性才能保证软件具有好的质量?为了解答这个问题就提出了软件质量模型。软件质量模型是对影响软件质量的特性进行研究和度量,并方便对软件的质量进行评价和风险进行识别、管理的模型。

3. 软件质量模型

目前已经有很多质量模型,主要分为层次模型和关系模型两大类。比较著名的层次模型有 McCall、Boehm、ISO 9126、ISO 25010;关系模型有 Perry 模型、Gillies 模型等。这些模型都试图将软件质量这个笼统而抽象的概念细化成不同粒度的质量要素和质量属性。

目前,通用的一个评价软件质量的国际标准质量模型是 ISO/IEC 25010:2011 国际标准。ISO/IEC 25010:2011 国际标准将软件质量分为使用质量和产品质量。

ISO/IEC 25010:2011 国际标准的产品质量是指在特定的使用条件下产品满足明示的和隐含的需求所明确具备能力的全部固有特性(内在特性),体现了产品满足产品要求的程度(外部表现),是产品的质量属性,包括功能适用性、效率、兼容性、易用性、可靠性、安全性、可维护性和可移植性等 8 个特性和 31 个子特性组成,如图 1-1 所示。

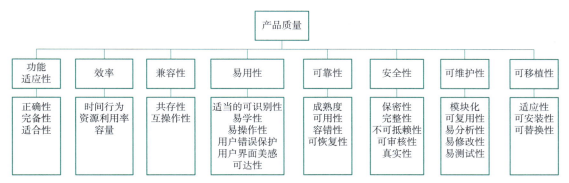

图 1-1 ISO 25010 产品质量模型

下面是 ISO 25010 的 8 大特性 31 个子特性的详细说明:

(1)功能适应性

在指定条件下使用时,产品或系统提供满足明确和隐含要求的功能的程度(功能性只关注功能是否满足明确和隐含要求,而不是功能规格说明)。

① 正确性:产品或系统提供所要求精度的正确程度或者相符的结果的程度。

② 完备性:产品或系统实现的功能集达到所有指定任务和用户目标的覆盖程度。

③ 适合性:产品或系统提供的功能促进完成指定任务和目标的程度(只提供用户必要的步骤就可以完成任务,不含任何不必要的步骤)。

(2)效率

与指定条件下所使用的资源量有关(资源可包括其他软件产品、系统的软件和硬件配置,以及原材料等)。

① 时间行为（或时间特性）：产品或系统在执行功能时，其响应时间、处理时间以及吞吐率满足要求的程度。

② 资源利用率：产品或系统在执行功能时，所使用的资源数量和类型满足要求的程度。

③ 容量：产品或系统参数的最大限量满足要求的程度（参数可包括存储数据项数量、并发用户数、通信带宽、交易吞吐量和数据库规模等）。

（3）兼容性

在共享相同的硬件或软件环境的条件下，产品、系统或组件能够与其他产品、系统或组件交换信息并使用已交换的信息的程度。

① 共存性：产品或系统在与其他产品共享相同环境和资源的条件下，能够有效执行其所需的功能，并且不会对其他产品的数据造成有害影响的程度。

② 互操作性：两个或多个产品、系统或组件能够交换信息并使用已交换的信息的程度。

（4）易用性

在指定的使用环境中，在产品或系统在有效率性、效率和满意度特性方面，指定的目标可为指定用户使用的程度。

① 适当的可识别性（或被识别的适当性）：用户能够识别产品或系统是否适合他们要求的程度（可识别性取决于通过对产品或系统的初步印象和/或任何相关文档来识别产品或系统功能的能力；产品或系统提供的信息可包括演示、教程、文档或网站的主页信息）。

② 易学性：产品或系统的有效性、效率、抗风险和满意度特性方面能够使用户有效、高效地使用它的程度。

③ 易操作性：产品或系统易于操作、控制和恰当使用的程度。

④ 用户错误保护：产品或系统保护用户不出错的程度。

⑤ 用户界面美感：产品或系统的用户界面提供令人愉悦和满意交互的程度。

⑥ 可达性（或可访问性）：产品或系统可以被具有最广泛特性和能力的个体在特定使用环境中使用的程度。

（5）可靠性

产品、系统或组件在指定条件和指定时间内执行指定功能的程度（可靠性的局限是由需求、设计和实现中的故障或使用环境的变化等因素所导致的）。

① 成熟度：产品、系统或组件在正常运行时满足可靠性要求的程度。

② 可用性：产品、系统或组件在使用时可操作和访问的程度（可通过产品、系统或组件在总时间中处于可用状态的百分比进行外部评估。可用性是成熟性、容错性和易恢复性的组合）。

③ 容错性：尽管存在硬件或软件故障，但产品、系统或组件仍能按照预期运行的程度。

④ 可恢复性（或易恢复性）：在发生中断或故障时，产品或系统能够恢复直接受影响的数据并重建系统状态的程度（在故障发生后，计算机系统有时会死机一段时间，这段时间的长度由可恢复性决定）。

（6）安全性

产品或系统保护信息和数据的程度，以使用户、其他产品或系统具有与其授权类型或授权级别一致的数据访问权限（受保护的数据范围不仅包含存储在产品或系统中的数据、通过产品或系统存储的数据，也包含传输中的数据）。

① 保密性：产品或系统能够确保数据只有在被授权时才能被访问的程度。

② 完整性：产品、系统或组件防止未经授权就访问或篡改计算机程序或数据的程度。

③ 不可抵赖性（或抗抵赖性）：产品或系统能够证实已发生的活动或事件，以便日后不会被

否认的程度。

④ 可审核性：实体的活动能唯一追溯到该实体的程度。

⑤ 真实性：对象或资源的身份能够被证明符合其声明身份的程度。

（7）可维护性

可维护性是指产品或系统能够被维护人员修改的有效性和效率的程度，包括安装更新和安装升级等。

① 模块化：由多个离散组件组成的系统或计算机程序，其中某个组件的变更对其他组件的最小影响程度。

② 可复用性：资产能够被用于多个系统或构建其他资产的程度。

③ 易分析性：评估产品或系统的一个或多个部分变更时，对产品或系统的影响、诊断产品的缺陷或故障原因、识别待修改部分的有效性和效率的程度。

④ 易修改性：在不会引入缺陷或降低现有产品质量的前提下，产品或系统可以被有效地、高效率地修改的程度。

⑤ 易测试性：为系统、产品或组件建立测试准则，并通过测试执行来确定测试准则是否被有效和高效满足的程度。

（8）可移植性

可移植性指产品、系统或组件能够从一种运行环境迁移到另一种环境的有效和高效的程度。

① 适应性：产品或系统能够有效、高效地适应不同或不断发展的硬件、软件或其他使用环境的程度（包括内部环境，如屏幕域、表、事务量、报告格式等的适应性）。

② 可安装性：在指定环境中，产品或系统能够被成功安装和/或卸载的有效性和高效性的程度。

③ 可替换性：在相同环境中，产品或系统能够替换其他相同用途的指定产品或系统的程度（产品或系统的新版本的可替换性在升级时对用户来说是非常重要的；可替换性要保留可安装性和适应性的属性；可替换性能降低锁定风险）。

ISO/IEC 25010：2011 国际标准的使用质量主要关注用户在使用软件产品过程中获得愉悦，对产品信任，产品也不应该给用户带来经济、健康和环境等风险，并能处理好业务的上下文关系，覆盖完整的业务领域，具体内容如图 1-2 所示。

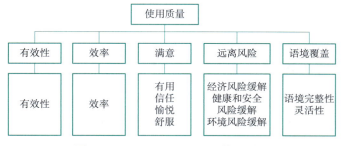

图 1-2　ISO 25010—2011 使用质量

1.1.4　软件测试的必要性

软件质量问题已经成为软件用户和软件开发者共同关注的焦点问题。由于软件缺陷是不可避免的，不断改进的开发技术和工具只能尽可能地减少错误的发生。为了保证软件质量，必须对软件进行测试，软件测试活动是最有效排除和防止软件缺陷的手段。正如 1.1.1 节所列举的软件故障案例，它们也说明了软件测试在整个软件开发的过程中是不可或缺的。正是程序中的这些错误造成的巨大反响，使软件行业不得不重视软件测试，正确认识到软件测试在整个软件开发过程中至关重要的作用。

随着技术的发展，各种应用程序和 App 已经深入到各个领域。人们也逐步认识到软件中存在的错误会导致软件开发在成本、进度和质量上的失控。由于软件是由人来完成的，所以它不可能十全十美。所以对于软件而言，存在缺陷是其固有的属性：在需求定义时出现问题，在软件构架、设计和编码时出现问题，甚至测试本身出现问题。在软件系统的构造过程中，不论采用什么技术和什么方法，软件中仍然会有错。采用新的语言、先进的开发方式、完善的开发过程，可以减少错误的发生，但是不可能完全杜绝软件中的错误，这些错误需要通过测试来发现，软件中的错误密度也需要测试来进行估计。

测试是所有工程学科的基本组成单元，是软件开发的重要部分，一直伴随着软件开发走过了半个多世纪。在软件行业较发达的国家，软件测试产业已形成规模。软件测试不仅早已成为软件开发的一个重要组成部分，而且在整个软件开发的系统工程中占有相当大的比重。比如在微软公司内部，软件测试人员与软件开发人员的比例一般为 1.5∶1 到 2.5∶1，即一个开发人员背后，一般有两位测试人员在工作，以保证软件产品的质量。我国软件测试行业起步较晚，发展较慢，直到 21 世纪初期，我国才逐步开始重视软件测试。但近年来，软件行业的快速发展为软件测试行业的发展提供了良好的基础。随着我国软件测试行业的发展，行业内企业的规模化发展会产生规模效应，可以有效降低企业的单位成本；而软件测试技术的不断发展，也将淘汰那些技术实力较弱的企业，促使行业内企业向专业化方向发展。近年来，中国软件测试行业市场规模稳定增长，截至 2021 年，中国软件测试行业市场规模达到 2 347 亿元，同比增长 18%。

软件测试是软件质量保证的一个重要环节。软件测试可以降低软件系统在使用运行环节中出错的风险；软件或者产品通过软件测试发现其中的缺陷，对缺陷进行修改可以提高软件质量；软件测试也可以保证软件满足合同、法律法规的要求，或者满足行业的标准；软件测试可以为项目相关人员提供信息，帮助他们做出合理的决策；软件测试得到的数据和度量可以帮助改进测试过程和开发过程。随着人们对软件测试重要性的认识越来越深以及软件测试在保证软件质量方面的作用越来越大，其所在软件开发周期中所占的比重也越来越大。当前，很多软件开发机构已经将其 40% 的研发力量投放到了软件测试中。在软件开发的总成本中，用于测试的费用甚至相当于整个软件项目开发所有费用的 3～5 倍。由此可见，不管从哪个角度出发，软件测试都是非常重要的。

1.2 软件测试与软件质量保证

软件测试与软件质量保证是否是一回事呢？有人认为，软件测试就是软件质量保证，也有人认为软件测试只是软件质量保证的一部分。这两种说法都不全面。软件测试和软件质量保证二者之间既存在包含关系又存在交叉关系。软件测试能够找出软件缺陷，尽可能地确保软件产品满足需求，但是测试不是质量保证。测试可以查找错误并进行修改，从而提高软件产品的质量。软件质量保证则是通过各种措施避免错误以求高质量，除了测试，还有其他方面的措施以保证质量。它们的不同和交叉之处具体如下：

1. 工作内容不同

软件质量保证（Software Quality Assurance，SQA）是建立一套有计划、有系统的方法，来向管理层保证拟定出的标准、步骤、实践和方法能够正确地被所有项目所采用。它是通过对软件产品和活动进行评审和审计来验证软件是合乎标准的。软件质量保证是保证软件产品质量和软件过程质量的一种方法，通常也将软件质量保证视为一种执行软件质量保证方法的角色。

软件质量保证的主要活动包括：质量规范制定、技术评审实施、软件测试流程追踪、质量标准的监督执行、软件质量要素度量以及质量数据记录与保存。

软件测试是一种检验软件的正确性、完整性、安全性和评估其质量的活动过程。在整个测试过程中，贯穿着下面几个主要的测试活动：

- 分析：分析软件需求，产生测试需求，生成测试计划。
- 设计：使用一系列方法细化测试需求，使之成为基于架构和环境的测试设计，包括测试设计规约和测试用例。
- 实施：根据测试设计规约，细化测试用例，生成测试脚本和程序。
- 执行：测试人员执行测试用例，分析结果，报告发现的问题，评估软件，记录结果。

2. 意义不同

软件质量保证：预防缺陷的策略，关注过程的管理和控制。

软件测试：寻找缺陷的策略，关注工作产品。

3. 目标不同

软件质量保证：通过预防、检查与改进来保证软件质量，是软件生命周期的管理以及验证软件是否满足规定的质量和用户的需求。它着眼于软件开发活动中的过程、步骤和产物，而不是对软件进行剖析，找出问题或进行评估。它不负责生产高质量的软件产品和制定质量计划，这些都是软件开发的工作，它的责任是审计软件经理和软件工程组的质量活动并鉴别活动中出现的偏差。它的内容也不包括"收集软件产品、软件过程中存在的不符合项，在项目总结时进行分析"。

软件质量保证就是保证软件产品充分满足消费者要求的质量而进行的有计划、有组织的活动。它主要的目标包括：通过预防、检查与改进来保证软件质量；保证开发出来的软件和软件开发过程符合相应标准与规程；确保项目组制定的计划、标准和规程适合项目需要，同时满足评审和审计需要等。

软件测试：尽早、尽可能多地发现软件系统中存在的缺陷及问题。

4. 软件测试与软件质量保证相互依存的交叉关系

软件质量保证指导软件测试的计划与执行，监督测试结果的客观性、准确性与有效性。软件测试为软件质量保证提供质量数据，作为软件质量评价的客观依据。软件质量保证侧重于对软件开发流程进行评审与监控，软件测试侧重于对软件质量特性进行检测与验证。

1.3 软件测试与软件开发

软件开发与软件测试都是软件项目中非常重要的组成部分，软件开发是负责软件产品从无到有的过程，软件测试是检验软件产品是否符合质量要求，两者紧密合作才能保证软件产品的质量。

软件测试是用人工或自动的方法执行软件，并把观察到的行为特性与所期望的行为特性进行比较的过程。按照传统的观点，软件测试是软件开发过程中的一项活动。随着对软件测试方法、测试工具和测试技术的研究，测试的概念已经从编程后的评估过程发展成贯穿于整个软件开发的生命周期中每个阶段的必须活动。

软件测试基础及实践

在软件开发的各个阶段，测试人员必须制订本阶段的测试方案，把软件开发和测试活动集成到一起，如图 1-3 所示。

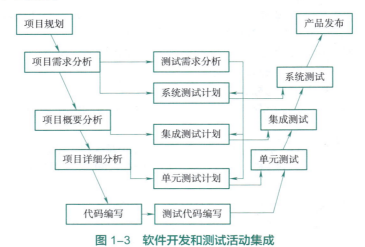

图 1-3　软件开发和测试活动集成

从图 1-3 中可知，软件开发的各个阶段对应的测试活动具体为：项目规划阶段，进行从单元测试到系统测试的整个测试阶段的规划；需求分析阶段，确定测试需求分析、系统测试计划的制定，评审后成为管理项目；概要设计和详细设计阶段，确保集成测试计划和单元测试计划完成；编码阶段，由开发人员进行自己负责部分的测试代码，当项目较大时，由专人进行编码阶段的测试任务；测试阶段（单元、集成、系统测试），依据测试代码进行测试，并提交相应的测试状态报告和测试结束报告。

软件中出现的问题并不都是由编码引起的，软件在编码之前都会经过问题定义、需求分析、软件设计等阶段，软件中的问题也可能是前期阶段引起的，如需求不清晰、软件设计有纰漏等，因此在软件项目的各个阶段进行测试是非常有必要的。测试人员从软件项目规划开始就参与其中，这样就能了解整个项目的过程，及时查找软件中存在的问题，改善软件的质量。软件测试在项目开发各个阶段的作用如下：

① 项目规划阶段：负责从单元测试到系统测试的整个测试阶段的监控。
② 需求分析阶段：确定测试需求分析，即确定在项目中需要测试什么，同时制订系统测试计划。
③ 概要设计与详细设计阶段：制订单元测试计划和集成测试计划。
④ 编码阶段：开发相应的测试代码和测试脚本。
⑤ 测试阶段：实施测试并提交相应的测试报告。

软件测试贯穿软件项目开发的整个过程，但它的实施过程与软件开发并不相同。

软件开发过程是一个自顶向下、逐步细化的过程。软件计划阶段定义软件作用域。软件需求分析建立软件信息域、功能和性能需求、约束等。软件设计把设计用某种程序设计语言转换成程序代码。

软件测试与软件开发过程相反，它是依相反顺序自底向上、逐步集成的过程。对每个程序模块进行单元测试，消除程序模块内部逻辑和功能上的错误和缺陷。对照软件设计进行集成测试、检测和排除子系统或系统结构上错误。对照需求，进行确认测试。最后从系统全体出发，运行系统，验证是否满足要求。

软件测试与软件开发的关系如图 1-4 所示，其中图 1-4（b）为图 1-4（a）的细化。

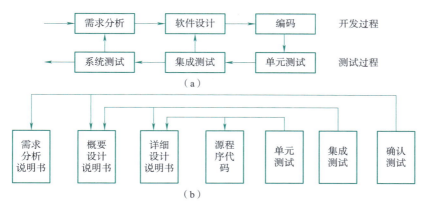

图 1-4 软件测试与软件开发的关系

软件开发是生产软件，软件测试是验证软件的质量，二者的关系是：
① 没有软件开发也就没有软件测试，软件开发为软件测试提供对象。
② 软件开发和软件测试都是软件生命周期的重要组成部分。
③ 软件开发和软件测试都是软件过程中的重要活动。
④ 软件测试是保证软件开发的产品质量的重要手段。

总而言之，软件开发与软件测试是相辅相成、密不可分的，开发人员开发出软件产品后，要通过测试判断产品是否满足用户的需求。测试人员经过测试发现软件缺陷后提交给开发人员进行修复，然后再转交测试人员进行回归测试，直到产品符合用户需求规格说明书的要求。所以，一个符合用户需求的软件产品是开发和测试等团队成员共同努力的成果。

1.4 软件测试职业概述

目前，国内软件测试行业发展迅速，软件测试人才的需求旺盛，软件测试职位的要求也在发生变化，但因行业相比较而言偏年轻，人们对软件测试的职位、职责及对应的能力要求了解不够深入，从而导致想从事软件测试行业的人职业目标不明确、职业规划不合理，甚至是不符合自身的职业发展。

1.4.1 软件测试职位和职责

要制定符合自身发展的软件测试职业规划，首先要了解测试团队的组成以及各个岗位的职责。目前比较健全的测试团队组成如表 1-1 所示。

表 1-1 测试团队组成

职 位	职 责
测试经理	管理项目团队，负责人员招聘、培训、改进测试方法等
测试组长	业务专家，管理项目，制订测试计划，评审项目相关文档，安排任务，负责与项目组成员、开发人员及管理人员沟通等
测试开发工程师	编写测试程序、测试自动化脚本、开发测试工具等
测试工程师	设计测试用例，生成测试套件，执行测试，记录结果，报告缺陷，等等
软件质量保证人员	负责质量保证的工作
环境配置工程师	配置测试环境和确保相关资产得到管理，维护和支撑团队使用测试环境等

软件测试基础及实践

对于规模比较大的测试团队，测试工程师根据能力要求划分得更细，分别为测试执行工程师、功能测试工程师、自动化测试工程师、性能测试工程师、测试架构师、测试开发工程师和资深测试工程师等；测试管理人员除了测试组长和测试经理外，还有质量部主管和测试总监等。

从测试团队的组成可以看出，软件测试的职业规划相对比较明确，一般分为两大类：管理路线和技术路线。管理路线从测试经理开始，可以晋升为产品经理、项目经理、质量部主管，最后成为测试总监。技术路线可以做测试环境配置工程师、测试执行工程师、功能测试工程师、自动化测试工程师、性能测试工程师、测试架构师、测试开发工程师和资深测试工程师等。

为了更清晰地明确软件测试的职业进阶方向，就需要清楚不同角色所应承担的责任、自身应具备的条件和学习方向。下面介绍一个典型的软件测试人员的进阶历程。

第一阶段：初级测试工程师（测试执行工程师、功能测试工程师）

● 自身条件：初入行，具备计算机相关专业专科及以上学历，或具有一些手工测试经验的个人，通常不具备完全独立工作的能力，需要测试工程师或资深测试工程师的指导。

● 具体工作：了解和熟悉产品的功能、特性等；执行测试用例进行功能测试和验收测试等；记录 Bug、Bug 跟踪工具的使用，以及使用测试工具录制回归测试脚本并执行脚本。

● 学习方向：编写测试脚本并且逐步熟悉测试生存周期和学习测试技术；跟踪项目流程。

第二阶段：中级测试工程师（自动化测试工程师、测试开发工程师）

● 自身条件：有 1~2 年工作经验的测试工程师。熟悉测试流程、测试方法和技术，具有初步的自动化测试能力，能够完善自动化测试脚本。

● 具体工作：熟悉产品的功能、特性，审查需求规格说明书，设计测试用例，编写自动测试脚本，审查软件缺陷且担任测试编程初期的领导工作。

● 学习方向：扩展编程语言的深度和种类，提升操作系统、计算机网络与数据库等方面的技能；编写测试报告、分析和报告项目整体质量，推动项目流程的改进。

第三阶段：高级测试工程师（性能测试工程师、测试架构师）

● 自身条件：有 3~4 年经验的测试工程师。具有一定的行业业务知识，良好的技术、产品分析能力和解决问题的能力。

● 具体工作：熟悉产品功能、特性，审查需求规格说明书并提出改进要求，帮助开发、维护测试或编程标准与过程，确定测试需求对应的测试方法和测试策略，负责性能测试。参与同行的评审，并为其他初级的测试工程师或程序员提供指导。

● 学习方向：继续深入编程语言、操作系统、网络与数据库等方面的技能学习；熟悉产品代码和产品整体架构设计；分析系统性能瓶颈和性能拐点。

第四阶段：测试组长

● 自身条件：有 4~6 年经验的测试工程师或程序员。具有丰富的行业业务知识，具备一定的资深测试工程师的能力和经验，具有系统分析员的能力。

● 具体工作：负责管理项目组测试工程师。负责测试项目的计划、跟踪和管理，安排测试进度、估算工作规模/成本，分析性能瓶颈，为开发团队提供缺陷解决策略。

● 学习方向：性能测试、安全测试，提升测试技能和软件设计开发能力。

第五阶段：资深测试工程师

● 自身条件：有 6~10 年经验的测试工程师。具备优秀的技术、产品分析能力和解决问题的能力，丰富的自动化测试、性能测试和安全测试等测试经验。

- 具体工作：负责管理多名技术人员。性能测试整体方案设计，软件系统性能问题定位和性能优化，分析系统的安全漏洞等，负责开发项目的技术方法，负责 API 自动化和白盒测试等。
- 学习方向：开发特定领域的技术专长；精通产品代码的具体实现细节；改进项目整体流程设计；分析产品整体性能和风险；建设自动化持续集成框架。

第六阶段：测试 / 质量保证 / 项目经理
- 自身条件：有 10 多年的工作经验。具有良好的管理能力和相关的技术能力。
- 具体工作：管理项目组人员，管理一个或多个项目。全面负责产品的质量，负责测试 / 质量保证 / 开发领域内的整个生存周期业务，负责项目成本、进度安排、计划和人员分工，负责人员招聘、培训和流程定义等管理工作。

第七阶段：质量部主管 / 测试总监
- 自身条件：有 15 年以上开发与支持测试 / 质量保证活动方面的经验。
- 具体工作：管理从事若干项目的人员以及整个项目开发生存周期。负责把握项目方向与盈亏责任。

总之，不同层次的测试人员的责任有一定的区别，测试工程师从事技术工作，主要任务是设计和执行各项测试任务，是测试工作的基础。测试管理人员的主要任务是合理组织和调配人员、资源等，对项目和团队进行管理。

1.4.2 软件测试硬实力要求

随着软件测试行业的发展，对软件测试的任职要求有了新的变化。通过软件测试职责内容的学习可以发现，虽然测试工程师不需要有开发人员应该具备的极强的编程技术，但是也需要具备一定的软件测试知识和能力，以及脚本编写能力等。计算机领域的专业技能是测试工程师应该必备的一项素质，是做好测试工作的前提条件。软件开发要求技术的深度，软件测试要求技术的广度。

社会对测试人员的能力要求越来越高，仅仅响应需求的功能测试人才市场基本饱和。企业更加期望测试工程师具有一定的自动化测试或编码经验，能参与相关测试开发，能解决在工作过程中遇到的问题，能帮助团队解决实际问题。软件测试工程师岗位一般基本要求有以下方面：

1. 学历和专业

新入职的软件测试工程师学历要求一般是大学专科以上学历，专业要求一般为计算机、软件工程等相关专业。不过特殊行业可能有特殊需求，比如建筑软件公司，招聘测试工程师倾向于土木工程专业；医疗软件公司则倾向于医疗专业。可见有时候尽管没有任何计算机背景也可以从事测试工作，但是要想成为获得更大发展空间或者持久竞争力的测试工程师，则计算机专业技能是必不可少的。

2. 工作经验

工作经验分为技术经验和业务经验，对于特殊行业公司来说更加关注业务经验。在招聘软件测试工程师时，对于不同级别的测试工程师要求的工作经验会有所不同，具体要求参见 1.4.1 节。企业要求应聘人员具备工作经验的目的在于缩短员工适应周期、减少员工培训成本、加快员工上手速度，进而更快为企业带来利益等。

3. 测试专业技能

测试专业技能包括黑盒测试、白盒测试、测试用例设计等基础测试技术，也包括单元测试、功能测试、集成测试、系统测试、性能测试等测试方法，还包括测试流程管理、缺陷管理、自动化测试及深层开发等。

软件测试基础及实践

测试工具操作技能包括：单元测试工具 JUnit、TestNG、unittest、Pytest、CodeAnalyzer 等；接口测试工具 JMeter、Postman、Python+Requests、SoapUI 等；功能测试工具 QTP、Selenium、AutoRunner、MobileRunner 等；缺陷管理工具 QC、禅道、Bugzilla 等；测试管理工具 ClearQuest、TestLink、禅道、飞蛾、TestCenter 等；性能测试工具 LoadRunner、Jmeter、PerformanceRunner 等。

4. 软件编程技能

软件编程技能是中级及以上测试工程师的必备技能之一，以微软为例，很多测试工程师都拥有多年的开发经验。因此，测试工程师要想有更好的职业发展，必须具备一定的编程能力，这样才可以胜任诸如单元测试、集成测试、性能测试等难度较大的测试工作。

软件测试工程师的编程技能要求与开发人员是不同的。测试工程师编写的程序应着眼于运行正确，同时兼顾高效率，尤其是与性能测试相关的测试脚本编写。同时，测试人员也应具备一定的算法设计能力。依据资深测试工程师的经验，测试工程师至少应该掌握一门编程语言，如 C、C++、C#、Java、Python 等，以及相应的开发工具。

5. 操作系统、中间件、网络、数据库等知识

与开发工程师相比，测试工程师掌握的知识具有"博而不精"的特点，即涉及面要广。由于测试过程中需要配置、调试各种测试环境，而且在性能测试中还要对各种系统平台进行分析与调优，因此测试工程师需要掌握操作系统、中间件、网络、数据库等方面的知识。

操作系统和中间件知识方面，应掌握其基本的使用及安装、配置等。例如很多应用系统都是基于 UNIX、Linux 操作系统运行的，这就要求测试人员掌握基本的操作命令以及相关的工具软件。WebLogic、Websphere 等中间件的安装和配置也需要测试人员掌握。

数据库知识是必须掌握的基本技能。因为应用系统几乎都离不开数据库，所以不但要掌握基本的安装、配置，还要掌握 SQL 语言。测试工程师应该掌握 MySQL、SQL Server、Oracle 等常见数据库的使用。

6. 行业知识

行业知识是指测试工程师所在企业或测试项目涉及的行业领域相关知识，如很多 IT 企业从事石油、电信、银行、电子政务、电子商务、医疗、军工等行业。行业知识即业务知识是测试工程师做好测试工作的前提条件，只有深入地了解产品的业务流程，才可以判断出开发工程师开发的产品在功能和性能等方面是否满足用户的真实需求。行业知识与工作经验有一定关系，可以通过不断学习和实践完成积累。

1.4.3 软件测试软实力要求

软件测试除了担任内部团队角色外，还兼任用户角色，只有从用户的角度出发去测试产品，才能最终交付符合用户需要的产品。因此，对于软件测试工程师来说，职业素质要求就会更高。所以，除了拥有 1.4.2 节的专业技能和行业知识的硬实力外，还需具备一定的职业素养软实力。

1. 具有测试欲望和恒心

要想成为一名优秀的测试工程师，首先要对测试工作感兴趣，正如爱因斯坦所说的，兴趣是最好的老师，这样才能热爱测试工作，才能更容易做好测试工作。优秀的软件测试人员需要对测试充满热情。

长期从事某项工作会让人失去耐心。作为优秀的测试工程师，应始终抱着最大的热情投入到测试工作中并且持之以恒。而发现软件缺陷就是他们最大的乐趣，工作上的每一个发现都会带给他们源源不断的自信和继续投入工作的动力。也正是因为有优秀的测试人员在关键时刻发现软件的缺陷，才能避免事后补救所产生的人力、物力等资源的浪费。

2. 具备严谨、耐心、认真、负责的态度

作为一名优秀的软件测试工程师，必须要对所测的产品质量负责，要以严谨的态度关注每一个细节，尽可能找出所有潜在的错误（Bug）。虽然实际测试软件时不能做到完全没有 Bug，但作为一名负责任的测试人员，应尽自己最大的努力去保证自己所负责产品的质量。

3. 具备缜密的逻辑思维能力

测试人员不仅仅只是发现问题，找出 Bug，更重要的是找出 Bug 产生的真正原因，精准地找到问题产生的源头，以便协助开发人员更好更快地彻底解决 Bug。所以测试工作会考验测试人员思维的灵敏度和推理能力。

4. 具有善于学习的能力

IT 技术日新月异，测试技术随着时间的变化也在不断更新迭代，作为一名优秀的测试人员，要善于利用书籍、网站、同行交流、培训会议等各种资源去不断学习和探索最新的测试理论、测试技术及其他领域的计算机技术，以提高自己的软件测试水平，拓宽测试知识广度，最终将这些新的理论知识付诸实践，提升自己的测试能力和知识储备。

5. 具备良好的沟通能力

优秀的测试工程师必须能够同测试涉及的所有人进行沟通，要具备和技术人员与非技术人员的沟通能力，要培养和不同部门的人员以及用户建立良好的交流沟通的习惯。如何更精确、更简练、更严谨地去描述所发现的问题，还要保证开发人员可以接受所发现的问题，这都需要有效的表达去沟通。和用户沟通的重点必须放在系统可以正确地处理什么和不可以处理什么上，尽量不使用专业术语。所以良好的沟通能力显得尤为重要。

6. 具有团队合作精神

目前软件产品日渐复杂，在时间、资源、人力等成本有限的情况下，用一己之力把软件产品做到最好的可能性几乎为零。一个高质量的软件产品，从设计、实现到发布，是团队努力劳动和智慧的结晶，所以要充分发挥团队中每个成员的工作能力和效率。在团队工作过程中，应该学会宽容待人，学会理解团队其他成员，同时也要对软件产品报以尊重的态度，统一工作目标，共同提升软件的质量。

7. 具有怀疑精神

软件测试不是证明软件是正确的，而是证明软件是有错误的，但是现实情况是不可能发现所有的错误，所以很多时候需要测试工程师去怀疑、去假设。对软件产品和用户的怀疑，可以驱使测试人员更好地完成工作，往往这些怀疑会引导测试人员找到难以发现的缺陷，最大程度地发现隐蔽的问题。

8. 具有创新精神

具有创新精神的测试人员往往会较快地接受新生事物，并且喜欢探求从未使用过的新工具、技术等。新测试工具或新技术的发现，会带动整个测试团队在观念上、技术上的推陈出新，让本来墨守成规的测试工作充满了新鲜感和挑战感，在交流新技能的同时也会激发较高的学习热情和好奇心。

1.5 软件测试的发展

1.5.1 软件测试的发展历程

软件测试是伴随着软件工程和软件开发的发展而发展的。从软件测试出现至今，一共经历了五个阶段。

1. 调试为主（1957年之前）

在20世纪50年代，随着计算机的诞生，利用计算机完成复杂、快速计算的编程也随之出现。此时软件的需求和程序本身也远远没有现在的软件这么复杂多变，但是已经有人在完成编程之后开始考虑"怎么证明程序满足了需求"的问题，但并没有软件测试的概念，主要还是将测试等同于调试，去验证程序是否满足需求。

2. 证明为主（1957—1978年）

随着软件规模越来越大，人们逐渐意识到仅仅依靠调试还不够，还需要验证接口逻辑、功能模块、不同功能模块之间的耦合等，因此需要引入一个独立的测试组织进行独立的测试，对测试的重要性认知也大大增强。测试的目不仅仅是验证，而且要确认软件是满足需求的，也就是常说的"做了正确的事情"。在这个阶段，人们往往将开发完成的软件产品进行集中测试，由于还没有形成测试方法论，对软件测试也没有明确定位与深入思考，测试主要是靠猜想和推断，因此测试方法比较简单，软件交付后还是存在大量问题。

1957年，Charles Baker在《软件测试发展》一书中就提出测试的概念，并且对调试和测试进行了区分：

- 调试（Debug），确保程序做了程序员想让它做的事情。
- 测试（Testing），确保程序解决了它该解决的问题。

1972年，Bill Hetzel博士在北卡罗来纳大学举行了首届软件测试正式会议。

1973年，Bill Hetzel博士第一次对软件测试进行了定义：软件测试是对程序或系统能否完成特定任务建立信心的过程。

1975年，John Good Enough和Susan Gerhart在IEEE上发表了《测试数据选择的原理》，软件测试被确定为一种研究方向。

3. 破坏为主（1979—1982年）

1979年，Glenford J.Myers在《软件测试的艺术》一书中给出了软件测试的经典定义：测试是为发现错误而执行的一个程序或者系统的过程。

此定义说明测试不仅要证明软件做了正确的事情，也要保证它没做不该做的事情。所以好的测试用例是发现迄今为止尚未发现的错误的测试用例；成功的测试是发现了至今为止尚未发现的错误的测试。

这个阶段的测试目的主要是找出软件中潜在的错误，所以说它是以破坏为主。这也使得软件测试和软件开发独立开来，测试需要更为专业的人员进行，从心理学角度来说，开发人员总是不愿意给自己开发的软件找错。

4. 评估为主（1983—1987年）

20世纪80年代早期，"质量"的号角开始吹响。软件行业开始关注软件产品质量，并在公司设立软件质量保证部门（QA）。软件测试的定义也发生了改变，测试不单纯是一个发现错误的过程，而且包含软件质量评价的内容。

1983年，Bill Hetzel博士对软件测试的概念进行了修改：软件测试是一项鉴定程序或系统的属性或能力的活动，其目的在于保证软件产品的质量。该思想一提出，就呈现出百家争鸣的景象，这一时期，很多软件工程师或博士都提出了自己对软件测试的理解与定义。

1983年，Bill Hetzel在《软件测试完全指南》中指出：测试是以评价一个程序或者系统属性为目标的任何一种活动，测试是对软件质量的度量。

1983年，IEEE首次召开了关于软件测试的技术会议，对软件测试进行了如下定义：软件测试是使用人工或自动手段运行或测定某个系统的过程,其目的在于检验它是否满足规定的需求或是弄清楚预期结果与实际结果之间的差异。

IEEE 定义的软件测试非常明确地提出了测试是为了检验软件是否满足需求,它是一门需要经过设计、开发和维护等完整阶段的过程。

软件测试以及测试工具在这个时期得到了快速的发展。此后,软件测试便进入了一个全新的时期,形成了各种测试方法、理论与技术,测试工具也开始广泛使用,慢慢地形成了一个专门学科。

5. 预防为主(1988 年至今)

20 世纪 90 年代后兴起敏捷模型的软件开发模式,促使人们对软件测试进行了重新思考,更多的人倾向于软件开发与软件测试的融合,即不再是软件完成之后再进行测试,而是从软件需求分析阶段,测试人员就参与其中,了解整个软件的需求、设计和实现等。测试人员甚至可以提前开发测试代码,这也是敏捷模型中所提到的"开发未动,测试先行"。软件开发与测试融合,虽然两者的界限变得模糊,但软件开发与测试工作的效率都得到了极大的提高,这种工作模式至今依然盛行。

敏捷开发被提出以来,测试驱动开发、自动化的持续集成等技术的应用,都体现出人们不再满足于编码后对程序的验证和确认,而是事先就通过测试来保证编码的正确性。

1.5.2 软件测试的认知误区

随着软件测试对提高软件质量重要性的不断提高,软件测试也越来越受到重视。由于国内软件测试起步较晚,它在经历发展的过程中也存在测试过程不规范、重视开发轻视测试等问题,存在对软件测试的重要性、测试方法和测试过程等方面的认识不恰当的地方,这在一定程度上会对软件测试的发展造成负面影响,并且阻碍软件测试质量的提高。下面分析几种有代表性的对软件测试的认识误区。

1. 软件测试周期的错误认知

传统的瀑布模型描述软件开发过程是用户需求分析、系统需求分析、概要设计、详细设计、编码实现、测试及运维。显而易见,此模型中软件测试在运维阶段之前进行,是交付给用户使用前保证软件质量的重要手段。据此,有人认为软件测试只是软件编码后与运维前的一个过程。这是不了解软件测试周期的错误认识。

软件开发与软件测试是交互进行的,在软件项目开发的每一个阶段都要进行不同目的和内容的测试活动,包括软件测试需求分析、测试计划制订、测试用例设计、测试执行、软件缺陷管理、软件测试报告总结、软件测试风险管理以及其他的软件测试等。例如,单元编码阶段需要单元测试,模块集成阶段需要集成测试。如果软件编码结束后才进行测试,那么,预留给测试的时间就很有限,测试的覆盖率和测试的质量等要求就很难达到。更严重的后果是,如果此时才发现软件需求阶段、概要设计阶段或详细设计阶段遗留下来的缺陷,那么修改这些缺陷导致的成本是非常高昂的。因此,应尽早地不断地进行软件测试,发现缺陷并加以修复,而非软件编码完成后才进行测试。

2. 责任认定的错误认知

许多人认为测试人员需要对发布的软件质量负责,一旦发现软件存在很多问题就是测试人员的责任,这种错误的责任认定一定程度上会打击软件测试人员的工作积极性。从软件测试的发展历程可知,软件测试只能证明软件存在缺陷,不能保证软件没有缺陷,同时存在缺陷是软件自身的特性,软件测试不可能发现全部的缺陷。从软件开发的角度看,软件的高质量不是软

软件测试基础及实践

件测试人员测出来的，而是靠软件生命周期的各个过程共同保证的。软件出现错误，不能简单地归结为某个人或某个团队的责任，比如有些错误的产生可能不是技术原因，可能来自于混乱的项目管理等。

3. **软件测试门槛低的错误认识**

部分软件业内外人士认为软件测试行业对软件测试人员的技能要求不高。他们认为测试就是对照产品需求规格说明书安装和运行程序，然后通过点点鼠标、按按键盘发现软件与规格说明书不一致的地方即可，是一项没有技术含量的工作。这是由于不了解软件测试的具体技术和方法造成的。

软件测试不仅仅是运行软件发现缺陷的过程，而是从项目早期就开始介入，进行一系列测试活动的过程。这个过程中要求测试人员有很好的测试能力、分析问题能力、理解能力、沟通能力等，同时还必须对软件开发技术有一定的了解。随着软件工程学的发展和软件项目管理经验的提升，软件测试已经成为一门独立的技术学科，演变成一个具有巨大市场需求的行业。软件测试技术不断更新和完善，新工具、新流程、新测试设计方法等都在不断更新，需要掌握和学习很多测试知识，需要很多测试实践经验和不断学习的精神，对测试人员提出了更高的挑战。

4. **软件测试与软件开发对立的错误认识**

软件测试是证明程序有错，软件开发是证明程序无错，从工作形式上看是对立的，但是工作目的都是为了生产出高质量的软件产品。为了这个目的，需要软件测试人员、开发人员和系统分析师等团队成员间保持密切的联系，需要更多的交流和协调。例如，虽然目前对于单元测试主要由开发人员完成，但必要时测试人员可以帮助设计测试用例。对于测试中发现的软件缺陷，又需要开发人员通过修改编码才能修复。但开发人员可以根据测试人员提供的缺陷报告有目的的分析软件缺陷的类型、数量，找出产生缺陷的位置和原因等，以便在今后的编程中避免同样的错误，积累编程经验，提高编程能力。所以，软件测试和软件开发是相辅相成、相互成就、互相促进成长的关系。

5. **软件测试工作量由项目进度决定的错误认识**

规范的测试流程应该是一个整体的、连续的过程，每一个阶段都有各自的规程要求。而很多人对测试的理解往往是随项目进度而定，即离项目交付空余的时间多，就多做测试；反之，则少做测试。测试工作量由项目开发进度来决定的错误观念很大程度上是因为"测试是开发生命周期的一个阶段"这个误区造成的。同时也是不重视软件测试的表现，也是软件项目过程管理混乱的表现。

软件项目的顺利开展需要有合理的项目进度计划，其中包括制订软件测试计划。软件测试计划的一个重要内容就是安排测试进度(也就是测试时间和资源的安排等)。对项目实施过程中的任何问题，都要有风险分析和相应的对策，不能因为开发进度的延期而粗暴地缩减测试时间、人力和资源等。测试时间的多少，应该在项目早期根据项目的特点和风险分析结果来确定，而不仅仅是取决于项目进度。

6. **自动化测试能够取代手工测试的错误认识**

自动化测试有诸多优点，如能够不厌其烦执行枯燥的动作、能够精确地定位时序动作、能够长时间工作而没有疲劳感、能够快速执行测试，等等。不过自动化测试也有缺点：在前期需要投入大量的资源和工作量，同时需要维护的成本很高，包括环境的搭建、测试脚本的设计、维护；需要对产品行为的明晰定义；不能适用于所有的项目等。测试的自动化在某些情况下可以提高测试的效率(比如完成重复的测试配置、模拟大量虚拟用户等)，但是并不是所有的测试都适合自动化，如程序需要处理的数据量不大、程序运行的次数不多，或者测试需要一些人的主观判断(如界面测试)等,在这些情况下,手工测试的效果可能会优于自动化测试。

因此,要具体情况具体分析,不能盲目推崇测试自动化。通常自动化测试更多的是应用在回归测试场合,很多的缺陷事实上是在手工测试中发现的。

7. 软件测试工作发展前途不好的错误认识

随着市场对软件质量要求的不断提高,软件测试变得越来越重要,相应的软件测试人员的地位和待遇也在不断提高。在软件管理比较规范的大公司,软件测试人员的数量和待遇与开发人员差别不大,优秀的测试人员的待遇甚至比开发人员还要高。软件测试会成为具有很大发展前景的行业,软件测试工作是大有前途的。近年来,国内越来越多的IT企业认识到软件测试的重要性,软件测试人员的需求不断增大,市场需要更多具有丰富测试技术和测试经验的测试人才。

1.5.3 软件测试的发展趋势

随着互联网产品的快速发展,各行各业对软件质量的强需求,以及大数据、云计算、人工智能、物联网、区块链等前沿技术的涌入,传统的测试工作模式和工作范围越来越无法满足行业的需要和产品的质量要求。新兴技术产品的出现,需要新的测试方法、技术、策略来应对。目前,大多数软件公司采用了敏捷和DevOps(Development&Operations,开发和运维)之类的软件开发方法,以鼓励和促进开发与测试的融合,开发与运维的融合给测试人员带了挑战和压力。

由上可知,计算机新技术的不断涌现、软件开发方法的革新、社会环境的瞬息变化等因素都给软件测试带了前所未有的新挑战、新局面和新发展,软件测试的思想与方法势必也会出现里程碑式的变化。根据Gartner(一家IT研究与顾问咨询公司)的预测:2023年,全球相应的软件测试市场,预计将出现14%的综合年度增长率。可见,在软件无处不在的今天,软件市场的快速发展带动软件测试需求的高速增长,软件质量的保证离不开完善可靠的测试。那么软件测试行业未来的发展趋势和发展空间会怎样呢?下面通过QECon组委会和中国信息通信研究院联合发布的《软件测试技术趋势白皮书》来了解软件测试技术和软件测试对象未来发展的趋势。

1. 从软件测试技术角度看发展

(1)自动化测试技术发展趋势

目前,自动化测试几乎是每个公司都会采用的测试技术,但许多公司的自动化测试投入大而产出却不高,虽然也采用了分层测试策略和开始采用基于图像技术、流量回放等降低脚本开发或维护等工作量的技术,但自动化测试不够稳定,缺乏统一有效的平台,众多公司面临的挑战是"架构演进、降本增效"。未来,更加注重的是测试的有效性,拥抱新技术,如机器学习(ML)、自然语言处理(NLP)技术,再逐步深入到更深层次的技术,如脚本自愈能力、基于数据预测缺陷的存在和缺陷的修复等。

(2)精准测试技术发展趋势

精准测试技术,包括代码的智能化分析、快速识别代码变更、测试充分性度量,从而精准界定回归测试范围、推荐需要执行的测试用例、助力测试质量分析。未来,精准测试会扩展到精准流量回放、精准故障注入和智能测试覆盖率分析等。

(3)性能测试技术发展趋势

未来,性能测试会面临更多的挑战,如诊断和优化门槛高、非必需但高风险、线下无法代表生产、不以业务连贯为中心、技术架构日趋复杂、创新技术等。而创新的技术包括流量回放技术、集群缩容技术、全链路压测技术、监控分析技术、性能测试数字化技术等。

(4)应用安全测试技术发展趋势

安全测试分为Web应用安全测试和App应用安全测试,会根据不同的阶段(开发、测试、发布和运营阶段）采用不同的安全测试技术，如 DAST、SAST 和 IAST 等，甚至更为复杂的技术，如数据流分析和污点分析技术。

（5）ABC 测试技术发展趋势

ABC 测试技术中 A 代表人工智能（AI）、B 代表大数据（Big Data）和 C 代表云计算（Cloud Computing）。其中，人工智能是热点，现在 AI 应用越来越多，在测试中发挥更大的作用，涉及的技术包括基于特征融合的 UI 控件识别与控件树构建、基于交互跟踪的 UI 测试用例的生成、基于交互轨迹生成测试用例覆盖度图谱、AI 模型测试系统化、VR（Virtual Reality，虚拟现实）交互测试等。大数据技术通常也离不开 AI 技术，两者相辅相成，只是大数据测试技术落地，趋于平台化和系统化。

（6）基于混沌工程的可靠性测试技术发展趋势

随着混沌工程理念在国内的发展，逐渐有测试团队进行引入和应用，但是整体还是偏工具使用，缺乏体系化和完善的方法论。另外，混沌工程本身作为可靠性测试技术的一种，不管是从支持的故障场景，还是需要解决的测试目的看，都还有很大的提升空间。目前来看，未来可以从可靠性测试体系建立、可靠性测试平台建设和前端可靠性测试等方面发展。

（7）测试效能提升技术发展趋势

基于敏捷/DevOps 开发模式的兴起，从"测试左移、测试右移"开始测试转型，并以测试平台服务化为基础，实现灵活的测试编排，收集汇总从研发、测试到上线发布各阶段的测试结果数据，进行测试效能度量。

2. 从测试对象上看发展

（1）AI 软件测试

AI 软件的测试在测试理论、测试方法及测试工具上都面临前所未有的挑战。AI 软件的测试要求对测试理论和方法作出深入的创新和发展。展望未来，随着 AI 技术作为国家战略性技术爆发式发展，软件会变得越来越复杂，越来越智能，AI 软件的测试必然被提升到一个重要的高度。不管是 AI 系统的测试还是 AI 技术应用于测试活动中，智能化测试时代要求测试工程师具备新的技能，如提高算法分析能力、模型评估能力，以及用神经网络等 AI 技术解决测试问题的能力，逐步适应软件测试领域所需的新工作。

（2）5G+ 云应用、VR/AR（Augmented Reality，增强现实）、IoT（Internet of Things，物联网）测试

随着 5G 网络覆盖水平、网络承载能力的提升，用户可以随时随地享用 5G 带来的高带宽、低时延网络，这也随之诞生了一批新的互联网产品，例如，关注耗时和时延的云应用等。在实际网络环境的测试中，对于用户打开应用的耗时、应用在容器中解析的耗时、加载执行的耗时、业务场景的交互时延、游戏类等应用的时延等，都需要测试人员在多种实际场景中进行验证。

5G 的时代，虚拟现实类应用的基础设施已经完善，VR/AR 类的互动应用也会逐渐兴起。对此类产品的功能测试、终端产品的体验测试、用户交互测试，将会是测试的主要关注点。

在制造业，工业 4.0 的发展对 IoT 也会有更多的需求和依赖，AI+IoT 的解决方案，会逐步进入传统制造行业。从测试角度看，IoT 的测试仍然会围绕着设备层、通信层、平台层、应用层进行。与纯软件的业务相比，物联网应用开展端到端的测试已经变得很难，甚至不太可能，所以建立仿真的测试平台将成为解决问题的关键。

（3）区块链测试

区块链测试的主要被测对象是区块链和智能合约。从功能测试角度看，区块链的功能多种多样，底层协议也各不相同，所以功能测试上要结合具体的协议进行验证；从性能测试角度看，

需要根据使用场景确定性能指标,主要考虑的指标包括正常情况 TPS(Transaction Per Second,每秒处理的消息数)、区块大小对 TPS 的影响、正常情况下转账确认时长、当 TPS 高的情况下转账确认时长、部分节点故障/恢复时测试 TPS 变化、部分节点恶意篡改数据时 TPS 变化以及结果是否正确;从安全测试角度看,安全测试是区块链的重中之重,主要场景为双花攻击、合约漏洞分析、合约执行机漏洞分析、数据库权限控制、底层协议漏洞扫描、部署硬件的安全扫描、数据一致性。

小 结

软件是由人开发的一种逻辑产品,肯定会不完美甚至是有错误的地方,如果不能尽可能排除软件中的缺陷,就有可能带来灾难性的后果或者是巨大的经济损失。软件测试作为软件工程的重要组成部分,是保证软件质量的重要手段。为了研究和度量影响软件质量的特性,本章着重阐述了 ISO/IEC 25010:2011 国际标准的产品质量模型和 ISO/IEC 25010:2011 国际标准的使用质量模型。

软件开发作为提高软件质量的核心组成,与软件测试有着紧密的关系,软件开发是生产制造软件产品,软件测试是检验软件产品是否合格,两者密切合作才能保证及提高软件产品的质量。

随着软件规模的增大和软件复杂度的提升,软件测试也越来越受到重视,软件测试人才所需具备的能力要求也越来越高。本章针对软件测试职业给出了一个典型的进阶历程,并为每个阶段所需具备的硬实力和软实力给出了详尽地要求描述,为将从事软件测试工作的学生提供职业规划的参考。

自 1957 年 Charles Baker 在《软件测试发展》一书中提出测试的概念软件测试以来,软件测试经历了五个阶段,期间也存在一定的认知误区,但这也推动了软件测试的发展。本章阐述了软件测试发展的历程、软件测试的认知误区、软件测试工程方法和测试对象的发展趋势。

习 题

一、选择题

1. 关于软件质量,(　　)的叙述是正确的。
①软件满足规定或潜在用户需求特性的总和
②软件特性的总和,软件满足规定用户需求的能力
③是关于软件特性具备"能力"的体现
④软件质量包括"代码质量"、"外部质量"和"使用质量"三部分
　　A. ①③　　　　　　B. ①②　　　　　　C. ②③　　　　　　D. ②④

2. ISO/IEC 25010:2011 国际标准质量模型中,质量特性与子特性之间的关系是(　　)。
　　A. 多对一　　　　　B. 多对多　　　　　C. 一对一　　　　　D. 一对多

3. 与质量相关的概念不包括(　　)。
　　A. 成本　　　　　　B. 客户　　　　　　C. 产品　　　　　　D. 体系

4. 软件内部/外部质量模型中,(　　)不是功能性包括的子特性。
　　A. 适合性　　　　　B. 正确性　　　　　C. 容错性　　　　　D. 完备性

5. 易分析性质量子特性属于（　　）质量特性。
   A. 功能性　　　　　　　B. 效率　　　　　　　C. 可靠性　　　　　　　D. 可维护性
6. 下述关于软件使用质量的描述，不正确的是（　　）。
   A. 它测量用户在特定环境中能达到其目标的程度，不是测量软件自身的属性
   B. 使用质量的属性分为：有效性、效率、语境覆盖、远离风险和满意度
   C. 使用质量是基于用户、开发者、维护者观点的质量
   D. 使用质量的获得依赖于取得必需的外部质量，而外部质量的获得则依赖于取得必需的内部质量
7. 以下关于软件质量特性测试的叙述，正确的是（　　）。
   ①成熟性测试是检验软件系统故障，或违反指定接口的情况下维持规定的性能水平有关的测试工作
   ②能性测试是在指定条件下使用时，产品或系统提供满足明确和隐含要求的功能的程度
   ③易学性测试是检查系统中用户为操作和运行控制所需努力有关的测试工作
   ④效率测试是与指定条件下所使用的资源量有关（资源可包括其他软件产品、系统的软件和硬件配置，以及原材料等）。
   　　A. ①②③④　　　　　B. ①④　　　　　　　C. ①③④　　　　　　　D. ②④
8. 以下关于软件质量和软件测试的说法，不正确的是（　　）。
   A. 软件测试不等于软件质量保证
   B. 软件质量并不是完全依靠软件测试来保证的
   C. 软件的质量要靠不断地提高技术水平和改进软件开发过程来保证
   D. 软件测试不能有效地提高软件质量
9. 以下关于软件测试和软件质量保证的叙述中，不正确的是（　　）。
   A. 软件测试是软件质量保证的一个环节
   B. 质量保证通过预防、检查与改进来保证软件质量
   C. 质量保证关心的是开发过程的产物而不是活动本身
   D. 测试中所作的操作是为了找出更多问题
10. 以下软件质量保证的目标中，（　　）是错误的。
    A. 通过监控软件开发过程来保证产品质量
    B. 保证开发出来的软件和软件开发过程符合相应标准与规程，不存在软件缺陷
    C. 保证软件产品、软件过程中存在的问题得到处理，必要时将问题反映给高级管理者
    D. 确保项目组制定的计划、标准和规程适合项目组需要，同时满足评审和审计需要
11. 以下关于测试工作在软件开发各阶段作用的叙述中，不正确的是（　　）。
    A. 在需求分析阶段确定测试的需求分析
    B. 在概要设计和详细设计阶段制定集成测试计划和单元测试计划
    C. 在程序编写阶段制定系统测试计划
    D. 在测试阶段实施测试并提交测试报告
12. 关于软件测试与软件开发的认识，不正确的是（　　）。
    A. 软件生命周期各个阶段都可能产生错误
    B. 软件测试是独立于软件开发的一个工作
    C. 软件开发的需求分析和设计阶段就应开始测试工作
    D. 测试越早进行，越有助于提高被测软件的质量

13. 软件工程的出现是由于（   ）。
    A. 软件社会化的需要　　　　　　　　B. 计算机硬件技术的发展
    C. 软件危机的出现　　　　　　　　　D. 计算机软件技术的发展
14. 质量控制是（   ）。
    A. 只有大的项目才需要的　　　　　　B. 只需要做一次
    C. 项目生存期的各个阶段都需要实施的　D. 对每个工作包增加工作时间
15. 软件工程学的最终目标是（   ）。
    A. 消除软件危机现象　　　　　　　　B. 使软件生产工程化
    C. 加强软件的质量保证　　　　　　　D. 提高软件开发的效率

二、判断题

1. 软件测试是保证软件质量的一种手段。（   ）
2. 满足国家或行业标准、产品规范要求的产品，从某种程度来说可以认为其产品质量较好。（   ）
3. 产品质量的好坏是客观存在的，是不受任何人为因素左右的。（   ）
4. 在产品最终完成前，我们是无法预测产品质量好坏的。（   ）
5. 软件失效的机理可描述为：软件错误→软件缺陷→软件故障→软件失效。（   ）
6. 用户对软件需求的描述不精确，甚至在软件开发过程中，用户还提出修改软件功能、性能等方面的需求，这是导致软件出现质量问题的原因之一。（   ）
7. 软件产品质量只要满足国家或行业标准、产品规范的要求就足够了。（   ）
8. 软件产品质量形成的过程是一个不断上升、不断提高的过程。（   ）
9. 软件生存周期是指软件从产生，直至消亡的整个过程。（   ）
10. 故障是软件缺陷的外在表现。（   ）

三、话题讨论

1. 上网查找软件缺陷案例，阐述软件缺陷会给人们带来的财产损失或者生命危险。
2. 查找资料，整理出关于软件测试发展趋势的不同观点，并加以分析。
3. 对于软件测试工程师应该具备的素质问题，请谈谈你的看法。
4. 谈谈你对以后从事软件测试职业的打算。

第 2 章

软件测试基础

引言

本章主要介绍：软件测试的基本概念，包括软件测试的定义、目的、原则、对象、级别、类型和方法等；软件测试的过程模型及其优缺点，在实施过程中根据项目或产品的实际情况如何选择测试模型；软件测试工作的流程案例演示，TestCenter 管理软件测试的过程。

内容结构图

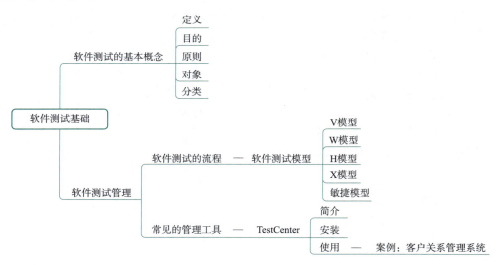

学习目标

了解：通过软件测试相关基本概念的学习，能在这些概念的指导下尤其是测试原则的指导下展开测试工作。

理解：通过软件测试模型尤其是 W+H 模型和敏捷模型的学习，能深入理解软件测试工作开展的流程及每个阶段的工作内容。

应用：通过软件测试的流程学习和案例的实操，能熟练使用软件测试管理工具 TestCenter 进行软件测试过程管理。

2.1 软件测试的基本概念

2.1.1 软件测试的定义

测试即测定、检查、试验、检验，即利用一定的手段，检测被测对象特性表现是否与预期需求一致。对于软件而言，测试是什么呢？根据侧重点不同，有以下几种定义：

视频

软件测试的定义和目的

定义一：对软件形成过程中的所有产品（包括程序以及相关文档）进行测试。

定义二：从思维角度定义，正向思维定义是确定产品能正常工作；反向思维定义是抱着怀疑一切的态度去找问题。

定义三：在 IEEE（Institute of Electrical and Electronics Engineers，电气与电子工程师协会）提出的软件工程标准术语中，软件测试被定义为使用人工和自动手段来运行或测试某个系统的过程，其目的在于检验它是否满足规定的需求或弄清楚预期结果与实际结果之间的差别。

定义四：软件测试是用来促进鉴定软件的正确性、完整性、安全性和质量的过程。

定义五：软件测试是在规定的条件下对程序进行操作，以发现错误，衡量软件质量，并对其是否能满足设计要求进行评估的过程，即对软件质量进行评估的一个过程。

定义六：在 GB/T 11457—2006 提出的软件工程术语中，软件测试是依据规范的软件检测过程和检测方法，按照测试计划和测试需求对被检测软件的文档、程序和数据进行测试的技术活动。软件测试是一个过程，测试不只是测试执行，它包括从计划开始到测试结束的一系列活动。

简单地说，软件测试就是一个过程或一系列过程，是对软件的预期结果和实际效果作对比的过程。具体地说，软件测试是根据软件开发各个阶段的规格说明和程序的内部结构而精心设计出一批测试用例，并利用测试用例来运行程序，以发现程序错误的过程。

软件测试是软件工程中的一个重要环节，是贯穿整个软件开发生存周期的。软件测试是对软件产品（包括阶段性产品）进行验证和确认的过程，其目的是尽快、尽早地发现在软件产品中所存在的各种问题。软件测试的主要工作内容是验证和确认。

验证（Verification）是保证软件正确实现特定功能的一系列活动和过程，其目的是保证软件生命周期中，每一阶段的成果满足上一阶段所设定的目标。验证更多的是从软件开发团队的角度来检验开发出来的软件产品是否和需求规格及设计规格书一致，即是否满足软件厂商的生产要求。

确认（Validation）是"确认产品完全提供了用户想要的功能，检验产品是否满足用户的真正需求"。确认更多是从用户的角度，或者是模拟用户角度来验证产品是否和自己想要的一致。确认是想证实在一个给定的外部环境中软件的逻辑正确性，并检查软件在最终的运行环境上是否达到预期的目标，而不是检查软件是否符合某些事先约定的标准。

验证注重"过程"，确认注重"结果"。

2.1.2 软件测试的目的

软件测试的目的是发现软件的错误，确认软件是否满足用户需求，并通过分析软件错误产生的原因，帮助发现当前开发工作所采用的软件过程的缺陷，以便进行软件过程改进。但是测试不可能发现所有的软件缺陷，完全测试是不可能的，不可能穷举软件的所有测试路径、输入与输出，因为输入量太大、输出结果太多以及路径组合太多。

软件测试基础及实践

基于不同的立场存在两种软件测试的目的：第一种从软件开发团队角度来说，是想以最少的人力、物力和时间找出软件中潜在的各种错误和缺陷，通过修正各种错误和缺陷提高软件质量，规避软件发布后由于潜在的软件缺陷和错误造成隐患而带来的商业风险；第二种从用户的角度来说，是以评价一个程序或者系统属性为目标的一种活动，测试是对软件质量的度量与评估，以验证软件的质量满足用户的需求，为用户选择与接受软件提供有力的依据。为了保证软件质量，在软件测试时要同时考虑这两方面的问题。

为了更好地阐述软件测试的目的，先来看看以下常见的观点：

- 测试是程序的执行过程，目的在于发现错误。
- 测试是为了证明程序有错，而不是证明程序无错误。
- 一个好的测试用例在于能发现至今未发现的错误。
- 一个成功的测试是发现了至今未发现的错误的测试。

这些观点着重于软件测试的目的是发现错误，但是测试并不仅仅是为了找出错误，软件测试的目的应该还包含：

- 通过分析错误产生的原因和错误的发生趋势，帮助项目管理者发现当前软件开发过程中的缺陷，以便及时改进。
- 通过分析错误产生的原因和错误的发生趋势，帮助测试人员设计出有针对性的测试方法，改善测试的效率和有效性。
- 没有发现错误的测试也是有价值的，完整的测试是评定软件质量的一种方法。

软件测试归根结底是为了保证软件质量。软件质量是无法通过测试做到真正的提升的，待到测试时，软件质量已经确定，它是在软件开发生命周期中一步步构建出来的。软件测试活动只能是一定程度的验证，是质量水平的反馈，以推进改进的发生。作为软件测试人员，在软件开发过程中的任务就是发现缺陷，跟踪缺陷，帮助避免软件开发过程中的缺陷，衡量软件的品质，关注用户的需求，提高用户体验，而其最终目标就是确保软件的质量。

2.1.3 软件测试的原则

软件测试的原则是指帮助测试团队有效地利用时间和精力来发现测试项目的隐藏错误的指导方针。制定软件测试的基本原则有助于提高测试工作的效率和质量，能让测试人员以最少的人力、物力、时间等尽早发现软件中存在的问题，测试人员应该在测试原则的指导下进行测试工作。软件测试应该遵循以下基本原则：

1. 尽早地和不断地进行软件测试

由于软件的复杂性、程序性和软件开发各阶段的多样性，软件的错误存在于软件生命周期的各个阶段，因此应该尽早开展测试工作，把软件测试贯穿到软件生命周期的各个阶段中，进行不断地测试，这样测试人员能够尽早地发现和预防错误。从一开始就解决问题总是更容易、更便宜，而不是如果发现错误太晚而可能导致改变整个系统，所以尽早测试能降低错误修复的成本。测试人员尽早测试还可以帮助开发团队以更少的成本和精力解决问题。尽早地开展测试工作还有利于帮助测试人员了解软件产品的需求和设计，从而预测测试的难度和风险，制订出完善的计划和方案，提高测试的效率。

软件项目一启动，软件测试工作也就开始了。在代码完成之前，测试人员要参与需求分析、系统或程序设计的审查工作，而且要准备测试计划、测试用例、测试脚本和测试环境。测试计划可以在需求模型一完成就开始，详细的测试用例定义可以在设计模型被确定后开始。应当把"尽早和不断地测试"作为测试人员的座右铭。

2. 测试应基于用户需求

所有测试的工作都是建立在用户需求之上。软件测试的目的就是验证产品的一致性和确认产品是否满足用户的需求，所以测试人员要始终站在用户的角度去看问题、去判断软件缺陷的影响。从客户角度来看，系统中最严重的错误就是软件无法满足要求。有时，软件产品的测试结果非常完美，但却不是用户最终想要的产品，那么软件产品的开发就是失败的，而测试工作也是没有意义的。因此所有的测试都应追溯到用户需求。

3. 制订严格的测试计划

为了使测试工作有条不紊地进行，一定要制定测试计划，并且要有指导性。软件测试计划是做好软件测试工作的前提。所以在进行实际测试之前，应制定良好的、切实可行的测试计划并严格执行，特别要确定测试策略和测试目标。测试时间安排尽量宽松，不要希望在极短的时间内完成一个高水平的测试。为了防止测试工作的随意性，要严格地按测试计划完成测试工作，并对测试过程进行跟踪管理。

测试人员要充分关注软件开发过程，对开发过程的各种变化及时做出响应，根据开发过程的各种变化对测试计划进行相应的调整。

4. 设计测试用例时应考虑各种可能情况

测试用例是设计出来的，不是写出来的，所以要根据测试的需求和目的，采用相应的方法去设计测试用例，从而提高测试的效率，更多地发现错误，提高程序的可靠性。测试用例主要用来检验程序逻辑路径及功能，因此不但需要输入数据，并且需要针对这些输入的数据得到预期的输出结果。如果对测试输入数据没有给出输出结果，那么就缺少了检验实测结果的基准，就有可能把一个似是而非的错误结果当作一个正确结果。

在设计测试用例时，除了要检查程序是否做了应该做的事，还要看程序是否做了不该做的事；不仅应选用合理的输入数据，对于非法的输入也要考虑；要检查各种边界条件；特殊情况下还要制造极端状态和意外状态，如网络异常中断、电源断电等。合理的输入条件是指能验证程序正确性的输入，而不合理的输入条件是指异常的、临界的、可能引入问题异变的输入。用不合理的输入条件测试程序时，有时会比合理的输入条件进行测试发现更多的Bug。

5. 杀虫剂悖论

众所周知，虫子的抗药性原理是一种药物使用久了，虫子就会产生抗药性。而在软件测试中，缺陷也会产生免疫性。同样的测试用例被反复使用，发现缺陷的能力就会越来越差；测试人员对软件越熟悉，越会忽略一些看起来比较小的问题，发现缺陷的能力也越差，这种现象被称为软件测试的"杀虫剂"现象。它主要是由于测试人员没有及时更新测试用例或者是对测试用例和测试对象过于熟悉，形成了思维定式。因此，为克服这种现象，测试用例需要经常的评审和修改，不断增加新的、不同的测试用例来测试软件或系统的不同部分，保证测试用例永远是最新的，即包含着最后一次程序代码或说明文档的更新信息。

6. 程序员应该避免检查自己的程序

测试工作应该由独立的、专业的软件测试机构来完成。测试是带有"挑剔性"的行为，心理状态是测试程序的障碍。对于需求规格说明的理解产生的错误，也很难在程序员本人测试时被发现。专业测试机构或者第三方运用各种测试技术，利用丰富的测试经验和对Bug的敏感能让测试更客观、更有效。

7. 软件缺陷的"二八"定理

软件缺陷的"二八"定理称为Pareto原则，也称为缺陷集群效应。一般情况下，软件80%的缺陷会集中在20%模块中，缺陷并不是平均分布的。一般来说，一段程序中已发现的错误数越多,其中存在错误的概率也就越大。此原则要求测试团队利用自己的知识和经验,预测要重点测试的潜在模块。这一预测有助于节省时间和精力,因为团队只需要关注那些"敏感"领域。然而,这种方法也有缺点:一旦测试人员只专注于所有团队的一小块区域,他们可能会错过其他区域的错误。因此在测试时,要抓住主要矛盾,对发现错误较多的程序段要投入更多的人力、精力重点测试以提高测试效率。

80% 错误由 20% 代码引起,80% 的精力用于 20% 的重点内容。错误集中发生的现象,可能和程序员的编程水平和习惯有很大的关系。

8. 对错误结果要进行一个确认过程

这条原则常常被测试人员忽视。一般由 X 测试出来的错误,一定要由 Y 来确认。严重的错误可以召开评审会议进行讨论和分析,对测试结果要进行严格地确认,是否真的存在这个问题以及严重程度等。

9. 不同的测试活动依赖不同的测试背景

各种产品或项目包含不同的元素、特征和要求。因此,不同的测试背景、测试目标,需要开展不同的测试活动,测试人员不能对不同的项目应用相同的测试方法。例如,金融行业的应用程序和游戏软件的测试方法就不一样,安全性测试与兼容性测试方法不一样,而金融行业软件应该比游戏软件需要更多的测试。

10. 测试应采用增量测试,由小到大

最初的测试通常把焦点放在单个程序模块上,进一步测试的焦点则转向集成在一起的模块中寻找错误,最后在整个系统中寻找错误。

11. 穷尽测试是不可能的

由于时间和资源的限制,进行穷尽(各种输入和输出的全部组合)的测试是不可能的。测试人员可以根据测试的风险和优先级等确定测试的关注点,从而控制测试的工作量,在测试成本、风险和收益之间求得平衡。这就是为什么在测试项目中,访问和管理风险被认为是必不可少的活动之一。

12. 妥善保存测试过程中的所有文档

妥善保存测试过程中一切文档的重要性不言而喻,这些文档对今后软件系统的使用和维护是非常重要的,测试的重现性及回归测试往往也依靠测试文档。例如,测试计划、测试用例、出错统计和最终分析报告等都能为维护提供方便。

13. 注意回归测试的关联性

不可将测试用例置之度外,排除随意性。特别是对于做了修改之后的程序进行重新测试时,如不严格执行测试用例,将有可能忽略由修改错误而引起的大量的新错误。所以,回归测试的关联性也应引起充分的注意,修改一个错误而引发更多错误的现象经常发生。

14. 测试无法显示软件潜在的缺陷

这个原则可以用另一种方式来描述:测试表明软件目前存在的缺陷。软件测试只能找出应用程序或软件中存在的缺陷。测试总是有助于消除软件中未被发现的缺陷数量,但是,即使在测试过程中没有发现任何错误,也不意味着正确性。软件产品不仅要在技术方面进行测试,还要根据用户的期望和需求进行测试。尽管对产品或应用程序进行了彻底的测试,但没有人能确保产品 100% 无缺陷。

上述原则是根据 ISTQB(International Software Testing Qualifications Board,国际软件测试资质认证委员会,是国际唯一全面权威的软件测试资质认证机构)认证中关于软件测试基础的阐述,

以及书籍《软件测试的艺术》中关于软件测试原则的描述而总结的。这些原则可以作为大多数测试项目的核心指南。

2.1.4 软件测试的对象

软件测试的对象就是软件。软件是能够完成预定功能和性能的可执行的计算机程序，包括使程序正常执行所需要的数据，以及有关描述程序操作和使用的文档。所以，源代码、文档及配置数据都是测试对象。软件测试贯穿于软件定义和开发的整个期间，不同研发阶段的测试对象不尽相同。

1. 软件需求阶段

在需求分析阶段，原始需求、需求规格，甚至开发需求都可能是测试对象。通过对需求的检查，发现需求的正确性、歧义性、完整性、一致性、可验证性、可跟踪等方面的问题。

2. 软件设计阶段

在产品设计阶段，一般由开发人员对设计的概要设计说明书和详细设计说明书等设计文档进行检验，发现其设计、逻辑上的错误。

3. 程序编码阶段

在编码开发阶段，测试工程师主要进行单元、集成、系统方面的测试。在单元测试阶段，主要对关键函数、类文件进行数据结构、逻辑控制、异常处理等方面的测试。在集成测试阶段，主要测试模块间接口数据传递关系以及模块组合后的整体功能，在系统测试阶段，测试整个系统相对于用户需求的符合度。

4. 软件实施阶段

在软件实施阶段，测试工程师主要进行验收测试，对即将发布交付的软件系统、文档及配置数据进行验收性测试，主要关注测试对象能否按照预期工作，是否满足用户的期望，建立用户接受的信心。

2.1.5 软件测试的分类

软件测试是一项十分复杂的系统工程，不同的测试领域都有不同的测试方法、技术与名称，不同的分类方法会产生不同的测试名称。对于软件测试，可以从不同的维度进行分类，这样能更好地明确测试的过程，了解测试究竟要做哪些工作，尽可能做到全面测试。下面按照测试时程序是否运行、测试方法、测试阶段、测试内容、测试对象以及测试手段等多种方式进行分类。

1. 按照测试时程序是否运行分类

软件测试按照是否运行程序分为静态测试和动态测试。

（1）静态测试

静态测试是不运行被测程序，只是静态地检查程序代码、界面或相关文档中可能存在的错误。静态测试通过代码检查法、静态结构分析法等对需求规格说明书、软件设计说明书、源程序进行测试时约可以找出30%~70%的逻辑设计错误。

静态测试包括三个方面：
- 代码测试：测试代码是否符合相应的标准和规范。
- 界面测试：测试软件界面与需求说明是否相符，界面布局是否美观、按钮是否齐全、界面文字描述是否正确、合理等。
- 文档测试：测试需求规格说明书、软件设计文档、用户手册、安装手册等文档与实际软件之间是否存在差异，是否符合用户的实际需求。

软件测试基础及实践

其中，界面和文档的静态测试相对容易，只要测试人员仔细分析研究用户的需求，就很容易发现界面和文档中的缺陷。而对代码的静态测试就相对复杂，需要按照相应程序设计语言的代码规范模板（无统一标准，各公司有自己的标准）来逐行检查程序代码。

静态测试分为静态黑盒测试和静态白盒测试。静态黑盒测试主要指对文档和界面的测试。下面描述静态黑盒测试对产品需求规格说明书的测试内容。

> 一、需求规格说明书的高级审查
> 1. 假设自己是客户：了解客户的想法。
> 2. 研究现有的标准和规范：
> （1）公司惯用语和约定。
> （2）行业要求。
> （3）政府标准。
> （4）图形用户界面。
> （5）安全标准。
> 3. 审查和测试类似软件：
> （1）规模：功能是强大还是单一？代码量多少？
> （2）复杂性：软件简单还是复杂？
> （3）测试性：预算和进度是否足够？
> （4）质量和可靠性：是否满足质量要求？可靠性高吗？
> （5）安全性：软件安全性如何？
>
> 二、需求规格说明书的低层次测试技术
> 1. 需求规格说明书属性检查清单：
> （1）完整：是否有遗漏和丢失？完整吗？
> （2）准确：既定解决方案正确吗？目标明确吗？有错误吗？
> （3）精确、不含糊、清晰：描述是否一清二楚？是否有单独的解释？
> （4）一致：产品功能描述是否一致？
> （5）贴切：产品功能描述是否符合客户要求？
> （6）合理：规定预算和进度下，现有需求能否实现？
> （7）代码无关：是否定义产品，而不是定义软件设计、架构和代码？
> （8）可测试性：功能能否测试？
> 2. 需求规格说明书用语检查清单：
> （1）总是、每一种、所有、没有、从不：确认这些绝对或肯定的描述。
> （2）当然、因此、显然、明显、必然：这些话意图说服你接受假定情况，要慎重。
> （3）有些、有时、常常、通常、惯常、经常、大多、几乎：太模糊，可能无法测试。
> （4）等等、诸如此类、以此类推、例如：以这样的词结束的功能清单无法测试。
> （5）良好、迅速、廉价、高效、小、稳定：无法量化的用语，无法测试。
> （6）处理、进行、拒绝、跳过、排除：这些用语可能隐含需要说明的功能。
> （7）如果……那么……（没有否则）：缺少否则，要思考没有发生会怎样。

静态白盒测试主要是指对代码的走查、审查、桌面检查。比如，代码规范中规定函数名称必须为动宾结构，而静态测试发现一个函数定义如下：

代码1：

```
void ValueGet(){
...
}
```

函数名 ValueGet 不符合开发规范的动宾结构要求。

代码2：

```
j=1;
while(j<100){
x=x+5;
y=j*2;
}
```

在循环体内没有对 j 的值进行增加导致死循环。

静态测试可以手工进行，充分发挥人的思维优势，并且不需要特别的条件，容易展开，但是静态测试对测试人员的要求较高，测试人员需要具有编程经验；静态测试也可用自动化测试工具来完成，比如上海泽众软件科技有限公司的 CodeAnalyzer 支持 C、C++、Java 等多种编程语言扫描，只要单击一个按钮，工具就会自动检测代码中不符合语法规范的地方。相对于手工静态测试来说，自动化测试工具的效果和效率会相对更好、更高。

（2）动态测试

动态测试是运行被测程序，检查运行结果与预期结果的差异，并分析程序的运行效率、正确性和健壮性等性能。动态测试的过程为：设计测试用例、执行测试用例、分析程序的输出结果。

动态测试分为动态黑盒测试和动态白盒测试：动态黑盒测试主要指对软件的功能进行测试，涉及数据的输入与输出；动态白盒的测试主要是对程序的执行过程进行测试。

判断测试属于动态测试还是静态测试，唯一的标准就是看是否运行程序。

2. 按照测试方法分类

软件测试按测试方法可分为白盒测试、灰盒测试和黑盒测试。

① 白盒测试是将软件比作一个白色透明的盒子，如图 2-1 所示，可以清晰看到盒子内部的构造。软件是由代码组成，那么软件的内部透明则是代码可见，即通过检查代码是否有问题来进行测试。白盒测试方法要求测试人员能看懂代码，了解软件程序的逻辑结构、路径与运行过程，要清楚地知道从输入到输出的每一步过程，检验程序中每条通路是否按预定要求正确工作。相对于黑盒测试来说，白盒测试要求测试人员具有一定的编程能力，要熟悉各种脚本语言。

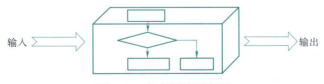

图 2-1 白盒测试示意图

② 灰盒测试是介于黑盒测试和白盒测试之间，如图 2-2 所示，即将代码检查和外部操作测试相结合的方法。灰盒测试既要像黑盒测试那样关注输出的正确性，同时也关注程序的内部表现，但这种关注不像白盒测试那样详细、完整，只是通过一些表征性的现象、事件、标志判断内部的运行状态即可。

软件测试基础及实践

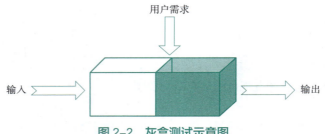

图 2-2　灰盒测试示意图

③ 黑盒测试是将软件比作一个黑色的盒子，如图 2-3 所示，内部结构不可见，只能看到程序的外部。它把程序当作一个输入域到输出域的映射，只要输入的数据能输出预期的结果即可，它只是检查程序功能是否按照需求规格说明书的规定而被正常使用。黑盒测试不需要关注被测对象的内部结构，仅从用户需求的角度去考虑是否满足显性或者隐性的需求。

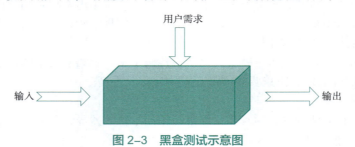

图 2-3　黑盒测试示意图

3. 按照测试阶段分类

测试过程应该是从模块层开始，然后扩大延伸到整个基于计算机的系统中。因此正确的测试顺序应该是从针对单个模块的单元测试开始，然后逐步集成各个单元，最后进行系统测试。测试的顺序与研发的顺序是对应的，针对不同研发阶段的测试目的，测试活动分为单元测试、集成测试、系统测试、验收测试及软件维护测试等级别。

视　频

单元测试

（1）单元测试

单元测试又称为模块测试、组件测试，是针对软件中的最小可测单元（模块）进行检查和验证。单元测试是软件开发过程中最低级别的测试活动，通常可放在编程阶段，对面向过程的编程语言如 C 语言来说，单元测试的测试单元一般是函数或者子过程，对面向对象的编程语言如 Java 来说，单元是指一个类，当然模块也可以单独进行单元测试。单元测试的测试对象一般有五个方面：单元接口、单元局部数据结构、单元中的执行路径、单元错误处理和边界条件等。

单元测试采用白盒测试为主，要深入被测软件的源代码，同时还要构造驱动模块、桩模块，要求测试人员具有编码能力，所以一般由编程人员自己对编写的模块测试，检查模块是否实现了详细设计说明书中规定的功能和算法。在敏捷开发模型中，也可由专门的测试人员完成。

单元测试有两种模式：测试驱动模式和代码先行模式。

① 测试驱动模式：即代码编写之前先设计测试用例。测试驱动模式可以促使开发人员对即将编写的代码进行需求细节的分析和代码设计方案的考虑。这种测试模式会改变开发人员的习惯，如敏捷开发模型中的测试。

② 代码先行模式：即先编写代码，后进行测试。这种模式更容易实施和控制，可根据需要选择重要代码进行测试，但对开发人员的习惯和开发流程改变不大。

单元测试目的是确保各个模块被正确地编码；保证各个模块能按照正确的逻辑进行执行。

（2）集成测试

集成测试，也称为接口测试、组装测试、联合测试，它是对由各模块组装而成的程序进行测试。集成测试是单元测试的逻辑扩展，将组成软件的各个单元按照概要设计的要求组装成模块、子系统或系统的过程中，测试各部分工作是否达到或实现相应技术指标、性能指标等要求。

集成测试

集成测试的目标是检查各个模块连接起来时，模块接口之间的数据是否会丢失；各个子功能组合起来，能否达到预期要求的父功能；一个模块的功能是否会对另一个模块的功能产生不利的影响；全局数据结构是否有问题；单个模块的误差积累起来，是否会放大，从而达到不可接受的程度。

为了达到集成测试的目标，集成测试的内容包括：集成功能测试、接口测试、全局数据结构测试、资源测试、性能测试和稳定性测试。

集成测试界于单元测试和系统测试之间，起到"桥梁作用"，一般由白盒测试工程师或开发工程师采用白盒加黑盒的方式来测试，既验证"设计"，又验证"需求"。集成测试需要设计所需的驱动模块和桩模块。驱动模块用来模拟被测试模块、子系统或系统的上级模块，相当于被测模块的主程序，接收测试数据，将相关数据传送给被测模块，启动被测模块，并输出测试结果。桩模块用来模拟被测模块、子系统或系统工作过程中所调用的下级模块，它们一般只进行很少的数据处理。

集成测试一般包含两种不同的测试策略：非增量式测试与增量式测试。

① 非增量式测试。非增量式测试采用一步到位的方法构造测试。在对所有模块进行测试后，按照程序结构图将各模块连接起来，把连接后的模块当成一个整体进行测试。下面通过一个案例来展示非增量式集成测试的流程，如图2-4所示。被测试程序的结构由图2-4（a）表示，由6个模块参与集成。在单元测试时，根据它在结构图中所处的层级位置，对模块B和D配置了驱动模块d1、d3与桩模块s1、s2，对模块C、E、F配置了驱动模块d2、d4、d5，模块A由于处在结构顶端，没有其他模块可调用，因此仅配置了3个桩模块s3、s4、s5来模拟被它调用的3个模块B、C和D，配置的驱动模块和桩模块如图2-4(b)、(c)、(d)、(e)、(f)、(g)所示。对程序模块进行单元测试以后，再按图2-4（a）的结构图形式集合到被测系统中，再对形成的整体进行集成测试。

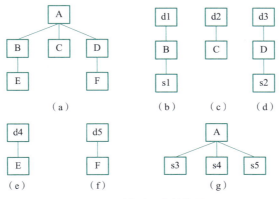

图2-4 被测程序结构图

② 增量式测试。增量式测试的集成是逐步实现的，测试也是逐步实现的，即逐步把下一个要被组装的单元与已测试好的模块结合起来测试，也可认为是将单元测试与集成测试结合起来。

根据集成模式的不同，增量式集成测试有两种方法：自顶向下集成测试和自底向上集成测试。
- 自顶向下集成测试是从最顶层模块开始，按软件结构图自上而下地逐步加入下层模块。
- 自底向上集成测试是从最底层模块开始，按软件结构图自下而上地逐步加入上层模块。

集成测试主要发现模块间的接口和通信问题，主要发现设计阶段产生的错误。所以，集成测试计划应该在概要设计阶段制订。

（3）系统测试

系统测试是为验证和确认系统是否达到其需求制定的目标，而对集成后的软件系统进行的测试。系统测试是将已经集成好并通过了集成测试的软件作为整个基于计算机系统的一个元素，与计算机硬件、外设、某些支持软件、数据和人员等其他系统元素结合在一起，在实际或者模拟运行环境下，对计算机系统进行的一系列严格有效地测试，以发现软件潜在的问题，保证系统的正常运行。从以上描述可以看出，系统测试的对象不仅包括被测软件，还包含了软件所依赖的硬件、外设和数据。

常见的系统测试主要有以下内容：
- 功能测试：根据产品需求说明书和测试需求列表，验证产品是否符合产品的需求规格。
- 恢复测试：验证系统从软件或硬件失败中恢复的能力。
- 安全性测试：检测系统的安全机制、保密措施是否完善，主要是为了检验系统抵御入侵攻击的能力。
- 压力测试：也称为强度测试，是对系统在超负荷情况下的承受能力的测试，是检查系统在极限状态下运行时，性能下降的幅度是否在允许的范围内。
- 性能测试：检查系统是否满足系统设计说明书对性能的要求。
- 可靠性、可用性和可维护性测试。
- 安装测试。

系统测试主要是由测试人员完成。系统测试是根据系统需求规格说明书来设计测试用例的，而不是程序代码，所以系统测试计划也应该是在系统需求分析就开始，测试一般采用黑盒测试方法。

系统测试的目的在于通过与系统的需求定义作比较，发现软件与系统定义不符合或与之矛盾的地方，以验证软件系统的功能和性能等是否满足其项目需求所指定的要求。

（4）验收测试

验收测试是部署软件之前的最后一个测试操作，是用户按照项目任务书或合同、约定的验收依据文档等进行的整个系统的测试与评审，决定是否接收或拒收系统。验收测试主要是确认软件的功能、性能及其他特性是否满足软件需求规格说明书中列出的需求，是否符合软件开发商与用户签订的合同的要求。

验收测试是以用户为主的测试，测试人员协助参与。验收测试分为 α 测试和 β 测试，α 测试就是内测，由公司内部人员来一起测试。β 测试就是公测，邀请部分真实用户使用测试。

α 测试是指软件开发公司组织内部人员模拟各类用户，对即将面市的软件产品进行测试，试图发现错误并修正。α 测试的关键在于尽可能逼真地模拟实际运行环境和用户对软件产品的操作，并尽最大努力涵盖所有可能的用户操作方式。经过 α 测试调整的软件产品称为 β 版本。

β 测试通常被看成是一种"用户测试"。β 测试主要是软件开发公司组织各方面的用户代表实际使用 β 版本，并评价、检查软件。通过用户各种方式的大量使用，发现软件存在的问题与错误，然后软件开发公司再对 β 版本进行改错和完善。

验收测试在系统测试完成后、项目最终交付前进行。验收测试的测试计划、测试方案与测试案例一般由开发方制定，由用户方与监理方联合进行评审。验收测试的目的是检验系统能否按照预定要求进行工作，从而让用户决定是否接收该系统。

软件验收测试尽可能在现场进行实际运行测试，如果受条件限制，也可以在模拟环境中进行测试，无论何种测试方式，都必须事先明确验收方法，制定测试计划规定要做的测试种类，并制定相应的测试步骤和具体的测试用例。测试完成后要明确给出验收通过或者不通过的结论。

（5）软件维护测试

在软件系统部署后，都需要一定的修正和改进，软件维护的目的不是维护产品操作能力或修复因使用过度而造成的损坏，在产品应用到新的运行操作环境（适应性维护）或在消除了缺陷（纠正性维护）时，都要进行维护。这种情况称为软件维护和软件支持。

软件维护的策略是：对任何新的或变更的内容都应进行测试；为避免因变更而导致的副作用，系统否认的其余部分应进行回归测试。

4. 按照测试内容分类

软件测试按照测试内容可分为功能测试、接口测试、性能测试、安全测试、故障转移和恢复测试、兼容性测试、易用性测试、稳定性测试、弱网测试、App 专项测试、界面测试以及文档测试等。

（1）功能测试

功能测试即测试功能，指测试软件各个功能模块是否正确，逻辑是否正确，是否符合需求规格说明书的要求及是否满足用户的需求，是否有多余或遗漏的功能。功能测试应侧重于所有可直接追踪到用例或业务功能和业务规则的测试需求。功能测试的目标是核实数据的接收、处理和检索是否正确，以及业务规则的实施是否恰当。此类测试基于黑盒测试技术，主要参考需求规格说明书或功能说明文档。

如某购物系统，前台用户浏览商品—放入购物车—下单—付款，后台处理订单—配货—发货，这一系列流程必须正确无误，不能出现任何错误。

（2）接口测试

接口测试是集成测试时对程序内部接口和程序外部接口的测试。测试重点是检查数据的交换、传递和控制管理过程，以及系统间的相互逻辑依赖关系等。

（3）性能测试

性能测试测试软件测试的性能，又分为压力测试、负载测试、并发测试、数据库容量测试、基准测试以及竞争测试等。

① 压力测试（强度测试）：压力测试是在强负载（大数据量、大量并发用户等）下的测试，查看应用系统在峰值使用情况下操作行为，从而有效地发现系统的某项功能隐患、系统是否具有良好的容错能力和可恢复能力。压力测试分为高负载下的长时间（如 24 小时以上）的稳定性压力测试和极限负载情况下导致系统崩溃的破坏性压力测试。

压力测试不仅可用于确定测试对象能够处理的最大工作量，还可以用于验证在标准工作压力下的各种资源的最下限指标，主要是为了确定系统在最差工作环境的工作能力。（非标准工作环境下，人为降低工作环境资源，如网络带宽、系统内存、数据锁等，以测试系统在资源不足的情况下的工作状态，通过强度测试，可以确定本系统正常工作的最差环境。）例如：一个系统在内存 256 MB 下可以正常运行，但是降低到 200 MB 下不可以运行，提示内存不足，这个系统对内存的要求就是 200 MB 以上。

② 负载测试：是测试软件所承受的负载条件下的系统负荷。在负载测试中，将使测试对象

软件测试基础及实践

承担不同的工作量，以评测和评估测试对象在不同工作量条件下的性能行为，发现系统可能存在的性能瓶颈、内存泄漏、不能实时同步等问题。负载测试的目标是确定并确保系统在超出最大预期工作量的情况下仍能正常运行。此外，负载测试还要评估性能特征，例如，响应时间、数据吞吐量、事务处理速率和系统占用的资源等。

比如，在 B/S 结构中用户并发量测试就是属于负载测试的用户，可以使用 Webload 工具，模拟上百万客户同时访问网站，看系统响应时间、处理速度如何。

③ 并发测试是多个用户同时操作软件时，软件对多个用户同时返回的状态是否有错误或混乱，如京东 618 活动，上亿的用户同时下单，京东生成的订单是否与用户的信息一致。

④ 数据库容量测试是指通过存储过程向数据库表中插入一定数量的数据，检查相关页面是否能够及时显示数据。

数据库容量测试使测试对象处理大量的数据，以确定是否达到了将使软件发生故障的极限。容量测试还将确定测试对象在给定时间内能够持续处理的最大负载或工作量。例如，如果测试对象正在为生成一份报表而处理一组数据库记录，那么容量测试就会使用一个大型的测试数据库，检验该软件是否正常运行并生成了正确的报表。容量测试的方法是通过书写存储过程向数据库某个表中插入一定数量的记录，并计算相关页面的调用时间。

⑤ 基准测试是与已知现有的系统进行比较，主要检验是否与类似的产品具有竞争性的一种测试。

⑥ 竞争测试是软件竞争使用各种资源（数据记录、内存、打印机等），检查与其他类似系统对资源的争夺能力。

（4）安全测试

安全测试是测试系统防止非法入侵的能力。安全测试可以发现软件中的漏洞、隐患和风险，以防止黑客的恶意攻击。安全测试分为渗透测试、DDoS 攻击、跨域攻击、SQL 注入、暴力破解等。安全测试的目的是确定软件所有可能的漏洞和风险点，这些漏洞和风险点可能导致公司的信息、财务和声誉受损等严重后果。

安全测试偏重于两个关键方面：

① 应用程序级别的安全性。在预期的安全性情况下，用户只能访问特定的功能或用例，或者只能访问有限的数据。

② 系统级别的安全性。只有具备系统访问权限的用户才能访问应用程序，而且只能通过相应的网关来访问。

（5）故障转移和恢复测试

故障转移和恢复测试指当主机软硬件发生故障时，备份机器是否能够正常启动，系统是否可以正常运行，这对于电信、银行、军事等领域的软件十分重要。比如电信系统，主机程序突然死机，备份机器是否能够启动，使系统能够正常运行，从而不影响用户打电话。

对于必须持续运行的系统来说，故障转移测试用于一旦发生故障时，测试备用系统是否能"顶替"发生故障的系统，并避免丢失任何数据或事务。

恢复测试是一种对抗性的测试过程，把应用程序或系统置于极端的条件下，当产生故障时调用恢复进程，监测和检查应用程序和系统，并核实应用程序、系统和数据已得到了正确的恢复。

（6）兼容性测试

兼容性测试又叫配置测试。兼容性测试主要测试软件在不同的硬件平台、不同的操作系统、不同的工具软件及不同的网络等环境下的运行情况。在实际运行环境下，客户机、网络连接和数据库服务器的具体硬件规格都有可能不同。客户机可能会安装不同的软件，例如应用程序、驱动程序等，而且在任何时候都可能运行许多不同的软件组合，从而占用不同的资源（如浏览器、操作系统、硬件等）。

浏览器兼容性。测试软件在不同厂商的浏览器下是否能够正确显示与运行，比如在 Edge、Chrome 浏览器下测试软件是否可以运行。

操作系统兼容性。测试软件在不同操作系统下是否能够正确显示与运行，比如在 Windows、Mac、Linux 下测试软件是否可以运行。

硬件兼容性。测试与硬件密切相关的软件产品与其他硬件产品的兼容性，比如在 Intel、AMD 的 CPU 芯片下系统是否能够正常运行。

（7）易用性测试

易用性测试就是用户体验测试，测试软件是否好用，一般原则是学习成本越低越好，功能操作过程越简洁越好。

（8）稳定性测试

稳定性测试是测试软件是否能长时间稳定的运行，一般分为前端和后端，后端要求 7×24 小时一直保持稳定，前端为 3~5 小时不出问题即可。

（9）弱网测试

弱网测试是测试软件在不同的网络环境（4/5G、Wi-Fi、热点等）下是否能正常运行。

（10）App 专项测试

App 专项测试是对移动终端的 App 进行测试。通常包含如下测试项：

① 交互测试：不同 App 的切换，前后台切换，电话 / 短信 / 微信语音等功能的交互情况。

② 权限测试：关闭特定权限后，是否影响软件其他功能的正常使用。当想要使用某项功能时，例如录音、拍照功能，是否会提示要给权限，提醒是否清晰，是否有打开权限的快捷方式等。

③ 资源争用测试：分屏，同类型 App 同时工作的情况，如酷狗音乐运行情况下用户打开网易云音乐。

④ 资源监控：App 自身大小越小越好，App 对 CPU/ 内存 / 电量 / 流量等的占用情况测试。

⑤ 离线测试：断网后，软件是否还能正常使用某些功能，如安装 / 卸载 / 更新、消息推送。断网后是否能收到推送的消息，断网后再联网是否能正常显示此期间的推送消息等。

（11）界面测试

界面测试用于核实用户与软件之间的交互。界面测试的目标是确保用户界面会通过测试对象的功能来为用户提供相应的访问或浏览功能。另外，界面测试还可确保界面中的对象按照预期的方式运行，并符合公司或行业的标准，包括用户友好性、人性化、易操作性测试。界面测试比较主观，与测试人员的个人喜好有关。比如，页面基调颜色刺眼、某些功能入口比较难找、文字描述出现错别字、页面图片范围太广等都属于界面测试中的缺陷。

（12）文档测试

文档测试以需求规格说明书、软件设计说明书、用户手册、安装手册为主，主要验证文档说明与实际软件之间是否存在差异。

① 需求规格说明书测试：主要测试需求中是否存在逻辑矛盾、需求在功能和性能上是否可测及语言描述等。

② 设计说明书测试：主要测试设计是否符合全部需求及设计是否合理。

③ 说明书测试（用户手册、安装手册）。

语言检查：检查说明书语言是否正确，用词是否易于理解。
功能检查：功能是否描述完全，是否描述不存在的功能等。
安装检查：安装环境是否明确和齐全，安装步骤是否完整等。
图片检查：检查图片是否正确。
④ 帮助文件测试：主要测试帮助文件是否正确、易懂，是否人性化，最好能够提供检索功能。
⑤ 广告宣传材料测试。
广告用语检查：主要对产品出厂前的广告材料、文字、功能、图片等进行检查。
宣传材料检查：主要测试产品附带的宣传材料中的语言描述、功能、图片等。

5. 按照测试对象分类

软件测试按照测试对象可分为 App 测试、Web 测试、小程序测试、物联网测试、AI 测试、5G+ 云应用、VR/AR、IoT 测试、区块链测试以及大数据测试等。

6. 按照自动化程度分类

按照自动化程度可以将软件测试分为手工测试与自动化测试。
（1）手工测试
手工测试是测试人员一条一条地执行测试用例完成测试工作。手工测试比较耗时费力，测试效果在一定程度上取决于测试人员的水平。
（2）自动化测试
自动化测试是借助脚本、自动化测试工具等完成相应的测试工作，虽然也需要人工的参与，但是可以将要执行的测试代码或流程写成脚本，执行脚本完成整个测试工作。

7. 按测试执行过程的阶段分类

测试执行过程的阶段分初测期、细测期和回归测试期。
① 初测期是测试主要功能和关键的执行路径，排除主要障碍。
② 细测期是依据测试计划和测试用例，逐一测试大大小小的功能、方方面面的特性、性能、用户界面、兼容性、可用性等；预期可发现大量不同性质、不同严重程度的错误和问题。
③ 回归测试期是系统已达到稳定，在一轮测试中发现的错误已十分有限；复查已知错误的纠正情况，未引发任何新的错误时，终结回归测试。

8. 按照测试实施组织分类

按测试实施组织可将测试划分为开发方测试、用户测试和第三方测试。
① 开发放测试通常也称为"验证测试"或"α测试"，主要是指在软件开发完后，开发方要对提交的软件进行全面的自我检查与验证。它可以从软件产品编码结束之后开始，或在模块（子系统）测试完成后开始，也可以在确认测试过程中产品达到一定的稳定性和可靠程度之后再开始。
② 用户测试是指在用户的应用环境下，用户通过运行和使用软件，检测与验证软件是否符合自己预期的要求。用户测试一般不是指用户的"验收测试"，而是指用户的使用性测试。常见的用户测试有"β测试"。
③ 第三方测试也称为独立测试，它是指由在技术、管理和财务上与开发方和用户方相对独立的组织进行的软件测试。

9. 其他测试分类

（1）冒烟测试
冒烟测试是正式测试前的测试，检查软件是否具有可测试性，检查软件整体运行是否正常，核心功能是否能运行。冒烟测试最初是从电路板测试得来的，当电路板做好以后，首先会加电测试，如果电路板没有冒烟再进行其他测试，否则就必须重新设计后再次测试。后来这种测试理念被引入到软件测试中。

在软件测试中，冒烟测试是指软件版本建立后，对系统的主要功能进行简单快速地测试，重点验证的是程序的核心功能，而不会对具体功能进行深入测试。如果测试未通过，则打回给开发人员进行修正；如果测试通过则进行正式测试。因此，冒烟测试是对新构建版本软件进行的最基本测试。

（2）回归测试

当测试人员发现缺陷以后，会将缺陷提交给开发人员，开发人员对程序进行修改，修改之后，测试人员会对修改后的程序重新进行测试，确认原有的缺陷已经消除并且没有引入新的缺陷，这个重新测试的过程就叫作回归测试。回归测试是软件测试工作中非常重要的一部分，在整个软件测试过程中占有很大的工作量比重，软件开发的各个阶段都会进行多次回归测试。

回归测试的测试用例集合包括以下三种不同类型的测试用例：

① 能测试软件所有功能的代表性测试用例。
② 针对可能会受修改影响的功能的附加测试。
③ 针对修改过的部分的测试。

执行回归测试时，通常根据测试范围分为部分回归和全部回归。部分回归测试是有选择地执行以前的测试用例，这种范围的选择具有较高的灵活性和测试效率，但需要付出额外的代价来选择测试用例。全部回归是将所有的程序都重新测试，测试的规模或工作量会很大，测试工作效率将会降低。

（3）随机测试

随机测试是没有测试用例、检查列表、脚本或指令的测试，它主要是根据测试人员的经验对软件进行功能和性能抽查。随机测试是根据测试用例执行测试用例的重要补充手段，是保证测试覆盖完整性的有效方式和过程。

2.2 软件测试模型

开发过程的质量决定了软件的质量，同样，测试过程的质量直接影响测试结果的准确性和有效性。软件测试和软件开发一样，都要遵循软件工程、管理学原理。测试专家通过实践总结出了很多很好的测试模型。软件测试过程模型又称为软件测试模型，是一种抽象的模型，用于定义软件测试的流程和方法。这些模型将测试活动进行了抽象，明确了测试与开发之间的关系，是测试管理的重要参考依据。下面介绍五种测试模型：V模型、W模型、H模型、X模型和敏捷测试模型。

2.2.1 V模型

V模型是最广为人知的测试模型之一，由 Paul Rook 在 20 世纪 80 年代后期提出，旨在改进软件开发的效率和效果。在传统的开发模型（如瀑布模型）中，通常把软件测试过程作为在需求分析、概要设计、详细设计和编码全部完成之后的一个阶段，尽管有时软件测试工作会占整个项目周期一半的时间，但是仍然认为软件测试只是一个收尾工作，而不是主要的工程。故 Paul Rook 对以前的测试模型进行了一定程度的改进，提出了V模型，其实它就是软件开发瀑布模型的变种。V模型是具有代表意义的测试模型，

视频

软件测试生命周期及V模型

描述了基本的开发过程和测试行为，反映了测试活动与开发过程各阶段的对应关系，如图2-5所示。

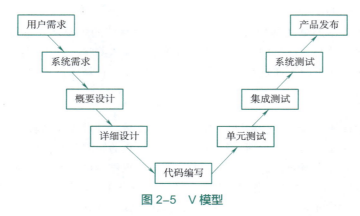

图2-5　V模型

V模型中左边是开发过程阶段，右边是测试过程阶段，非常明确地标明了测试过程中存在的不同级别，描述了这些测试阶段和开发过程期间各阶段的对应关系。V模型大体可以划分为以下几个不同的阶段步骤：需求分析、概要设计、详细设计、软件编码、单元测试、集成测试、系统测试、验收测试。

1. 需求分析

需求分析包括用户需求和系统需求，即首先要明确客户需要的是什么，软件需要做成什么样，需要有哪些功能等。需求的获取比较关键的是分析师和客户沟通时的理解能力与交互性，要求分析师能准确地把客户所需要达到的功能、实现方式等表述出来，给出分析结果，写出需求规格说明书。

2. 概要设计

概要设计主要是架构的实现，指搭建架构、表述各模块功能、模块接口连接和数据传递的实现等事务。

3. 详细设计

详细设计是对概要设计中表述的各模块进行深入分析，对各模块组合进行分析等，此阶段要求达到伪代码级别，已经把程序的具体实现的功能、现象等描述出来。其中需要包含数据库设计说明。

4. 软件编码

按照详细设计好的模块功能表，程序员编写出实际的代码。

5. 单元测试

单元测试与详细设计相对应，依据详细设计文档来设计测试用例。按照设定好的最小测试单元进行单元测试，主要是测试程序代码，为的是确保各单元模块被正确的编译，单元的具体划分按不同的单位与不同的软件有所不同，比如有具体到模块的测试，也有具体到类、函数的测试等。

6. 集成测试

集成测试与概要设计相对应，依据概要设计文档来设计测试用例。经过了单元测试后，将各单元组合成完整的体系，主要测试各模块间组合后的功能实现情况，以及模块接口连接的成功与否、数据传递的正确性等，其主要目的是检查软件单位之间的接口是否正确。根据集成测试计划,一边将模块或其他软件单位组合成系统,一边运行该系统,以分析所组成的系统是否正确、各组成部分是否合拍。

7. 系统测试

系统测试与需求分析相对应,依据需求规格说明书来设计测试用例。系统测试是将整个软件系统看作一个整体进行测试,包括对功能、性能以及软件所运行的软硬件环境进行测试。

系统测试由黑盒测试员来完成,前期主要测试系统的功能是否满足需求,后期主要测试系统运行的性能是否满足需求、是否存在漏洞,以及在不同的软硬件环境中的兼容性。

8. 验收测试

验收测试与用户需求相对应,主要由用户或业务专家进行。在使用现场根据用户需求,以及规格说明书来做相应测试,以确定软件达到用户需求或合同要求。验收测试包括功能确认测试、安全可靠性测试、易用性测试、可扩充性测试、兼容性测试、资源占用率测试、用户文档资料验收等。

从 V 模型的工作过程可以看出它具备以下特点:
- 单元和集成测试应检测程序的执行是否满足软件设计的要求。
- 系统测试应检测系统功能、性能的质量特性是否达到系统要求的指标。
- 验收测试确定软件的实现是否满足用户需要或合同的要求。

V 模型是最经典的软件测试模型,有自身的优点,也有一定的局限性。

优点:
- 测试阶段划分明确。
- 和开发的对应关系明确。
- 既包含底层测试(单元测试),又包括用户级测试(验收)。
- 明确了测试每个阶段的验证依据。

缺点:
- 容易理解成软件测试是开发完成之后才参与的,这意味着在代码完成后必须有足够的时间预留给测试活动;否则将导致测试不充分,开发前期未发现的错误会传递并扩散到后面的阶段,而在后面发现这些错误时,可能已经很难再修正,从而导致项目的失败。
- 没有体现出测试前期的工作(写计划、用例、测试文档),即只针对程序进行的寻找错误的活动,忽视了测试活动对需求分析、系统设计等活动的验证和确认的功能。不符合越早测试和不断测试的原则。

2.2.2 W 模型

W 模型由 Evolutif 公司提出,W 模型是在 V 模型的基础上演变而来的,又被称为双 V 模型,相对于 V 模型,W 模型更科学。V 模型的局限性在于没有明确地说明早期的测试,无法体现"尽早地和不断地进行软件测试"的原则。为了解决 V 模型的缺点,W 模型强调了 V&V 原理,将测试过程与开发过程独立开来,强调测试伴随着整个软件开发周期,演化的 W 模型如图 2-6 所示。

> 视频
>
> W模型和H模型

从图 2-6 可以看出,W 模型中一个 V 是开发,一个 V 是测试。

开发 V 包括:用户需求→系统需求→概要设计→详细设计→代码编码→集成→实施→交付。

测试 V 包括:验收测试准备→系统测试准备→集成测试准备→单元测试→集成测试→系统测试→验收测试。

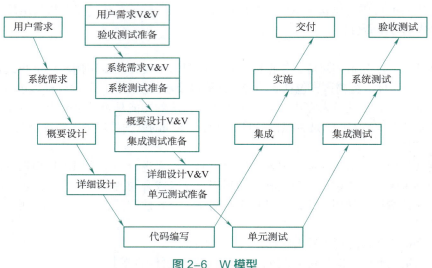

图 2-6　W 模型

W 模型是对 V 模型的一种改进。在 W 模型中开发和测试是并行的关系，是在 V 模型中增加软件各开发阶段应同步进行的测试。基于"尽早地和不断地进行软件测试"的原则，在软件的需求和设计阶段的测试活动应遵循 IEEE 1012—2016《软件验证与确认（V&V）》的原则，即增加了软件各开发阶段中应同步进行的验证（Verification）和确认（Validation）活动。W 模型中，软件开发和测试是紧密结合的，每个开发活动完成后就同步进行测试活动：需求分析完成后进行需求测试；设计完成后进行设计测试；编码完成后进行单元测试；集成完成后进行集成测试；系统构建完成后进行系统测试；完成交付准备工作之后进行验收测试。

总之，W 模型主要是为了解决 V 型模型存在的问题，解决思路就是测试前移。以需求为例，需求分析一完成，就可以对需求进行测试，而不是等到最后才进行针对需求的验收测试。如果测试文档能尽早提交，那么就有了更多的检查和检阅的时间，这些文档还可用于评估开发文档。另外，还有一个很大的益处是，测试者可以在项目中尽可能早地面对规格说明书的挑战。这意味着测试不仅仅是评定软件的质量，测试还可以尽可能早地找出缺陷所在，从而帮助改进项目内部的质量。参与前期工作的测试者可以预先估计问题和难度，这将可以显著地减少总体测试时间，加快项目进度。

W 模型是 V 模型的发展，能一定程度上规避 V 模型的缺点，即测试与开发是同步进行的，从而有利于尽早地发现问题。但也有一定的局限性，其具备的缺点如下：

W 模型和 V 模型都把软件的开发视为需求、设计、编码等一系列串行的活动，开发和测试也是一种线性的关系——只有开发活动完成了才能进行测试活动。这种方式使得 W 模型无法适应敏捷、迭代开发，自发性以及灵活的变更调整，这样就无法支持迭代的开发模型。对于当前软件开发复杂多变的情况，W 模型并不能解除测试管理面临的困惑，对技术和管理能力要求较高。

2.2.3　H 模型

H 模型将测试活动完全独立出来，成为一个独立的流程，将测试准备活动和测试执行活动清晰地体现出来。在 H 模型中，软件测试贯穿产品的整个生命周期，且与其他流程并发地进行，强调软件测试要尽早准备，尽早执行，如图 2-7 所示。

图 2-7 H 模型

H 模型的测试流程是:
- 测试准备:所有测试活动的准备判断是否到测试就绪点。
- 测试就绪点:测试准入准则,即是否可以开始执行测试的条件。
- 测试执行:具体地执行测试的程序。

图 2-7 演示了在整个生产周期中某个层次上的一次测试"微循环"。图中标注的其他流程可以是任意的开发流程,例如设计流程或者编码流程。H 模型指出软件测试要尽早准备,尽早执行。不同的测试活动可以是按照某个次序先后进行的,但也可能是反复的,只要某个测试达到准备就绪点,测试执行活动就可以开展。也就是说,只要测试条件成熟了,测试准备活动完成了,测试执行活动就可以进行了。这种灵活的组织方式,使得 H 模型完全具备了前两个模型的优点——既可以与所有的开发活动紧密结合,又足够灵活地满足敏捷和迭代的开发模型。具体优缺点如下:

优点:
- 开发的 H 模型揭示了软件测试除测试执行外,还有很多工作。
- 软件测试完全独立贯穿整个生命周期,与其他流程并发进行。
- 软件测试活动可以尽早准备尽早执行,具有很强的灵活性。
- 软件测试可以根据被测对象的不同而分层次、分阶段、分次序地执行,同时也是可以被迭代的。

缺点:
- 对管理者要求高:要定义清晰的规则和管理制度,否则测试过程将很难管理和控制。如果管理者没有足够的经验就实施 H 模型,可能会事倍功半,测试活动的成本收益比会比较低。
- 技能要求高:H 模型要求能够很好地定义每个迭代的规模,不能太大也不能太小。
- 测试就绪点分析困难:测试时,很多时候并不知道测试准备到什么时候是合适的、就绪点在哪、就绪点标准是什么,对后续的测试执行启动带来很大的困难。
- 对整个项目组的人员技能要求非常高。

根据以上 3 种测试模型的特点,建议一般的软件开发过程采用 W 模型,实施敏捷和迭代开发的可以考虑采用 H 模型或者 W+H 模型。

2.2.4 X 模型

X 模型的基本思想是由 Marick 提出的,Robin F.Goldsmith 引用了一些 Marick 的想法,并重新经过组织,形成了"X 模型"。X 模型也是对 V 模型的改进,X 模型提出针对单独的程序片段进行相互分离的编码和测试,此后通过频繁的交接,通过集成最终合成为可执行的程序,然后再对这些可执行程序进行测试,具体过程如图 2-8 所示。

X 模型的左边描述的是针对单独程序片段所进行的相互分离的编码和测试;右边描述的是已通过集成测试的成品可以进行封装并提交给用户,也可以作为更大规模和范围内集成的一部分。多根并行的曲线表示变更可以在各个部分发生。同时,X 模型还定位了探索性测试,

软件测试基础及实践

即不进行事先计划的特殊类型的测试。其优缺点如下：

优点：
- X 模型包含测试设计的步骤，就像使用不同的测试工具所要包含的步骤一样，而 V 模型没有。
- 探索性测试往往能帮助有经验的测试人员在测试计划之外发现更多的软件错误。

缺点：
探索性测试可能对测试造成人力、物力和财力的浪费，对测试员的熟练程度要求比较高。

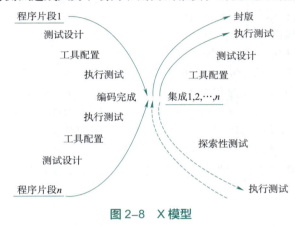

图 2-8　X 模型

2.2.5　敏捷测试模型

敏捷测试模型是指基于迭代开发的软件开发方法。相对应的敏捷测试模型是不断修正质量指标、正确建立测试策略、确认客户需求能实现和确保开发软件的质量并能及时发布的过程模型。敏捷测试模型是当前主流的开发测试模型，其具体流程如图 2-9 所示。

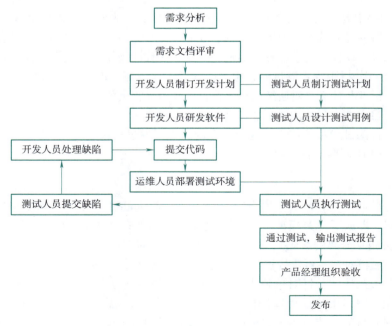

图 2-9　敏捷测试模型

从图 2-9 可以看出，敏捷测试模型首先进行需求分析，形成需求文档；接下来，产品经理组织团队的开发、测试、设计和 QA 人员做需求评审。评审通过后，开发人员根据需求文档做开发计划，根据测试尽早介入的原则，测试人员同步进行测试计划的编写。形成计划后，开发人员进行产品开发，然后提交代码给运维人员进行环境部署，同时测试人员着手测试用例的设计与脚本开发。一旦产品可以提测，此时测试用例已经设计完成，直接开展测试执行工作。测试人员执行测试的过程中，一旦发现缺陷就提交缺陷报告，反馈给开发团队进行修复。修复后测试人员进行回归测试，直到全部测试用例通过，输出测试报告。最后由产品经理组织验收，验收成功后发布上线。

敏捷测试模型倡导全员负责，质量在形成过程中，测试人员能起到的作用更多是一个质量大使的角色，而真正贡献质量的是交付中的各个角色。测试活动也不仅限于常规意义上的测试，而是一个更大范围的校准、对齐、验证和反馈。

敏捷测试模型中的敏捷测试需要遵循十条原则：

① 项目团队的目标是高效地交付高质量产品，测试人员要转变思维，不仅仅是发现缺陷，更重要的是研究和改进测试策略以辅助项目团队达到目标。

② 测试人员和开发人员同处一个项目团队或部门，以便强化沟通，密切合作。

③ 测试左移即将测试计划与设计提前进行，以及开展需求评审、设计评审、代码评审等。

④ 测试右移即将测试延伸到研发阶段之后的其他阶段，主要指产品上线后的测试，包括在线测试、在线监控和日志分析等。

⑤ 测试人员开展探索性测试。

⑥ 自动化测试能够按需精准执行，在追求完备覆盖的同时还能高效运行，快速提供反馈。

⑦ 自动化测试有完备的数据集，并能按需获得。

⑧ 自动化测试要根据不同的测试对象进行有效分层。

⑨ 需求文档跟自动化测试关联，变成可执行的活文档，同时，测试文档进行版本化管理。

⑩ 预防缺陷为主，注重对缺陷数量趋势的正确跟踪和对缺陷产生的根源及原因的深入分析。缺陷预防本质上就是质量内建，而质量内建是敏捷测试追求的核心价值观。

软件交付的任何一个环节都是有可能引入缺陷的，所以，敏捷测试模型更强调在各个环节通过不同的活动和实践去主动规避缺陷的发生。而且这些活动和实践，需要频繁地、持续地践行，做到持续反馈；及时调整交付方式、优先级，精准定位产品价值和市场需求。

2.3 软件测试流程

从软件测试模型的描述中可看出，软件测试工作与开发工作是同步进行的，如果对软件测试流程的重视程度不够，在测试工作中就容易造成很多重复性和不规范操作。实际上，为了使测试工作标准化、规范化，并且快速、高效、高质量地完成测试工作，理清楚软件测试流程就显得尤为重要。

在实际软件测试工作中，不同软件、不同公司在详细测试步骤上可能存在不同，但所遵循的最基本的测试流程是一样的：编写和评审测试需求文档→编写和评审测试计划→设计和评审测试用例→搭建测试环境、执行测试用例→跟踪和提交缺陷报告→评估和总结，具体流程和工作内容可参考图 2-10。

图 2-10　测试流程

2.3.1　测试需求分析

测试人员在制订测试计划之前需要阅读和理解需求，以便对开发的软件产品有清晰的认识，从而明确测试对象及测试工作的范围和测试重点，并作为测试需求覆盖的基础，测试需求是计算测试需求覆盖的分母，没有测试需求就无法有效地进行测试需求覆盖。测试需求是制订测试计划的基本依据；测试需求是设计测试用例的指导，确定了要测什么、测哪些方面后才能有针对性地确定测试方案，设计测试用例。

测试需求分析的步骤如下：

① 分析需求规格说明书，仔细阅读文档，提出问题，分析问题或沟通解决，整理和确认需求信息，包括业务功能、辅助功能、性能约束、权限需求、易用性需求、数据约束、编辑约束、参数需求等信息。所以，通过对需求规格说明书的分析可以获取一些测试数据的同时，也可以对需求规格说明书进行文档测试。通常，测试人员按照检查项对需求规格说明书进行分析和检验，通用的检查项如表 2-1 所示。

表 2-1　需求规格说明书检查列表

序号	检查项	检查结果		说明
		是	否	
1	是否完整地描述了用户提出的所有需求			
2	是否符合标准和规范			
3	是否清楚地描述了软件要做什么以及不要做什么			
4	是否描述了软件的目标环境，包括软硬件环境、网络环境等			
5	是否清楚地说明了数据约束和编辑约束			
6	是否清晰地描述了性能要求			
7	是否描述了权限约束			
8	是否描述了易用性需求			
9	需求描述是否前后一致			
10	需求的优先级是否分配合理			
11	是否对需求项进行了合理的编号			
12	用语是否准确、清晰、语义是否有二义性			

在分析测试需求时要注意,除了无法核实的需求不是测试需求外,在条件允许的情况下,测试需求分析要与客户进行交流,以便澄清某些有疑问的需求,确保测试人员与客户尽早地对项目需求达成共识。表2-1是一个通用的软件需求规格说明书检查列表,在实际测试中,可以根据测试项目的具体特性和公司自身的要求进行适当的增减或修改。

② 编写测试需求报告。根据用户需求报告中关于功能要求和性能指标等要求,分解功能,编写检查点和测试点。后续所有的测试工作都将围绕着测试需求来进行,符合测试需求的应用程序即是合格的,反之即是不合格的。

③ 测试需求报告评审。测试需求风险也是软件测试过程中最大的风险,把测试需求评审工作做好,一定程度上能降低需求阶段带来的风险,避免需求变更以及需求不明确、不可测、不可实现等情况的发生。

2.3.2 测试计划制订

软件测试计划作为软件项目计划的子计划,在项目启动初期就要规划。随着软件质量日益受到重视,如何规划整个项目周期的测试工作、如何将测试工作上升到测试管理的高度都依赖于测试计划的制订,因此测试计划是测试工作的基础。

1. 测试计划的定义

《软件测试文档标准》(IEEE 829)中将测试计划定义为:"一个叙述了预定的测试活动的范围、途径、资源及进度安排的文档。它确认了测试项、被测特征、测试任务、人员安排,以及任何偶发事件的风险。"软件测试计划是指导测试过程的纲领性文件,包含了产品概述、测试策略、测试方法、测试范围、测试配置、测试周期、测试资源、测试交流、风险分析等内容。依据软件测试计划,参与测试的项目组成员,尤其是测试管理人员,可以明确测试任务和测试方法,保持测试实施过程的顺畅和沟通,跟踪和控制测试进度,应对测试过程中的各种变更。

当项目进入到设计实现阶段,测试经理就应该和整个项目的开发人员、需求设计人员研究讨论,并对本次测试的交接时间、投入的人力、拟定测试的轮次、各轮次持续的时间、测试的内容和深度进行规模预估,并制订出测试计划。

2. 测试计划的作用

(1)使测试工作更加系统化

制订测试计划可以使整个软件测试工作系统化,可以使软件测试工作更易于管理。测试计划中包含了两种重要的管理方式,即工作分解结构、监督和控制。对软件测试计划来说,工作分解结构就是将所有的测试工作一一细化,这有利于测试人员的工作分配。而当执行软件测试时,管理人员可以使用有效的管理方式来监督、控制测试过程,掌握测试工作进度。

(2)使测试工作顺利进行

软件测试计划明确地将要进行的软件测试采用的模式、方法、步骤以及可能遇到的问题与风险等内容都做了考虑和计划,这样会使测试执行、测试分析和撰写测试报告的准备工作更加有效,使软件测试工作进行得更顺利。在软件测试过程中,常常会遇到一些问题而导致测试工作被延误,事实上有许多问题是预先可以防范的。此外,测试计划中也要考虑测试风险,这些风险包括测试中断、设计规格不断变化、人员不足、人员流失、人员测试经验不足、测试进度被压缩、软硬件资源不足以及测试方向错误等,这些都是不可预期的风险。对测试计划而言,凡是影响测试过程的问题,都要考虑到计划内容中,也就是说,对测试项目的进行要做出最坏的打算,然后针对这些最坏的打算拟订最好的解决办法,尽量避开风险,使软件测试工作进行得更顺利。

（3）使项目参与人员沟通更顺畅

测试人员之间需要对计划测试的对象、测试所需的资源、测试的进度安排等内容进行交流，以便整个测试工作取得成功。测试计划包含测试组织结构与测试人员的工作分配，测试工作在测试计划中进行了明确的划分，可以避免工作的重复和遗漏，并且测试人员之间可以了解彼此所应完成的测试工作内容，并在测试方向、测试策略等方面达成一定的共识，这样使得测试人员之间沟通更加顺利，也可以确保测试人员在沟通上不会产生偏差。

3. 测试计划的内容

① 确定测试范围：明确需要测试和不需要测试的内容。

② 制订测试策略：测试策略是将测试的内容划分出不同的优先级，并确定测试重点。根据测试内容的特点和测试类型选定测试环境和测试方法。

③ 安排测试资源：根据测试难度、时间、工作量等因素对测试资源进行安排。

④ 安排测试进度：根据软件的整体计划安排测试进度，过程中需要考虑各部分工作有可能存在的变化，建议在各项测试工作之间预留一定的缓冲时间以应对计划变更。

⑤ 预估测试风险：列出测试过程中可能会出现的不确定因素，并制订应对策略。

4. 制订测试计划的原则

制订测试计划是软件测试中最有挑战性的一项工作，坚持"5W1H"的原则有助于测试计划的制订，明确测试内容与过程，规则的具体内容如图 2-11 所示。

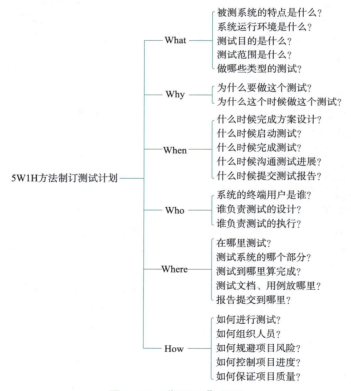

图 2-11 "5W1H" 原则

① 明确不同阶段的测试范围和内容（What）。

② 明确为什么要进行这些（Why）。

③ 明确测试不同阶段的开始和结束时间（When）。
④ 明确给出测试文档、报告的存放位置、测试环境等（Where）。
⑤ 明确测试人员组成及任务分配（Who）。
⑥ 明确使用哪些测试的方法和测试工具（How）。

为了使"5W1H"规则更具体化，需要准确理解被测软件的功能特性、应用软件的行业知识以及软件测试技术，在测试计划中突出关键部分，分析测试的风险、属性、场景以及采用的测试技术。测试人员还要对测试过程的阶段划分、文档管理、缺陷管理、进度管理给出切实可行的方案。

5. 软件测试计划制订的基础和依据（基本输入）

软件测试计划制订的基础和依据包括软件测试任务书（或合同）、被测软件的需求规格说明书、测试需求说明书以及类似产品或同一产品旧版本的测试计划。

6. 测试计划的制订

测试计划的制订是由粗略到详细的一个过程。测试计划不是"编"出来的，是在充分了解测试需求的情况下，结合测试的原理和经验得出的。项目大小不同，项目测试计划的制订过程也不同。中小型项目，测试计划可以由测试负责人或者直接由一个经验丰富的测试工程师承担。大型项目，参加的测试人员多，则测试计划先是分模块展开，各个测试工程师完成自己负责部分的测试计划，最后测试经理牵头组织大家一起完成整个项目的测试计划。测试计划由测试工程师来实施。

制订测试计划时，由于各软件公司的背景不同，撰写的测试计划文档也略有差异。实践表明，制订测试计划时，为了使用方便，用正规化文档比较好。下面给出 IEEE 829《软件测试文档标准》中软件测试计划文档模板。

IEEE 829 软件测试文档标准
软件测试计划文档模板

1. 测试计划标识
2. 介绍
3. 测试对象或测试项目
4. 需要测试的特性
5. 不需要测试的特性
6. 测试方法或策略
7. 验收标准
8. 挂起准则和恢复要求
9. 测试交付物
10. 测试任务
11. 测试基础设施和环境要求
12. 责任
13. 进度表
14. 风险和意外分析
15. 审批

（1）测试计划标识

测试计划标识是由公司生成的唯一值，用于唯一标识测试计划文档的名称和版本，以及该测试计划相关的软件版本。在其他项目文件中，通过该标识必须能够清晰准确地引用到该文件。

根据项目的大小不同，标识的复杂程度也不尽相同。组成标识的最小元素通常包含测试计划的名称、版本以及其状态。

（2）介绍

介绍部分提供了该项目背景的简短概述。其目的是帮助参与项目的人员（客户、管理者、开发人员以及测试人员）能够更好地理解测试计划的内容。

在该部分中包含引用到的所有文件。通常包括一些策略和标准相关的文件，如行业标准、公司标准、项目标准、用户标准、项目授权（有可能为合同）、项目计划、质量保证计划、配置管理计划和规格说明等。

在多层次的测试计划中，每个较低层的测试计划必须参考其更高层的测试计划。

（3）测试对象或测试项目

测试对象或测试项目部分应该包含被测产品及其组件的纲领性描述，说明在测试范围内对哪些具体内容进行测试，并确定一个包含所有测试项的一览表。为了避免误解，建议包含不被测试的项目列表。

（4）需要测试的特性

需要测试的特性部分应该确定系统中所有待测的功能和特征。这部分应该参考测试规格说明和更多相关的文档，如用户指南、操作指南、安装指南及与测试项相关的事件报告等。

（5）不需要测试的特性

为了避免误解和防止不切实际的预期，应该指明产品中哪些特性是不需要或者无法进行测试的（无法测试的特性可能是由于资源限制或者技术原因导致的）。

由于测试计划是在项目前期就准备好的，所以上面的列表是不完善的。随着项目的进展，会发现有些组件或者特性是无法测试的。测试经理应该在状态报告中报告这些问题。

（6）测试方法或策略

测试方法或策略是测试计划的核心内容。测试方法或策略描述了测试小组用于测试整体和每个测试阶段的方法，包括描述如何公正、客观地开展测试。测试方法或策略的制订要尽可能考虑到细节，如模块、功能、整体、系统、版本、压力、性能、配置和安装等各个因素。如果可能，还应该结合风险分析的结果描述将要使用的测试方法或策略。根据标识出的风险和可以使用的资源，必须清楚地阐明所选择的方法是否可以到达测试目标以及为什么能够到达目标。

（7）验收标准

当针对测试对象的所有相关测试执行完后，需要根据测试结果来决定是否可以发布和交付测试对象。为了达到此目的，就必须定义验收准则或者测试结束标准。

"无缺陷"的准则是不太有效的，因为测试不能表明产品不存在缺陷。因此，通常情况下，验收准则应该包含：执行的测试用例通过率、发现的 Bug 数目和所发现的问题的严重程度等。

例如：计划要执行的测试用例中至少有 95% 被正确地执行，未发现致命问题。

针对不同的测试对象，验收准则可以有所不同。验收准则的完整性依赖于对风险的分析。例如，针对非关键性安全的测试对象的验收标准就可以比关键性安全的测试对象的验收标准弱一些。

（8）挂起准则和恢复要求

除了验收标准之外，测试计划还需要定义测试的挂起准则和恢复要求。

在测试过程中可能存在这样的情况：即使经过大量的测试工作，测试对象仍然无法达到可以接受的水平。为了避免这种浪费资源的测试，需要在早期就规定用于暂停全部或部分与本测试计划有关的测试项的测试活动的准则。常用的测试挂起准则有关键路径上的未完成任务、大量的缺陷、严重的缺陷、不完整的测试环境、资源短缺等。

与此相似,测试计划中同样需要确定恢复要求或继续测试的准则。相关的测试人员会执行一些准入的测试。测试通过后,才开始实际测试。比如冒烟报告等,避免出现Bug无法收敛的情况。

(9)测试交付物

测试交付物是确定每个测试活动需要交付的测试数据和结果,以及以何种方式来沟通这些测试结果。测试交付物并不仅仅指狭义上的测试结果(如测试报告和测试协议),也包含测试计划、测试设计说明、测试用例说明、时间进度表、测试过程说明、测试项目移交报告、测试记录、测试事件报告和准备文档等。

(10)测试任务

测试任务主要是制定执行的所有任务列表,包括责任分配以及跟踪所有任务的状态(开始、进行中、延迟、完成)。

(11)测试基础设施和环境要求

测试基础设施和环境要求是列举出执行计划中的测试所必需的测试基础设施元素和环境。如:测试管理工具、接口平台、自动化测试平台、测试需要的设备、软件环境的配置和搭建、通信环境以及任何其他支撑测试所需的安全要求等。

(12)责任

责任部分是明确负责管理、设计、准备、执行、监督、检查和仲裁的小组及负责提供测试项和环境的小组的权限和责任。表2-2给出了测试岗位职责的一个实例。

表2-2 测试岗位职责

角色	职责
测试经理	1. 编制测试总体计划、各阶段测试工作计划、测试用例工作计划,跟踪计划执行情况 2. 参与测试类评审、需求分析、需求变更评审、审批测试计划、测试报告 3. 制定测试部内部流程和规范,协调测试资源、确定测试范围、把握测试重点、制定测试范围标准 4. 跟踪测试结果以及缺陷管理,组织、参与测试Bug讨论,编制测试报告,评估版本是否达到目标,给出发版建议,开办上市版评审发布会 5. 输出文档质量管理(测试计划/测试方案/测试用例/测试报告/使用手册) 6. 定期考察部门内部人员工作成果、日常管理,提交部门日报周报,参与日周总结会议,并进行绩效考核 7. 组织技术人员培训工作和内外部产品培训 8. 与其他部门的沟通协调支持工作
测试工程师	1. 制订测试计划、编写测试报告、设计测试用例 2. 搭建测试环境,执行测试用例 3. 根据Bug不同种类进行归类总结,提交Bug报告。 4. 输出文档(测试方案/测试报告/使用手册)。 5. 参与需求评审以及测试Bug讨论。 6. 参与产品实施支持(包括试用)以及负责产品专家支持。
研发工程师	1. 审核测试计划、测试报告 2. 参与测试Bug讨论 3. 组织对测试人员的培训 4. 提供需求规格说明书 5. 需求变更文档 6. 更新组件说明文档

（13）进度表

测试进度表是带有主要里程碑的全面测试活动的进度表。进度表展示了从测试计划开始到测试验收交付的完整流程。通常，项目管理员或者测试管理员负责进度安排。

（14）风险和意外分析

风险和意外分析主要针对测试项目本身来描述存在的风险，比如安全性、性能和可靠性问题所引发的风险，以及在实际项目中由于没有资源导致不能完成合理的活动所引发的风险等。这部分最低限度应该输出一份风险列表，并且在某些时间点上进行监控，以便寻找方法使风险最小化。

（15）审批

审批是规定审批测试计划的相关人员，测试计划变更后也需要以文档形式同步。

测试计划是整个测试工作的导航图，但它并不是一成不变的，随着项目推进或需求变更，测试计划也会不断发生改变，因此测试计划的制订是随着项目发展不断调整、逐步完善的过程。不同标准和团队在制订测试计划时内容不尽相同，但是核心目录都大同小异。企业在实际开展工作时会根据自己的业务需要定义符合产品和团队需求的内容。

虽然不同团队的测试计划内容不尽相同，但是整体上都是从技术和管理两个方面对测试的开展进行规划：技术方面主要是明确开展什么样的测试、使用什么样的测试策略和方法、使用什么样的测试工具等内容；管理方面主要是明确如何组织、需要哪些人力和非人力资源、任务如何划分、进度如何定义、启动和结束的条件等内容。

此处以客户管理系统（简称 CRM）为例，根据其需求规格说明书制订了测试计划，具体内容请扫描下方的二维码查看。客户管理系统（CRM）取自上海泽众软件科技有限公司正在使用的真实客户管理系统，系统完整地展现了企业客户处理方式以及真实流程。第 3 章～第 7 章中涉及的部分案例（如黑盒测试的等价类划分法、边界值法、场景法中引入的案例）和测试工具的演示案例（如 TestCenter 测试管理平台、CodeAnalyzer 静态测试工具、AutoRunner 自动化测试工具、PerformanceRunner 性能测试工具的演示案例）皆使用该系统。

7. 测试计划的评审

测试计划编写完成后，要对测试计划的正确性、合理性、全面性以及可行性等方面进行评审。评审人员的组成包括软件开发人员、测试人员、测试负责人以及其他有关项目负责人。测试计划评审检查单与测试团队和被测试软件有很大关系，不同企业会根据自己实际情况制订不同的检查单，并在实践过程中不断完善检查单。检查单列出的是团队关注的测试计划要点以及在制订测试计划时容易遗漏的内容。表 2-3 给出了通用的测试计划检查单，实际检查时可根据项目特点和公司要求自行增减。

表 2-3 测试计划检查单

序号	检查项	检查结果 是	检查结果 否	说明
1	是否明确测试组织结构及任务分配			
2	是否标识了所有测试对象			
3	是否提出了测试对象的评价方法			
4	是否标识了测试对象的测试类型			
5	是否提出了测试的终止条件			
6	是否提出了测试的充分性要求			
7	是否给出了测试项的追踪关系			
8	是否给出了测试进度，进度是否合理、可行			
9	是否给出了测试环境要求			
10	测试依据是否完整、有效			
11	测试人员能力是否符合项目要求			

8. 测试计划的执行和监控

测试计划完成后还需要根据实际情况，例如项目计划变更、需求变更等情况及时更新，同时要监督测试过程中计划的执行情况。在制订测试计划的同时，建议制订一个计划跟踪表或者进度表，在测试计划执行过程中定期对照执行情况检查是否符合预期。测试计划完成后需要定期跟踪，将实际完成情况与计划进行对照，并提交报告；分析实际执行与计划不一致的原因：如果计划不合理，则及时调整；否则，采取补救措施。

2.3.3 测试用例设计

1. 测试用例的定义

测试用例（Test Case）是将软件测试的行为活动做一个科学化的组织归纳，是执行的最小实体。简而言之，测试用例就是设计一个场景，程序在设定的场景下，必须能够正常运行并且达到程序所设计的执行结果。具体来说，测试用例是为某个特殊目标而编制的一组测试输入、执行条件以及预期结果等，以便测试某个程序路径或核实是否满足某个特定需求。

测试用例的定义及作用

2. 测试用例的来源

测试用例的来源可以是需求规格说明书、设计说明书（概要设计和详细设计）、源程序等一系列相关文档。需求规格说明书、设计说明书和源程序清单都是软件测试输入的内容，都是与设计测试用例有关的文档。从 W 模型中也能体现出这些文档都是与测试用例的设计有关的，因为需求规格说明书、设计说明书和源程序分别是需求分析阶段、软件设计阶段和编码阶段的重要文档，而相对于这三个阶段都需要设计测试用例来进行相应的测试工作。

3. 测试用例的特征

① 有效性：测试用例是测试人员测试过程中的重要参考依据。测试用例要能够被使用，且被不同人员使用时测试结果是一致的。有效的测试用例能节省时间和资源，提高测试效率。

② 可复用性：良好的测试用例具有重复使用的功能（回归测试），使得测试过程事半功倍，提高测试效率。测试用例在重复使用的过程中也会不断地被精化。

③ 易组织性：好的测试用例会分门别类地提供给测试人员参考和使用。即使是小规模的项目，也可能会有几千甚至更多的测试用例，测试用例可能要在很长一段时间内被创建和使用。

④ 清晰、简洁：好的测试用例描述清晰，每一步都应有相应的作用，有很强的针对性，不应出现一些无用的操作步骤。

⑤ 可评估性：从测试管理角度，测试用例的通过率和软件的缺陷数目是检验代码质量的保证。

⑥ 可维护性：由于软件开发过程中需求变更等原因的影响，需要对测试用例进行修改、增加、删除等，以便测试用例符合相应的测试要求。测试用例的可维护性能降低测试人员的工作强度，缩短测试时间。

⑦ 可管理性：测试用例也可以作为检验测试人员进度、工作量及跟踪/管理测试人员工作效率的标准。

4. 测试用例的作用

测试用例的作用就是为用例的质量负责，使用例设计工作能够有序、合理；统一测试用例编写的规范，为测试设计人员提供测试用例编写的指导，提高编写的测试用例的可读性，可执行性、合理性，并且能有效地提高系统所有功能点的覆盖率。

（1）指导测试的实施

测试用例主要适用于集成测试、系统测试和回归测试。在实施测试时测试用例作为测试的标准，测试人员一定要严格按用例项目和测试步骤逐一实施测试，并将测试情况记录在测试用例管理软件中，以便自动生成测试结果文档。

（2）规划测试数据的准备

配套准备一组或若干组测试原始数据，以及标准测试结果。尤其像测试报表之类数据集的正确性，按照测试用例规划准备测试数据是非常必要的。除正常数据之外，还必须根据测试用例设计大量边缘数据和错误数据。

（3）编写测试脚本的"设计规格说明书"

测试脚本（Test Script）是测试工具执行的一组指令集合，使计算机能自动完成测试用例的执行，也是计算机程序的一种形式。脚本可以通过录制测试的操作产生，也可以直接用脚本语言编写脚本。测试用例可以看作手工执行的脚本，而测试脚本可以看作是测试工具执行的测试用例。

为提高测试效率，软件测试已大力发展自动化测试。自动化测试的中心任务是编写测试脚本。如果说软件工程中软件编程必须有设计规格说明书，那么测试脚本的设计规格说明书就是测试用例。

（4）评估测试结果的度量基准

完成测试实施后需要对测试结果进行评估，并且编制测试报告。判断软件测试是否完成、衡量测试质量需要量化的结果，例如测试覆盖率是多少、测试合格率是多少、重要测试合格率是多少等。以前统计基准是软件模块或功能点，显得过于粗糙。采用测试用例作度量基准更加准确、有效。

（5）分析缺陷的标准

通过收集缺陷，对比测试用例和缺陷数据库，分析确证是漏测还是缺陷复现。漏测反映了测试用例的不完善，应立即补充相应测试用例，最终逐步完善软件质量。而已有相应测试用例，则反映实施测试或变更处理存在问题。

5. 测试用例的设计原则

① 正确性：输入实际数据以验证系统是否满足需求规格说明书的要求；测试用例中的测试点应首先保证要至少覆盖需求规格说明书中的各项功能，并且正常。

② 全面性：覆盖所有的需求功能项；设计的用例除对测试点本身的测试外，还需考虑用户实际使用的情况、与其他部分关联使用的情况、非正常情况（不合理、非法、越界以及极限输入数据）操作和环境设置等。

③ 连贯性：用例组织有条理、主次分明，尤其体现在业务测试用例上；用例执行粒度尽量保持每个用例都有测点，不能同时覆盖很多功能点，否则执行起来牵连太大，所以每个用例间保持连贯性很重要。

④ 可判定性：测试执行结果的正确性是可判定的，每一个测试用例都有相应的期望结果。

⑤ 可操作性：测试用例中要写清楚测试的操作步骤，以及与不同的操作步骤相对应的测试结果。

6. 测试用例的设计流程

测试用例是测试执行的基础，是根据相应的测试思路和测试方法设计出来的，所采用的各种测试设计方法会在第 4 章及其后续章节进行介绍，但测试用例的设计遵守一定的流程，下面介绍比较常见的 4 个设计用例的步骤。

视 频

测试用例的设计流程

① 制定测试用例设计的策略和思想，在测试计划中描述出来。
② 设计测试用例的框架，也就是测试用例的结构。
③ 细化结构，逐步设计出具体的测试用例。
④ 通过测试用例的评审，不断优化测试用例。

7. 测试用例的编写

测试用例是一套详细的测试方案，包括测试环境、测试步骤、测试数据和预期结果等。不同的公司会有不同的测试用例模板，虽然它们在风格和样式上有所不同，但本质上是一样的，都包括了测试用例的基本要素。测试用例主要分为三大部分：基本信息、主体信息和执行结果。

视 频

测试用例的编写

● 测试用例的基本信息包括：软件名称、软件版本、测试环境、功能模块、功能描述、前提条件、设计人、创建时间等。

● 测试用例的主体信息包括：用例编号、测试类型、测试目的、预置条件、优先级、操作步骤、输入数据、预期结果等。

● 测试用例的执行结果为：执行通过 / 不通过 / 未执行 / 无法执行。

常用的测试用例模板见表 2-4。

表2-4 测试用例模板

软件名称			软件标识符		软件版本			
设计人					创建时间			
评审人					评审时间			
测试环境	硬件环境							
	软件环境							
	网络环境							
功能模块								
功能描述								
用例编号	测试类型	测试目的	预置条件	优先级	操作步骤 || 输入数据	预期结果	执行结果	备注
					序号	步骤				
					1					
					2					
					⋮					
执行人					执行时间				

下面对测试用例的主体信息进行介绍。

（1）用例编号

遵循唯一规则，准确标识一条测试用例。一般是数字和字符组合成的字符串，可以包括下划线、单词缩写、数字等，但是需要注意的是，尽量不要写汉语拼音，因为拼音的意义可能有多种理解，会导致二义性。

不同阶段的测试用例的用例编号有不同的规则：
- 系统测试用例：产品编号 –ST– 系统测试项名 – 系统测试子项名 – 编号。
- 集成测试用例：产品编号 –IT– 集成测试项名 – 集成测试子项名 – 编号。
- 单元测试用例：产品编号 –UT– 单元测试项名 – 单元测试子项名 – 编号。

其中，产品编号又称为软件标识符，当公司有若干不同的项目或者产品时，一般使用产品编号来区分项目。每个公司都有一套定义产品编号的规则，并且每个现有产品的编号已经制定好。

ST、IT、UT 分别对应系统测试阶段、集成测试阶段、单元测试阶段。实际工作中有些公司会将产品编号以及测试阶段省略。

测试项目名对应的是较大系统的测试点。

测试子项目名：有些测试是没有子项目名的，只有当测试项粒度比较大的时候才会有子项目名（比如说，要测试用户能否成功登录功能，就可以分为很多个子项，如微信登录、QQ登录、邮箱登录、账号登录等）。

编号一般是四位数字，如0001、0002、0003等。

好的测试用例编号，可以更好地了解此条用例所针对的模块信息，也有助于记忆和增加新用例。

（2）测试类型

测试类型包括：Function（功能测试）、Performance（性能测试）、UI（界面测试）Documentation（文档测试）、Unit（单元测试）和 Interface（接口测试）。

（3）测试目的

测试目的也称为测试标题，考虑的是如何来完成测试项目，或者从哪个角度来对测试项目进行测试。测试目的一定要简单、概要，体现测试的出发点和关注点。例如，账号密码功能校验。

（4）预置条件

测试用例在执行前需要满足一些前提条件，否则测试用例是无法执行的，这些前提条件就是预置条件。

预置条件分为两种情况：

① 环境的设置。例如：测试 PowerPoint 打开文件的功能，预置条件是需要提前准备被打开的文件；登录成功的预置条件是该账号已经成功注册；成功购买商品的预置条件是后台已经配置好商品、发货区域以及支付方式。

② 依赖的用例。当操作复杂时，如果是从最开始的操作设计用例会导致用例比较繁杂，此时可以在预置条件中设定要先运行的测试用例，后面的用例只需要写后续的操作即可。例如：对银行 ATM 机进行测试，有针对银行账户信息的测试，当进行取款业务测试时，预置条件就可以填写输入正确账户信息的测试用例编号。

（5）优先级

测试用例的优先级一般分成三个级别：高、中、低。

- 高优先级：对应保证系统基本功能、核心业务、重要特性、实际使用频率比较高的用例。
- 中优先级：对应重要程度介于高和低之间的测试用例，例如对页面展示效果，不影响整个流程操作的用例。
- 低优先级：对应实际使用频率不高，对系统业务功能影响不大的模块或功能的测试用例，或者界面布局的用例。

需要注意的是，正向测试的测试用例的优先级比反向测试的测试用例的优先级要高。

（6）操作步骤

明确描述测试执行过程中具体的操作步骤，以方便测试执行人员可以根据操作步骤描述执行测试用例。

（7）输入数据

输入数据是用例执行过程中需要加工的外部数据信息，根据软件测试用例的具体情况，输入数据包括手工输入的数据、文件、数据库记录等。

避免过多地使用描述性语言，若为文件，要有提示选择路径，详细清晰描述即可，让执行人或者开发人员易懂易操作。

（8）预期结果

预期结果是测试用例中非常重要的一部分，预期结果可以检验被测对象是否正常工作，如果预期结果写得不完整不全面，整个测试用例就会受到影响。通常要求预期结果与测试步骤一一对应。

在预期结果的编写时可以从以下三个方面来考虑：

① 界面显示。在操作步骤完成之后，界面会有显示；如测试用户注册功能，界面会显示注册成功或者注册失败。

② 数据库的变化。在操作步骤完成之后，数据库中的记录会发生相应的变化，如新增功能的测试，单击"新增"后，数据库中会增加该记录的相关信息。

③ 相关信息的变化。在操作步骤执行完成后，一些和被测对象相关的信息会发生变化，例如注销功能的测试，单击"注销"后，以前能访问的页面将无法再访问。

（9）执行结果

执行结果一般有执行通过 / 不通过 / 未执行 / 无法执行几种状态。

（10）备注

备注一般描述的是为了测试用例正常执行而做的特殊准备，如：网络畅通。

测试用例编写的原则是尽量以最少的测试用例达到最大测试覆盖率。在设计测试用例时，一般遵循全面性、正确性、系统性、连贯性，符合正常业务惯例、仿真性、可操作性等原则。

8. 测试用例评审

测试用例是软件测试的准则，但它并不是一经编制完成就成为准则。测试用例在设计编制过程中要组织同级互查。完成编制后应组织专家评审，需获得通过才可以使用。评审委员会可由项目负责人、测试、开发、分析设计等有关人员组成，也可邀请客户代表参加。测试用例评审的检查项主要有：

① 测试用例是否是按照公司定义的模板进行编写的。

② 测试用例本身的描述是否清晰，是否存在二义性。

③ 测试用例内容是否正确。

④ 测试用例的预期结果是否确定、唯一。

⑤ 操作步骤与描述是否一致。

⑥ 测试用例是否覆盖了所有的需求。

⑦ 测试设计是否存在冗余性。

⑧ 测试用例是否具有可执行性。

⑨ 测试用例是否从用户层面来设计用户使用场景和业务流程。

测试用例的分类及注意问题

9. 测试用例的分类

为了在实际测试工作中提高效率，方便测试用例的设计和执行，避免遗漏测试用例，在设计测试用例时可以对测试用例进行分类。

① 白盒测试用例：主要是用逻辑覆盖法和基本路径测试法等方法设计的测试用例，设计的基本思路是使用程序设计的控制结构导出测试用例。

② 功能测试用例：也称为黑盒测试用例，主要有等价类划分法、边界值分析法、判定表法、因果图法、正交试验法、场景法、错误推测法等设计的测试用例。

③ 用户界面测试用例：针对用户界面窗口里的所有菜单、每个命令按钮、每个输入框、列表框、每个工具栏、状态栏等的测试用例。

④ 非功能测试用例：主要包括性能测试用例、强度测试用例、接口测试用例、兼容性测试用例、可靠性测试用例、安全测试用例、安装 / 反安装测试用例、容量测试用例、故障修复测试用例等。

⑤ 对软件缺陷修正后的确认测试用例。

在不同测试阶段，所采用的测试用例是不同的，在特定的阶段设计不同的测试用例并执行测试才可以提高效率。测试类型、测试阶段和测试用例的具体关系如表 2-5 所示。

表 2-5 测试阶段与测试用例对应关系

测试阶段	测试类型	执行人
单元测试	模块测试，包括部分接口测试、逻辑覆盖测试、基本路径测试	开发人员、开发人员与测试人员结合
集成测试	接口测试、基本路径测试，含部分功能测试	开发人员与测试人员结合、测试人员
系统测试	功能测试、兼容性测试、性能测试、用户界面测试、安全性测试、强度测试、可靠性测试、安装/反安装测试、易用性测试	测试人员
验收测试	除包含系统测试类型外，还包含文档测试	用户、测试人员

10. 测试用例设计应注意的问题

① 测试用例是设计出来的，而不是"写"出来的。
② 不要设计穷举测试用例。
③ 好的测试用例应该多关注反向测试。
④ 测试用例库要不断更新和维护。
⑤ 测试用例支持复用，但要注意数据的有效性、时效性与环境变化。
⑥ 针对不同的需求类型和测试对象，采用不同的方法设计测试用例。

11. 设计测试用例的误区

① 片面地理解"好的用例是能发现迄今为止尚未发现的缺陷"。"好的用例是能发现迄今为止尚未发现的缺陷"这句话是有道理的，但有部分人错误理解这句话的本意。他们一心要设计出发现"难以发现的缺陷"而陷入盲目的片面中，忘记了测试的最终目的。测试用例应该是一个集合，对它的评价也就是对测试用例集合的评价，测试本身是一种"V&V（Verification&Validation，验证和确认）"的活动，测试需要保证以下两点：程序做了它应该做的事情；程序没有做它不该做的事情。因此，作为测试实施依据的测试用例，必须要能完整覆盖测试需求，而不应该片面地针对单条测试用例去评判好坏。

② 测试用例必须详细描述所有的操作信息，以便没有接触过被测对象的人员也能执行测试。测试用例的详细程度要根据需要而定。如果测试用例设计者、测试用例的执行者、测试活动相关人员对系统都有深入的了解，那么测试用例就可以不要太详细。同时，测试用例写得太详细，在测试用例维护时可能会消耗更多的人力、时间等资源。

③ 测试用例不应该包含实际的数据。测试用例是"一组输入、执行条件、预期结果"，毫无疑问地，应该包括清晰的输入数据和预期结果，没有测试数据的用例最多只具有指导性的意义，不具有可执行性。

④ 测试用例中不需要明显的验证手段。"预期结果"的含义并不只是包含程序的可见行为，如预期结果为提示"注册成功"。在用例中，还应该包含对测试结果的显式的验证手段，例如注册完成之后，还需在数据库中执行查询语句进行查询，查看注册的用户信息是否与预期的一致。

⑤ 测试用例设计可以一劳永逸。在实际工作过程中，测试用例的设计与需求和软件设计不同步的情况也是屡见不鲜的，测试用例文档应该是"活的"文档，是需要根据需求、软件设计等的变更而同步更新，同时测试用例也需要不断地维护。

2.3.4 测试执行

执行测试就是依据测试用例进行测试的过程，这是测试人员最主要的活动阶段。执行测试的主要内容是搭建测试环境、执行测试用例和提交缺陷。在执行测试时要根据测试用例的优先级进行。执行测试的具体流程如图 2-12 所示。

软件测试基础及实践

图 2-12 执行测试流程

1. 测试环境的搭建

执行测试的第一步就是搭建测试环境。测试环境是指为了完成软件测试工作所必需的计算机硬件、软件、网络设备、测试数据的总称，如图 2-13 所示。稳定和可控的测试环境，可以使测试人员花费较少的时间完成测试用例的执行，也无须为测试用例、测试过程的维护花费额外的时间，并且可以保证每一个被提交的缺陷可以在任何时候被准确重现。如果测试环境设置不对，所发现的缺陷可能不是真正的缺陷，同时，有可能会漏掉一些存在的缺陷。测试环境不对，测试结果就可能不对，测试工作就会失去价值。

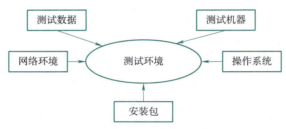

图 2-13 测试环境包含的要素

测试环境搭建文档通常是由开发人员提交，除了测试环境的参数要求外，还包含详细安装步骤、相关配置文件的配置方法等。对于复杂的软件产品，尤其是软件项目，如果没有安装步骤作为参考，在搭建测试环境过程中会遇到种种问题。所以，实际测试工作中，一定要以提供的测试环境搭建文档为基础来搭建环境。如果遇到问题，测试人员可以要求开发人员协助完成。

下面以客户管理系统（CRM）为例演示测试环境的搭建过程。

测试环境部署要求如下：
- 操作系统要求：Windows（32 位 /64 位）7/10。
- 浏览器要求：IE、Edge、Chorm、Firefox 等主流浏览器。
- 数据库要求：MySQL 5.0 及以上版本。
- 内存要求：不少于 128 MB。
- 磁盘空间要求：不少于 150 MB 剩余磁盘空间。

测试环境部署步骤如下：

第一步：安装 MySQL 5.0 及以上版本。

MySQL 的下载和安装请参考官网 https://www.mysql.com。

第二步：安装 MySQL 数据库的 ODBC 驱动程序。
- 32 位的操作系统安装 mysql-connector-odbc-3.51.14-win32。
- 64 位的操作系统安装 mysql-connector-odbc-5.1.10-winx64.msi。

第三步：安装 MySQL 数据库管理工具。

以安装 Navicat_for_MySQL_11.0.10 为例，直接双击安装程序进行安装即可，安装完成会在计算机桌面生成 Navicat for Mysql 的快捷方式。

第四步:Navicat 创建数据库。

① 双击 Navicat 快捷方式打开主界面,如图 2-14 所示。

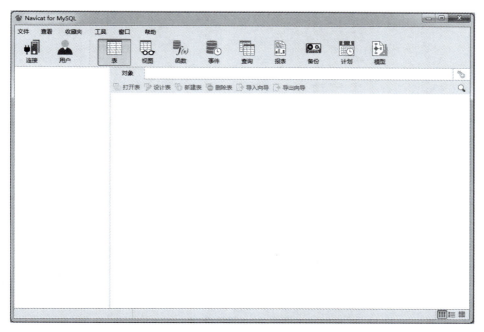

图 2-14　Navicat 主界面

② 在左边空白区域右击,选择"新建连接"命令,如图 2-15 所示。

图 2-15　新建连接入口

③ 在弹出的"新建连接"对话框中输入连接名、主机名或 IP 地址、端口、用户名和密码，单击"确定"按钮，如图 2-16 所示。

图 2-16　新建连接

④ 双击 3306 连接名，展开数据库节点，然后右击连接名称，选择"新建数据库"命令，弹出"新建数据库"对话框，输入数据库名称 spasvo_crm，单击"确定"按钮，如图 2-17 所示。

图 2-17　新建数据库

⑤ 双击 spasvo_crm 数据库名，展开节点，然后右击数据库名称，选择"运行 SQL 文件"命令，弹出"运行 SQL 文件"对话框，单击"文件"选项后面的按钮，在打开的"打开"对话框中，在本地找到 spasvo_crm.sql 文件，单击"打开"按钮，如图 2-18 所示，然后单击"开始"按钮导入数据，导入完成，如图 2-19 所示。

第 2 章 软件测试基础

图 2-18 运行 SQL 文件

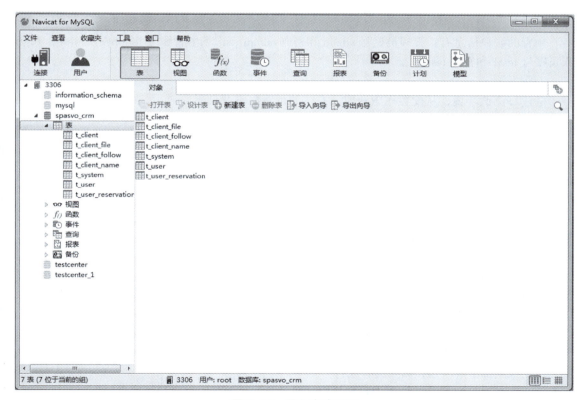

图 2-19 导入完成界面

第五步：打开客户管理系统。

客户管理数据创建完成后，下一步就可以直接通过浏览器登录客户管理系统，步骤如下：

① 每次登录 CRM 前进入目录 spasvo_crm，双击图 2-20 所示的图标。

图 2-20 专业调试工具

② 打开 Edge 浏览器：进入网址 http://localhost/login.asp，登录界面如图 2-21 所示。

软件测试基础及实践

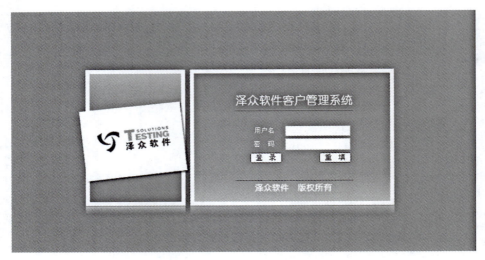

图 2-21 客户管理系统登录页

预置的账户信息有：管理员账号 admin 和密码 admin；市场主管账号 test 和密码 test；市场人员账号 test1 和密码 test1。

2. 冒烟测试

搭建好测试环境，从配置库中获取了系统的待测版本并部署完成后，此时还不能正式启动测试，需要先进行冒烟测试。冒烟测试的基本概念在 2.1.5 节软件测试分类中已描述。

冒烟测试是一种预测试制度，冒烟测试的对象是每一个新编译的需要正式测试的软件版本，冒烟测试一般不参照测试用例，是一个随机的测试过程，通常针对核心业务模块进行。测试人员任意操作，如果发现多数主要功能执行不通（约 20%），那么此次冒烟测试就结束，测试组拒绝接受该测试版本。

在一般软件公司，冒烟测试的执行者通常是版本编译人员。软件在编写过程中，内部需要编译多个版本，但是只有有限的几个版本需要执行正式测试，这些需要执行的中间测试版本，在刚刚编译出来后，软件编译人员需要进行基本功能确认测试，例如是否可以正确安装/卸载、主要功能是否实现、是否存在严重死机或数据严重丢失等缺陷。如果通对了该测试，则可以提交给测试组进行正式测试。否则，就需要修复缺陷重新编译软件，再次执行冒烟测试，直到成功。

3. 用例执行

通过了冒烟测试，并且从配置库获取了测试用例和测试数据后，就可以正式启动测试了。

测试人员在执行测试前，必须对被测系统的基本功能、测试需求、测试策略、测试的重点和测试的风险都了解清楚，做到胸有成竹。

执行测试时，根据测试计划中定义的测试任务及测试方案中定义的测试规程执行测试用例。在执行测试用例过程中，会发现测试用例对测试环境有特殊要求或者对测试环境有特殊影响。因此，定义测试用例的执行顺序，对测试的执行效率影响非常大。通常，测试人员按照测试用例的优先级定义来安排测试用例的执行顺序。每个测试人员应该对照测试计划，明确测试进度的安排，了解自己每天要完成的测试任务，并细化到要执行哪些测试用例。测试的结果可以直接记录在测试用例上，也可以记录在单独的测试执行记录表格中。要记录的内容有测试用例的执行人、执行日期、测试用例的执行结果。

在实际测试工作中，执行与跟踪测试用例过程的时间一般都是紧张的，工作量也很大，那么执行测试用例时应该注意以下问题：

（1）全方位地观察测试用例执行结果

测试执行过程中，当实际输出结果与测试用例中的预期输出结果一致时，是否就可以直接认定测试用例执行成功了呢？答案是否定的，即便实际测试结果与测试的预期结果一致，也要查看软件产品的操作日志、系统运行日志和系统资源使用情况，来判断测试用例是否执行成功了。全方位观察软件产品的输出可以发现很多隐蔽的问题。例如，测试某软件时，执行某一测试用例后，测试用例的实际输出与预期输出完全一致，但在查询 CPU 占用率时，发现 CPU 占用率高达 95%。经过分析发现，软件运行时启动了若干个辅助功能，大量地消耗了 CPU 资源。如果观察点单一，该严重消耗资源的问题就无从发现了。

（2）加强测试过程记录

测试执行过程中，要加强测试过程记录。如果测试执行步骤与测试用例中的描述有差异，此时一定要记录，作为以后更新测试用例的依据；如果软件产品提供了日志功能，如有软件运行日志、用户操作日志，一定在每个测试用例执行后记录相关的日志文件，作为测试过程记录，一旦以后发现问题，开发人员可以通过这些测试记录方便地定位问题。

（3）及时确认发现的问题

测试执行过程中，如果确定发现了软件缺陷，那么可以毫不犹豫地提交缺陷报告。如果发现了可疑问题，又无法定位是否为软件缺陷，那么一定要保留现场，然后知会相关开发人员到现场定位问题。如果开发人员在短时间内可以确认是否为软件缺陷，那么测试人员应给予配合；如果开发人员定位问题需要花费较长的时间，测试人员可以让开发人员记录问题的测试环境配置及相关其他信息，然后回到自己的开发环境上重现问题，继续定位问题。

（4）及时更新测试用例，保证测试的覆盖率

在测试过程中，测试人员很可能会发现测试用例中一些不够完善或者理解错误的地方，或者根本无法操作的用例，此时要向测试组长提出申请，对测试用例进行修改更新。

（5）除了进行有计划性的测试外，还要补充进行随机测试

随机测试是不通过事先计划或不借助测试用例，完全凭感觉、猜测而进行自由、灵活的测试。有计划的测试效率高、针对性强，可以很好地达到测试目标，但由于用户使用软件的情景很多、千变万化，测试用例很难覆盖各种情况，特别是一些边界和特殊的操作。根据经验和历史数据统计，对于大型系统软件，测试用例的覆盖度一般在 90%~95% 之间。所以，必须借助些自由的随机测试，充分发挥测试人员最大的灵动性、创造性，进行各种猜测和试探，去发现一些相对隐藏较深或偏僻的软件缺陷。

4. 缺陷提交

测试用例的数目非常多，测试人员需要完成所有测试用例的执行，在此过程中可能会发现很多的缺陷。当发现软件缺陷时，测试人员要及时填写缺陷报告，并跟踪问题的解决，做好问题跟踪和解决记录。缺陷报告最关键的部分就是缺陷描述，这是开发人员重现问题、定位问题的依据。缺陷描述包括软件配置、硬件配置、测试用例输入、操作步骤、输出、当时输出设备的相关输出信息和相关日志等。关于缺陷报告的具体内容将在第 3 章详细介绍。

缺陷报告记录了测试人员在测试时发现的缺陷，是测试人员和开发人员沟通的重要依据，也是测试人员绩效的集中体现之一。

5. 缺陷修复

每个公司都制订了软件的缺陷处理流程，每个公司的软件缺陷处理流程都可能不尽相同，但遵循的最基本流程是一样的，都要经过提交、分配、确认、处理、复测、关闭等环节，具体

流程参见 3.4 节。每个职能人员根据自身的职责安排负责缺陷跟踪的管理活动。

测试人员提交缺陷报告后，通常情况下，开发经理需要审核缺陷，并进行缺陷分配。开发人员确认修复自己负责的缺陷，修复完成之后，测试人员需要做回归测试，直至测试通过，关闭缺陷。

不要简单地认为测试执行就是按部就班地完成任务，可以说这个阶段是测试人员最重要的工作阶段。例如，如果系统对测试用例产生了缺陷免疫，测试人员则需要编写新的测试用例。在单元测试、集成测试、系统测试、验收测试各个阶段都要进行功能测试、性能测试等，这个工作量无疑是巨大的。除此之外，测试人员还需要对文档资料，如需求规格说明书、软件设计说明书、用户手册、安装手册、使用说明等进行测试。因此，如何提高测试用例的执行效率呢？具体措施如下：

- 提升测试人员的基本能力、测试方法、测试思维，以及测试前培训或文档学习，以便增加对测试对象需求的理解。
- 根据模块划分不同的组，如接口测试组、性能测试组，让专业的人做专业的事效率更高。
- 提高测试技术，熟练使用测试工具辅助测试。
- 提前准备好测试版本、资源、对比机等。
- 测试用例的合理性、没有歧义性，不明确的内容提前确认，避免执行时浪费时间，测试用例的顺序安排合理，避免频繁切换资源浪费时间。
- 优先测试等级高的用例，然后测试用例等级低的问题。
- 执行测试用例时，识别重复、机械的操作，转为使用自动化的方式来提高测试效率。
- 学会在测试过程中快速确认和识别缺陷，同时发现缺陷时一次抓取好所有必需的信息，避免重复抓取、浪费时间。

2.3.5 测试报告编写

视频
测试报告编写

完成测试执行后需要编写测试报告。测试报告是对一个测试活动的总结，对项目测试过程进行归纳，对测试数据进行统计，对项目的测试质量进行客观评价。不同公司的测试报告模板虽不相同，但测试报告的编写要点都是一样的，一般都是先对软件进行简单介绍，然后说明这份报告是对该产品的测试过程进行总结，对测试质量进行评价。测试报告是指把测试的过程和结果写成文档，对发现的问题和缺陷进行分析，为纠正软件存在的质量问题提供依据，同时为软件验收和交付打下基础。

测试报告是测试阶段最后的文档产出物。优秀的测试经理或测试人员应该具备良好的文档编写能力，一份详细的测试报告包含足够的信息，包括产品质量和测试过程的评价，测试报告基于测试中的数据采集以及对最终的测试结果分析。

一份完整的测试报告必须包含以下几个要点：

① 引言：描述测试报告编写目的、报告中出现的专业术语解释及参考资料等。
② 测试概要：介绍项目背景、测试时间、测试地点及测试人员等信息。
③ 测试内容及执行情况：描述本次测试模块的版本、测试类型，使用的测试用例设计方法及测试通过覆盖率，依据测试的通过情况提供对测试执行过程的评估结论，并给出测试执行活动的改进建议，以供后续测试执行活动借鉴参考。
④ 缺陷统计与分析：统计本次测试所发现的缺陷数目、类型等，分析缺陷产生的原因，给出规避措施等建议，同时还要记录残留缺陷与未解决问题。
⑤ 测试结论与建议：从需求符合度、功能正确性、性能指标等多个维度对版本质量进行总

体评价，给出具体明确的结论。

测试报告的数据是真实的，每一条结论的得出都要有评价依据，不能是主观臆断的。从本质上说，测试总结报告是测试计划的扩展，起着对测试计划"封闭回路"的作用。完成测试总结报告并不需要投入太多的时间，实际上，包含在报告中的信息绝大多数都是测试人员在整个软件测试过程中不断收集和分析的信息。下面以 IEEE 829 软件测试文档标准中定义的测试总结报告作为参考模板来详细讲解测试总结报告的内容。

> **IEEE 829 软件测试文档标准**
> **测试总结报告模板**
>
> 1 测试总结报告标识符
> 2 概述
>   2.1 系统概述
>   2.2 文档概述
> 3 差异
>   3.1 偏差的说明
>   3.2 偏差的理由
> 4 综合评估
> 5 详细的测试结果总结
>   5.1 测试结果小结
>   5.2 遇到的问题
> 6 评价
> 7 建议
> 8 活动总结
> 9 注解
> 10 审批

1. **测试总结报告标识符**

测试总结报告标识符是标识该报告的唯一标识符，通常用 ID 号表示，该标识符应包含本文档适用的系统和软件的完整标识，包括标识号、标题、版本号、发行号等，用来方便测试总结报告的管理、定位和索引。

2. **概述**

概述部分主要用来介绍发生了哪些测试活动，包括系统概述和文档概述。系统概述是简单介绍该测试适用的系统、软件的版本和发布的环境等，它应描述系统与软件的一般性质，标识当前和计划的运行现场，并列出其他有关文档。文档概述应概括本文档的用途与内容，并描述与其使用有关的保密性与私密性要求。这部分内容通常还包括测试计划、测试设计的规格说明书、测试规程和测试用例提供的参考信息等。

3. **差异**

差异部分包括偏差的说明和偏差的理由，这部分主要是描述计划的测试工作与真实发生的测试之间存在的差异，首先要对出现的差异加以说明，例如出现偏差的测试用例的运行情况和偏差的性质；然后还要说明出现差异的理由，诸如替换了所需设备、未能遵循规定的步骤等。对于测试人员来说，这部分内容相当重要，因为这有助于测试人员掌握各种变更情况，并使测试人员对今后如何改进测试计划过程有更深的认识。

4. 综合评估

在综合评估部分中，应该对照在测试计划中规定的测试准则，根据本报告中所展示的测试结果，对测试过程的全面性进行评价。这些准则是建立在测试清单、需求、设计、代码覆盖或这些因素的综合结果之上的，在这里需要指出那些覆盖不充分的特征或者特征集合，也可以对任何新出现的风险进行讨论。在这部分内容里，还需要对所采用的测试有效性的所有度量进行报告和说明。

5. 详细的测试结果总结

结果总结部分主要是用于总结测试结果。这部分应尽可能以表格的形式给出与该测试相关联的每个测试用例的完成状态。当完成状态与预期的不一致时，还应列出遇到的问题，标识出所有已经解决的软件缺陷，并总结这些软件缺陷的解决方法；还要标识出所有未解决的软件缺陷，最后还包括与缺陷及其分布相关的度量，提供详细的信息供以查阅。

6. 评价

评价的主要内容是对每个测试项，包括对它们的每一处遗留缺陷、局限性或约束进行评价，比如系统不能同时支持 100 个以上的用户，或是用户数量增长到 200 后性能将降低至 45% 等，还应该描述系统在测试期间表现出的稳定性、可靠性及失效情况及分析，并对失效情况进行讨论。

7. 建议

建议可有可无，一般情况下填写自己对该次测试工作的一些意见或建议。如果没有改进建议，本条应陈述为"无"。

8. 活动总结

活动总结主要是总结测试活动和事件，总结资源消耗，如人力消耗、物质资源消耗、数据和总体水平，以及花在每一项测试活动上的时间。活动总结对测试人员来说十分重要，因为这里记录的数据可以作为以后测试工作量的参考。

9. 注解

注解部分应包含有助于理解本文档的一般信息，例如背景信息、词汇表、原理等。还应包含为理解本文档所需要的术语和定义，以及所有缩略语和它们在文档中的含义的字母序列表。

10. 审批

审批用来列出对这个报告享有审批权限的所有人的名字和职务，留出用于签名和填写日期的空间，整个审批流程和团队对报告没有异议，或对某项信息有一致意见，签署这份文档，表示对这份报告中陈述的结果持肯定态度。如果有不同意见的，不仅要签署这份文档，还要在文档中注明自己与他人的不同意见。

2.3.6 测试结束标准

在软件发布之前，如果没有测试的结束点（又称为软件测试的结束标准），那么软件测试将永无休止。软件测试的结束点，要依据所在公司具体情况来制定，不是一概而论。软件测试的结束点可以由以下原则（条件）确定：

1. 基于"测试阶段"的原则

每个软件的测试一般都要经过单元测试、集成测试、系统测试、验收测试这几个阶段，可以分别对单元测试、集成测试、系统测试和验收测试制定详细的测试结束点。每个测试阶段符合结束标准后，再进行后面一个阶段的测试。下面是针对测试阶段提出的一套比较理想化的结束标准。

（1）单元测试结束标准
① 单元测试用例设计已经通过评审。
② 核心代码 100% 经过代码审查。
③ 单元测试功能覆盖率达到 100%。
④ 单元测试代码行覆盖率不低于 80%。
⑤ 所有发现缺陷至少 60% 都纳入缺陷追踪系统且各级缺陷修复率达到标准。
⑥ 不存在致命缺陷和严重缺陷。
⑦ 一般缺陷、较小缺陷、意见或建议类缺陷允许存在。
⑧ 按照单元测试用例完成了所有规定单元的测试。
⑨ 软件单元功能与设计一致。

（2）集成测试结束标准
① 集成测试用例设计已经通过评审。
② 所有源代码和可执行代码已经建立受控基线，纳入配置管理受控库，不经过审批不能随意更改。
③ 按照集成构件计划及增量集成策略完成了整个系统的集成测试。
④ 达到了测试计划中关于集成测试所规定的覆盖率的要求。
⑤ 集成工作版本满足设计定义的各项功能、性能要求。
⑥ 在集成测试中发现的错误已经得到修改，各级缺陷修复率达到标准。
⑦ 不存在致命缺陷和严重缺陷。
⑧ 一般缺陷、较小缺陷允许存在，但不能超过单元测试总缺陷的 50%。
⑨ 意见或建议类缺陷允许存在。

（3）系统测试结束标准
① 系统测试用例设计已经通过评审。
② 按照系统测试计划完成了系统测试。
③ 系统测试的功能覆盖率达 100%。
④ 系统的功能和性能满足产品需求规格说明书的要求。
⑤ 在系统测试中发现的错误已经得到修改，并且各级缺陷修复率达到标准。
⑥ 系统测试后不存在致命缺陷、严重缺陷和一般缺陷类缺陷。
⑦ 较小类缺陷允许存在，不超过总缺陷的 5%。
⑧ 意见或建议类缺陷允许存在，不超过总缺陷的 10%。

（4）验收测试结束标准
对于项目软件（客户要求开发的软件）要确定测试结束点，最好测试到一定阶段，达到或接近测试部门指定的标准后，就递交客户做验收测试。如果通过客户的测试验收，就可以立即终止测试部门的测试；如果客户验收测试时发现了部分缺陷，就可以针对性地修改缺陷后，验证通过后递交客户，相应测试也可以结束。此原则适用于非自主性开发项目，或有明确客户的项目。

2. 基于"测试用例"的原则

测试设计人员设计完测试用例，并邀请项目组成员参与评审，测试用例一旦评审通过，后面测试时，就可以作为测试结束的一个参考标准。例如，在测试过程中，如果发现测试用例通过率太低，可以拒绝继续测试，待开发人员修复后再继续。使用该原则作测试结束点时，把握好测试用例的质量非常关键。

3. 基于"缺陷收敛趋势"的原则

软件测试的生命周期中，随着测试时间的推移，测试发现的缺陷图线，首先呈逐渐上升趋势，然后测试到一定阶段，缺陷又呈下降趋势，直到发现的缺陷几乎为零或者很难发现缺陷为止。通过缺陷趋势图线的走向来决定测试是否可以结束，也是一个判定标准。这个原则对迭代测试版本控制有较高的要求。

4. 基于"缺陷度量"的原则

对已经发现的缺陷运用常用的缺陷分析技术和缺陷分析工具，用图表统计出来，分时间段对缺陷进行度量，其中"测试期缺陷密度"和"运行期缺陷密度"就可以作为一个结束点。当然，最合适的测试结束的标准是"缺陷数控制在一个可以接受的范围内"。

5. 基于"缺陷修复率"的原则

软件缺陷在测试生命周期中按照严重程度等级通常分为：致命、严重、重要、一般、较小和意见或建议。在确定测试结束点时，致命缺陷、严重缺陷和重要缺陷的缺陷修复率必须达到100%；一般缺陷和较小缺陷的缺陷修复率必须达到85%以上，允许存在少量功能缺陷，以后的版本解决；意见或建议的缺陷修复率最好达到50%~70%以上。

该原则的使用，按具体公司具体项目的实际情况而定。例如，意见或建议缺陷，有的公司（或项目）相当重视，可能会有较高修复率的要求，而有些公司（或项目）可能不会做要求。而且缺陷严重程度等级划分上，各公司的划分也存在差异。

6. 基于"覆盖率"的原则

对于测试"覆盖率"的原则，只要测试用例的"覆盖率"覆盖了客户提出全部的软件需求（包括行业隐性需求、功能需求和性能需求等）、测试用例执行的覆盖率达到100%，基本上测试就可以结束。为了检查是否有用例被漏测的情况，还可以对常用的功能进行"抽样测试"和"随机测试"。

7. 基于"项目计划"的原则

在测试计划中明确给出测试进度和测试结束点。一般来说，制定的测试进度和测试结束点是项目组成员（开发、管理、测试、市场、销售人员）达成的共识。大多数情况下是所有规定的测试内容和回归测试都已经运行完成，就可以作为一个结束点。但是实际情况往往会更复杂，完全依据测试计划中的结束标准会使测试风险较大，软件质量很难得到保证。此种情况下，建议遵循"2-8"定律，优先级较高的功能模块测试覆盖率应尽量达到100%。

8. 基于"质量成本"的原则

软件测试可以从"质量、成本、进度"三方面取得平衡后考虑停止。这三方面哪一项决定测试结束点则取决于软件本身。例如航天航空软件，质量最重要，所以要保证较高质量以后才能终止测试，发布版本。一般的常用软件，重要的是收益和抢占市场，所以成本和进度决定测试结束点。其中，成本决定测试结束点通常最主要的参考依据是："找缺陷耗费的代价和缺陷可能导致的损失做一个权衡"。如果找缺陷的成本比用户发现缺陷后的代价还高，也可以终止测试。

9. 基于"测试行业经验"的原则

测试行业的经验也可以为测试结束的标准制订提供借鉴。测试人员对行业业务的熟悉程度、测试人员的工作能力、测试的工作效率等都会影响到整个测试计划的执行。对于创业性项目，测试团队成员可能都没有项目行业经验数据的积累，测试时可能就会是一头雾水，测试质量自然不会很高。因此通过测试者的经验，对确认测试执行和结束点也会起到关键性的作用。

2.3.7 常见的软件测试管理系统

测试管理系统是指在软件开发过程中对测试计划、测试需求、测试用例和实施过程进行管理，并对软件缺陷进行跟踪处理的工具。通过使用测试管理工具，测试人员和开发人员可以更方便地记录和监控测试活动、阶段结果，找出软件的缺陷和错误，记录测试活动中发现的缺陷和改进建议。通过使用测试管理系统可以支持协同操作，共享中央数据库，支持并行测试和记录，从而大幅提高测试效率。目前市场上主流的软件测试管理工具，有国内的 TestCenter、TestLink、禅道和飞蛾，国外的 QC、JIRA、qTest、Testuff、QAComplete、SilkCentral Test Manager 和 IBM Rational TestManager 等。

1. TestCenter

TestCenter 是一种面向测试流程的测试生命周期管理工具，它符合 TMMI 标准，可以快速建立完善的测试体系，规范测试流程、测试用例设计，提供缺陷管理工具，提高测试效率和质量，实现测试过程管理，提高测试工程的生产力。

2. TestLink

TestLink 是一个开放源码的基于 Web 的测试管理工具，主要功能有产品需求管理、测试用例管理、测试计划管理，并且还提供了一些简单的统计功能。需求管理可以维护用户需求，并可做到与测试用例关联，及统计用例对需求的覆盖度。测试用例管理可制定测试计划，维护测试用例及生成测试用例集，记录测试执行结果。测试计划包括构建一个测试活动，选择测试用例范围，指定哪些人测试哪些用例，测试用例风险及优先级等。维护测试用例包括对测试用例的增加/删除/修改/导入等操作。记录测试结果，包括记录用例执行的各个状态（尚未执行、通过、失败、锁定），便于后续度量分析。度量分析包括用例执行进度、主要问题存在点、哪些用例无法执行，以及通过分析用例执行结果，报告哪些需求未被测试到，分析测试风险。TestLink 可与 Mantis 或 Bugzilla 集成进行缺陷管理。

3. 禅道

禅道是国产的一个比较优秀的开源测试管理软件。它集产品管理、项目管理、质量管理、文档管理、组织管理和事务管理于一体，是一款专业的研发项目管理软件，完整覆盖了研发项目管理的核心流程。禅道管理思想注重实效，功能完备丰富，操作简洁高效，界面美观大方，搜索功能强大，统计报表丰富多样，软件架构合理，扩展灵活，有完善的 API 可以调用。禅道管理软件中，核心的三种角色：产品经理、研发团队和测试团队。三者之间通过需求进行协作，其中产品经理整理需求，研发团队实现任务，测试团队则保障质量。

4. 飞蛾

"飞蛾"取名自计算机科学史上 Grace Hopper 发现的第一个 Bug，是一个集成了测试用例管理、测试过程管理、测试项目管理、测试结果管理、测试报表管理的工具。飞蛾是一款测试过程管理和协同工具，面向软件团队的测试协同和零工经济平台。使用飞蛾内置的专业工作流，可以更有序地完成用例设计、测试计划、回归测试、测试报告以及信息交换等工作。飞蛾参考国内外测试管理工具的优缺点，结合国内测试工程师的工作习惯，是一款适合国内测试团队的测试管理工具。

5. QC

QC 是 HP 提供的企业应用级商业软件，提供项目与组合跟踪功能、版本管理程序、具体需求、测试管理程序、手动测试执行过程、缺陷跟踪程序、测试自动化规划/执行支持服务以及跨项目报告、资产共享和重复利用、开发过程洞察和问题根因分析。对于需求和测试，它可以做到映射需求到一个测试、映射测试到一个需求、映射需求和测试之间的覆盖。QC 还提供了强大的分析统计能力：分析需求，分析测试计划，分析测试执行及结果，分析缺陷修复。

6. JIRA

JIRA 是 Atlassian 公司出品的项目与事务跟踪工具，被广泛应用于缺陷跟踪、客户服务、需求收集、流程审批、任务跟踪、项目跟踪和敏捷管理等工作领域。JIRA 有 2 个插件，支持测试管理流程。

① Zephyr 可以创建测试/测试用例/测试周期/Bugs/报告等，支持测试执行和跟踪。Zephyr 支持结构化和自由形式测试以及手动和自动测试。

② SynapseRT 工具有所有测试管理功能，但主要的重点是基于需求的测试。

7. qTest

qTest 是由 QASymphony 开发的基于云计算的测试管理工具。它是用于项目管理、错误跟踪和测试管理的测试管理工具。它遵循集中化的测试管理概念，该概念有助于轻松交流，并有助于 QA 团队和其他利益相关者快速完成任务。qTest 可以与许多其他工具集成，如 JIRA、Bugzilla、FogBugz 和 Rally 等。

8. Testuff

Testuff 是 Saas 测试管理工具，包含 Web 和桌面客户端，支持各种测试方法，并在整个测试生命周期中提供管理功能。Testuff 还支持自动化测试、与错误跟踪器的双向集成及缺陷的视频跟踪。它集成了一个巨大的 bug-trackers 列表，如 Bugzilla、JIRA、YouTrack、Mantis 等。它有一个支持自动化工具的 API，如 QTP、Rational Robot、Selenium、TestComplete 等。

9. QAComplete

QAComplete 是最强大的测试管理工具之一，提供对测试过程的可见性，以及管理、组织和报告测试的功能，适合敏捷/传统、手动/自动化项目。QAComplete 提供开箱即用的模板或自定义工作流选项、缺陷记录、跟踪测试用户故事的能力以及整个测试周期的可重用性。它还集成了 Jira、Selenium、QTP、TestComplete 和 SoapUI 等工具。

10. SilkCentral Test Manager

SilkCentral Test Manager 是一个由 Borland 生产的测试管理产品，是一个完整的测试管理软件，用于测试计划、测试文档和各种测试活动的管理。它能够对手工测试和自动测试进行基于过程的分析、设计和管理。此外，它还提供了基于 Web 的自动测试功能。这使得 SilkCentral Test Manager 成为 Segue Silk 测试家族中的重要成员。SilkCentral Test Manager 可以使测试过程管理自动化，提高效率，同时协助测试人员回答软件开发中所面临的关键问题，如系统是否可以投入使用了？如果现在将软件发布，还有什么相关的风险？迄今为止，测试覆盖达到了什么样的水平？还有多少事情要做？是否能证明系统已经真正测试好了？

11. IBM Rational TestManager

Rational TestManager 是一个开放的可扩展的构架，它将所有的测试工具、工件和数据组合在一起，帮助团队制定并优化其质量目标。其工作流程主要支持测试计划、测试设计、测试实现、测试执行和测试评估等几个测试活动。

TestManger 可以创建和运行测试计划、测试设计和测试脚本，可以插入测试用例目录和测试用例，进行测试用例设计，对迭代阶段、环境配置和测试输入进行有效的关联。TestManager 可以创建和打开测试报告，其中有测试用例执行报告、性能测试报告，以及很多其他类报告。除此以外，TestManager 还有很多辅助的设置，其中包括：创建和编辑构造版本、迭代阶段、计算机列表、配置属性、数据池、数据类型、测试输入类型、测试脚本类型等，还可以定制系统需要的属性。

TestManger 是针对测试活动管理、执行和报告的中央控制台，在整个项目生命周期中提供流程自动化、测试管理以及缺陷和变更跟踪功能。

2.4 软件测试管理工具——TestCenter

2.4.1 TestCenter 简介

TestCenter（简称 TC）是上海泽众软件科技有限公司（www.spasvo.com）自主研发的一款强大的测试管理工具，基于 B/S 体系结构，是面向测试流程的测试生命周期管理工具，符合 TMMI 标准的测试流程，可迅速建立完善的测试体系，规范测试流程，提高测试效率与质量，实现对测试的过程管理，提高测试工程的生产力。TC 可以分别通过自动化测试或者手工测试制定测试流程，并且提供多任务的测试执行，以及缺陷跟踪管理系统，最终生成测试报表。

1. TC 与传统测试管理工具的对比

TC 面向的用户是所有需要提高软件开发质量的软件公司、软件外部企业，以及提供测试服务的部门。TC 与传统测试工具的优势对比如表 2-6 所示，其可以帮助用户明确测试目标、测试需求并建立完善的测试计划；可以帮助用户掌控测试过程并建立有效的质量控制点；可以帮助用户严谨地实施测试计划并对测试全过程进行针对性评估。

表 2-6 TC 与传统测试对比

比较项目	TestCenter	传统测试
流程管理	支持 GB/T 11457—2006，GJB 2725A—2001 规定的测试流程，从应用系统需求出发，定义了标准的测试流程：测试需求创建、评审；测试计划；测试用例评审、执行；测试任务分配、报工；缺陷管理；测试报告生成等	使用 Word、Excel 等来编写和管理测试用例、测试需求、缺陷等，测试流程无法完善
自动设计用例	通过需求活动图，设置好栏位、栏位数据及其值类型（边界值、有效值、无效值），可通过正交法自动生成覆盖预设数据的测试用例，包括正例、反例，还可根据特殊规则设计特定数据的用例	测试用例设计一般是测试人员手工设计
案例库	案例库集中化管理，支持对测试用例集中管理，支持对项目复用，用例版本比较、恢复用例版本进行控制以及集中化管理	测试资产管理方式不足、人员流失导致用例缺失，测试用例版本不统一
测试用例	标准化测试用例库构建，支持测试用例树与需求树的同步，支持测试用例关联缺陷、需求	测试用例缺乏规范性，质量无法控制，测试工程师之间无法共享，成本增加、资产浪费
测试过程	覆盖了测试过程中的整个流程，也覆盖了流程上的所有角色，确保测试工作中的协同工作	测试过程难以进行管理，无法保证需求覆盖率、用例执行情况、所有缺陷均关闭
测试需求	支持对测试需求的全方位管理：导入导出，评审，与用例缺陷关联，变更等，支持 Word、Excel 格式的测试需求导入	无法对每个需求项进行跟踪管理，及需求变更后测试用例哪些需要重新设计、哪些需要回归
缺陷管理	支持自定义缺陷管理流程与自定义过滤器，支持缺陷自动截图上传，支持缺陷、用例、计划、需求关联；同时支持系统模块缺陷分类管理	缺陷管理的力度不足，对测试过程中产生的缺陷，没有进行登记、编号，并且采用标准化的流程进行跟踪，无法确保每个缺陷都已经被关闭。遗漏的缺陷对软件的正常使用是非常重大的威胁

2. TC 的功能

TC 支持 GB/T 11457—2006，GJB 2725A—2001 规定的测试流程，严格按照测试需求分析、测试策划、测试设计与实现、测试执行、测试总结与分析的测试过程进行管理、支持部件测试、配置项测试、集成测试、系统测试等不同的测试类型，其具体功能如图 2-22 所示。

图 2-22　TC 功能图

（1）测试项目管理

支持项目群管理；支持项目群缺陷批量管理；支持多项目同时在线执行；支持项目的团队管理；支持项目的字段自定义；支持报文配置、工作周报、报工审批等功能，可以统筹管理整个测试项目。

（2）测试计划管理

支持测试计划管理、多次执行手工测试和自动化测试；测试需求范围定义、测试集定义；数据模版的导入和导出。

（3）测试需求管理

支持测试需求管理、支持测试需求树，树的每个节点是一个具体的需求，也可以定义子节点作为子需求。每个需求节点都可以关联到一个或者多个测试用例。根据需求可以创建相同名称的测试用例组；也可以通过需求向导创建关联一个或者多个测试用例的测试集；支持对测试需求的全方位管理：支持 Word、Excel 格式的测试需求导入；支持测试需求的评审。

（4）案例库

案例库集中化管理，支持对测试用例集中管理，支持对项目复用，支持用例版本比较、恢复用例版本进行控制，以及集中化管理。

（5）标准化测试用例库构建

支持测试用例树与需求用例树的同构；支持手工编写测试用例步骤，包括：前提条件、执行步骤、预期结果等；支持测试用例的各种状态——通过、未执行、失败；支持用例附件批量导入；支持自动测试用例，能够关联到脚本（一个或多个）；支持用例过滤器查询；支持执行中的测试用例管理；保证测试用例的质量，实现测试用例的标准化，降低了测试用例对个人的依赖。

（6）系统设置管理

用户管理[添加、删除、修改角色信息，并且可以模拟实际场景中的不同角色（主要体现在自动运行中），当角色绑定用例后，系统会根据不同的角色查找并执行不同的用例]，项目管理（查看TC中包含的所有项目以及项目详细信息），自定义字段管理（添加自定义字段后体现在缺陷管理中），系统权限管理（为不同的角色设置不同的权限），邮件配置（配置邮件发送服务器，在缺陷管理中修改缺陷的状态，就可以通过自动发送邮件的形式发送给相关人员），登录历史（记录用户登录和退出系统的信息）。

（7）测试执行管理

支持测试自动执行（通过调用测试工具）；支持手工执行（手工操作的方式执行用例，来验证需求。错误时可以直接提交Bug）。在测试计划发起手工测试成功后会显示在"手工测试"标签页中（测试计划中包含测试集，测试集中必须包含用例），单击"运行名称"进入详细信息界面，首先分配角色（给相关测试人员）并执行测试用例，当执行测试用例失败后提交Bug到缺陷管理中。当所有用例执行结束后会自动转移到手工日志中。

（8）日志报表与测试分析

支持手工测试日志，以测试用例为单位来保存测试日志；支持自动测试日志，支持步骤、截图和校验规则结果；支持每次测试的测试报告，支持用户自定义报表，支持多种统计图表，如需求覆盖率图、测试用例完成的比例分析图、业务组件覆盖比例图等；支持自动化测试的测试分析报告与手工测试的测试分析报告；支持通过SQL自定义数据项，自定翻译报表生成。

（9）缺陷管理

支持管理缺陷的整个生命周期；支持自定义多个角色、自定义用户、自定义缺陷管理流程，支持用户自定义过滤器，管理隶属于自己的缺陷；支持个人过滤器和公共过滤器；支持SQL语句过滤器；支持实时邮件功能，在关注的缺陷状态发生改变的时候，发邮件给关注人；支持缺陷列表的导出；支持自定义缺陷报告；支持缺陷合并；支持缺陷的自定义字段；支持缺陷与测试用例关联；支持缺陷修改与快速操作；支持缺陷自定义属性与项目角色关联。

（10）根据模版自动生成测试文档

支持通过预先定义的Word模板文件，根据测试数据生成测试文档，如测试需求规格说明、测试计划、测试说明、测试记录（日志）、测试报告、测评报告等。

3. TC的适应场景

（1）功能测试

TestCenter的核心是完成功能测试管理，包括支持开发/定义测试用例的流程、跟踪测试需求、执行测试用例、得到测试报告、测试日志分析和测试报告。

（2）软件开发过程中的功能测试

TC提供了组件化的方法和对业务流程测试组件化的支持，能够快速根据应用系统的修改来构建测试用例，满足开发节奏的要求，和开发同步进行每日测试，提高测试效率和开发效率，并且提高测试质量。TC 还提供了单独执行某个测试用例的功能，满足程序员级别功能测试的要求。

（3）软件维护中的回归测试

在软件维护的过程中，经常会引入错误，这就需要进行回归测试来避免关键的业务系统发生错误，导致系统异常，无法正常使用。TC 能够帮助用户在开发的时候就建立完整的测试用例库，然后在每一次修改完成后，只需要维护很小的、被修改的需求（以及相关的测试用例），就可以实现回归测试。

（4）产品升级中的回归测试

在产品升级的过程中，如果是由于技术方案的升级需要回归测试，TC 可以重用几乎所有的测试用例，只需要重新编写业务组件就可以完成；如果是针对功能修改，只需要增加相关的业务组件和测试用例，就可以完成复杂的回归测试用例编写工作。

（5）版本发布测试

TC 能够在一组测试用例的基础上创建不同的回归测试用例集，协助用户对版本发布测试的不同测试要求进行测试，满足版本发布测试的需求。

2.4.2　TestCenter 的安装

TC 是一款 B/S 架构软件，服务器端和客户端的最低配置要求如下：

服务器端的最低配置要求如下：

- CPU：2.4 GHz。
- 内存：2 GB。
- 运行环境：JDK 1.6 及以上；
- 硬盘：5 GB。
- 操作系统：Windows 7/Windows 10。
- Web 服务器软件：Tomcat。
- 数据库：MySQL，SQL，ORACLE，DB2。

客户端的最低配置要求：

- CPU：300 MHz。
- 内存：128 MB。
- 硬盘：1 GB。
- 操作系统：Windows 7/Windows 10。
- 浏览器：IE、Edge、Chorm、Firefox 等主流浏览器。
- 显示器分辨率：建议分辨率 1 920×1 080、1 280×768 或 1 024×768。

1. 安装 JDK

（1）双击 JDK 安装包运行

单击"下一步"按钮直接到完成安装即可。

（2）配置环境变量 JAVA_HOME

① 找到 JDK 的安装目录，复制该路径。

② 右击"此电脑"图标，单击"属性"命令，在打开的窗口中选择"高级系统设置"，打开"系统属性"对话框，如图 2-23 所示。

第 2 章　软件测试基础

图 2-23　"系统属性"对话框

③ 单击"环境变量"按钮，在弹出的"环境变量"对话框中的用户环境变量下，单击"新建"按钮，如图 2-24 所示（注：需要配置的环境变量有 4 个，在安装 TC 之前需要配置 JAVA_HOME 和 CLASSPATH 的环境变量，在安装完成 TC 后需要配置 MYSQL_HOME 和 PATH 的环境变量）。

图 2-24　新建环境变量

④ 变量名：JAVA_HOME（注意大小写以及下划线）。

变量值输入：用户需要找到自己实际的安装路径来设置变量值，如此处的 C:\Program Files (x86)\Java\jdk，如图 2-25 所示。

图 2-25　编辑环境变量 JAVA_HOME

（3）配置环境变量 CLASSPATH（见图 2-26）

变量名：CLASSPATH。

变量值：按实际的安装路径来设置变量值，如此处的 C:\Program Files (x86)\Java\jdk\jre\lib。

图 2-26　编辑环境变量 CLASSPATH

（4）配置环境变量 MYSQL_HOME（见图 2-27）

变量名：MYSQL_HOME。

变量值：按实际的安装路径来设置变量值，如此处的 C:\Program Files (x86)\Spasvo\TestCenter\DBSVR。

图 2-27　编辑环境变量 MYSQL_HOME

（5）配置环境变量 PATH（见图 2-28）

图 2-28　编辑环境变量 PATH

变量名：PATH。

变量值：按实际的安装路径来设置变量值，如此处的 C:Program Files\Spasvo\TestCenter\DBSVR\bin。

单击"确定"按钮，结束环境变量的配置。

2. 安装 TC

建议 TC 的安装服务器做到专机专用，避免数据和性能上的问题。若安装服务器已存在 MySQL 服务，安装之前先停止 MySQL 服务，且需要保证 MySQL 服务的名称不能是 spasvoDBServer。TC 安装包获取网址：http://www.spasvo.com/testcenter/。

① 双击 TestCenter 5.6 的安装图标，弹出安装提示框，如图 2-29 所示。注意，TC 不允许安装在虚拟机上运行。

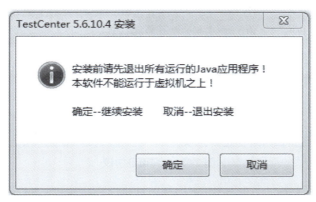

图 2-29　安装前提示框

② 单击"确定"按钮，弹出 TC 安装界面，如图 2-30 所示。单击"下一步"按钮进入安装许可证协议，如图 2-31 所示。

图 2-30　安装界面

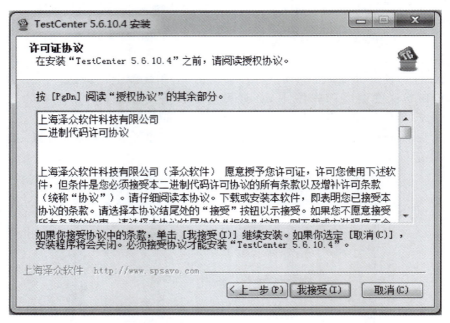

图 2-31 许可证协议

③ 单击 "我接受" 按钮，打开选择 TC 安装组件对话框，如图 2-32 所示。

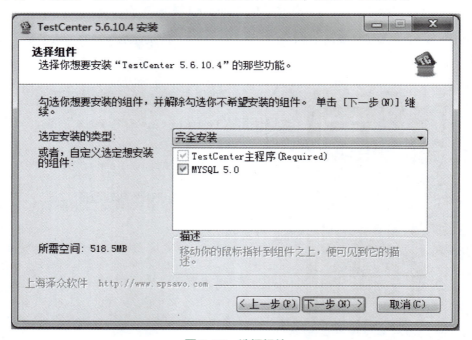

图 2-32 选择组件

需要注意的是：TestCenter 5.6 集成的 MySQL 组件为 5.0 版本，如果已经安装了其他版本则无须勾选 MySQL 5.0 组件。TestCenter 5.6 支持 MySQL 5.0 及以上版本。

第 2 章　软件测试基础

④ 单击"下一步"按钮，打开选择安装路径对话框（此处选择默认安装路径），如图 2-33 所示。

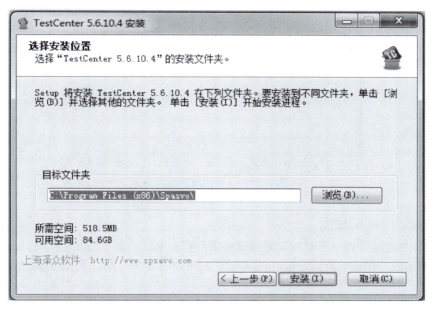

图 2-33　选择安装路径

⑤ 单击"安装"按钮完成即可，如图 2-34 所示。

图 2-34　安装完成

⑥ 单击"下一步"按钮，如图 2-35 所示。
⑦ 单击"完成"按钮，就完成了 TC 的安装过程。

图 2-35 正在完成安装向导

2.4.3 TestCenter 的使用

TC 支持并规范软件测试全过程，将测试需求分析、测试计划、测试用例设计、测试实施及缺陷管理无缝集成，保证了测试质量。TC 测试流程图如图 2-36 所示，结合团队成员职责描述测试流程管理。

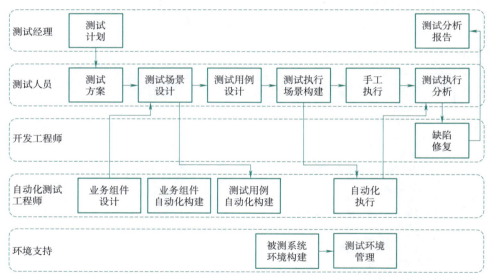

图 2-36 TC 流程图

1. 后台管理员创建用户

后台网址：http://localhost:8080/TestLab/Admin.html。

账户信息：用户名为 admin，密码为 111111。

TestCenter 是由管理员添加用户信息，添加用户有两种方式：

第一种方法为用模板批量导入用户信息。

处理流程：首先需要下载用户模板，单击"用户管理"→"用户模板"按钮，如图 2-37 所示，在窗口的最下方弹出用户模板的 Excel 文档。

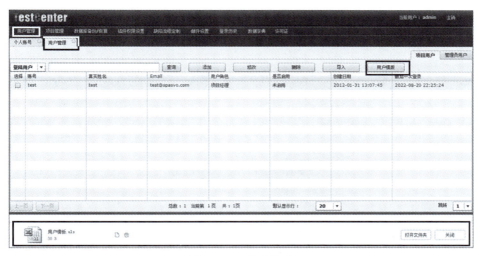

图 2-37　用户模板

打开"用户模板"Excel 文档编辑用户信息，注意账号、姓名、邮箱、电话都是必填项，如图 2-38 所示。编辑完后保存用户模板，此处保存到桌面，如图 2-39 所示。

	账号	姓名	邮箱	电话
1				
2	test1	test1	123456@qq.com	15221346846
3	test2	test2	123457@qq.com	15221346846
4	test3	test3	123458@qq.com	15221346846
5	test4	test4	123459@qq.com	15221346846
6	test5	test5	123460@qq.com	15221346846
7	test6	test6	123461@qq.com	15221346846
8	test7	test7	123462@qq.com	15221346846
9	test8	test8	123463@qq.com	15221346846
10	test9	test9	123464@qq.com	15221346846
11	test10	test10	123465@qq.com	15221346846

图 2-38　编辑用户模板

图 2-39　保存用户模板

然后单击用户管理界面的"导入"按钮，在弹出的"打开文件"对话框中找到桌面上的用户模板，单击"打开"按钮，如图2-40所示。

图2-40 导入用户模板

导入成功后，模板中的所有用户出现在用户管理界面，如图2-41所示，账号的密码默认为111111。

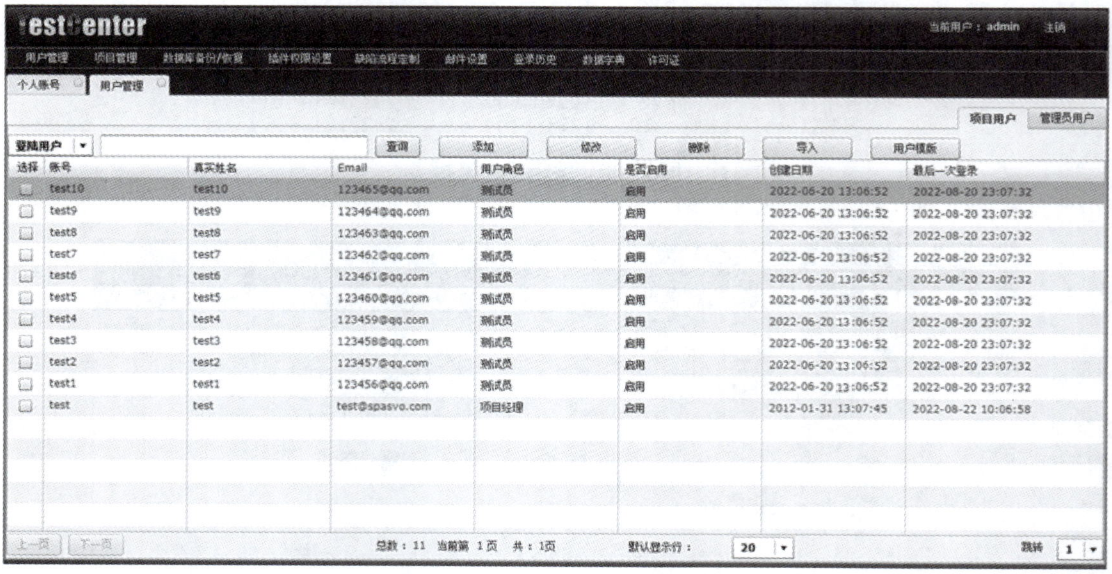

图2-41 导入成功

第二种添加用户的方法是单个添加。

处理流程：单击"用户管理"→"添加"按钮，在弹出的"创建项目用户账号"对话框中输入账户、密码、确认密码、真实姓名、E-mail、用户角色和是否启用，如图2-42所示。

第 2 章 软件测试基础

图 2-42 创建用户

需要注意的是：添加用户操作必须是管理员身份登录系统，新用户的账号名不能与系统中的账号名相同。

2. 后台管理员新增项目

创建新项目与"缺陷管理"中的项目绑定，贯穿"测试计划、测试需求、测试用例构建、执行、测试报告、缺陷管理、系统设置"模块，有权限用户选择一个项目登录后，只能进行该项目的操作，可以修改、删除自己创建的项目，但不可修改删除其他项目。

处理流程：单击"项目管理"→ 新增项目图标→"创建项目"按钮，如图 2-43 所示。

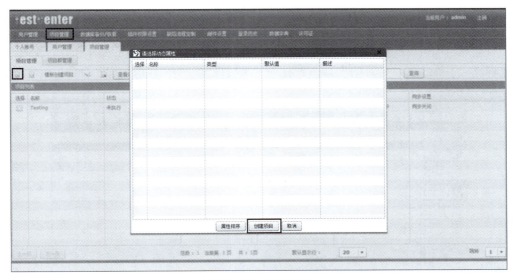

图 2-43 创建项目

添加客户管理系统（CRM）项目，其中项目名称、项目代码、项目经理、测试计划开始时间和测试计划结束时间为必填项，如图 2-44 所示。

软件测试基础及实践

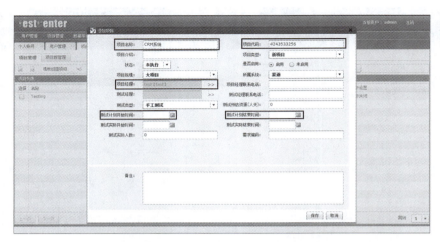

图 2-44 编辑项目信息

3. 前台项目经理设置权限

在后台新建用户并创建项目后,就可以进入前台进行测试流程和相关管理工作。

注销当前账户后,使用前台地址(http://localhost:8080/TestLab/TestLab.html)和项目经理账户信息(此处用户名为 test,密码为 111111)进行项目管理和团队管理。登录成功后,项目选择工作台界面会显示新创建的项目,如图 2-45 所示,单击项目名称进入项目。

图 2-45 项目选择工作台

项目经理给项目里的角色分配测试管理平台对应的模块和功能按钮的操作和查看权限。

处理流程:单击"TestCenter"Logo 图标→"系统设置"→"权限管理"命令进行权限分配,如图 2-46 所示。

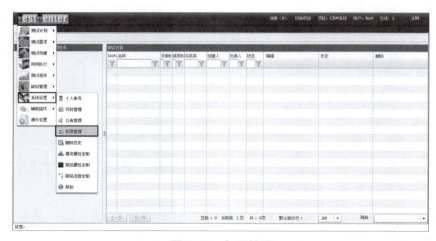

图 2-46 权限管理

分配权限的方式有两种。第一种是一键导入默认的权限,这里的默认权限是根据相关标准和企业的通用做法相结合配置好的,可以直接运用于项目中,如图 2-47 所示。

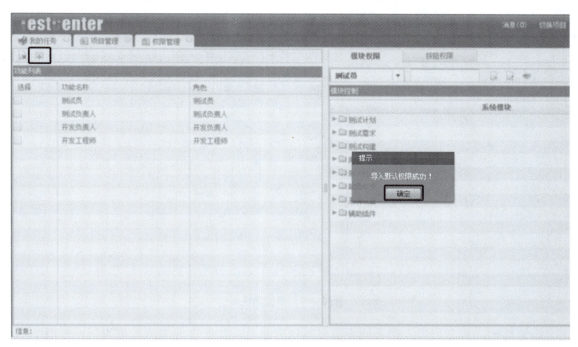

图 2-47　导入默认权限

选中对应的角色后可以查看到对应的模块和功能按钮的权限,如图 2-48 所示。

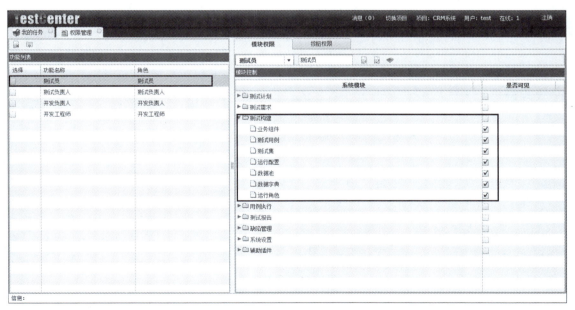

图 2-48　查看权限

第二种方式是自定义角色的权限，选择相应的角色，命名功能名称，单击 新增图标，如图 2-49 所示。

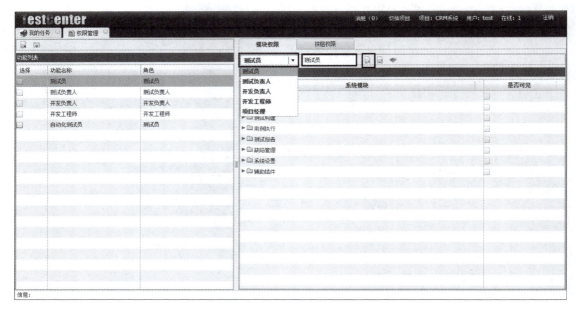

图 2-49　添加角色

添加成功之后在窗口左侧会同步出现新增的角色，此处以性能测试员为例，如图 2-50 所示。

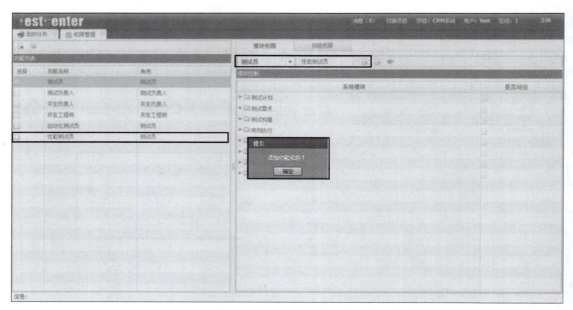

图 2-50　添加角色

选中性能测试员角色，在窗口右侧设置该角色的对应模块和按钮的权限，如图 2-51 所示。

第 2 章　软件测试基础

图 2-51　设置权限

4. 前台项目经理添加分类

添加的分类一般在不采用标准缺陷生命周期时使用，目的是给后来提交的缺陷进行分类，让对应的模块开发人员可以迅速找到自己负责的缺陷，进行修复。

处理流程：单击"TestCenter"Logo 图标→"系统设置"→"项目管理"→"项目配置"→"添加"按钮，如图 2-52 所示。

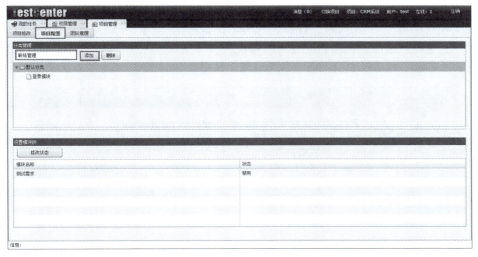

图 2-52　添加分类

5. 前台项目经理管理团队

项目经理负责将项目其他成员加入项目，分配权限，这样成员登录系统才可看到相关项目信息。

处理流程：单击"TestCenter" Logo 图标→"系统设置"→"项目管理"→"团队管理"，选勾一个用户后，勾选项目角色和功能名称，这里项目角色和功能名称勾选要一致，然后单击"加入用户"按钮，把用户以选中的角色加入到项目中，如图 2-53 所示。

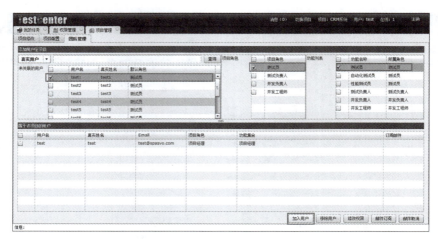

图 2-53　加入用户

把测试员、测试负责人、开发负责人、开发工程师这四类用户加入到项目，为后面走标准缺陷生命周期做准备，项目经理在后台建项目时已经添加，这里不要重复添加。

6. 前台项目经理新建测试需求

测试需求是测试场景和测试用例的集合，可以把不同的场景和用例放在各自独立的测试需求中。TC 中需求分析可以由项目经理、测试负责人和测试员负责，此处以项目经理角色为例新建测试需求。新建测试需求有两种方法。

第一种方法：单个需求添加。

处理流程：单击"TestCenter"Logo 图标→"测试需求"→"测试需求"，第一种方法直接新建需求，先选择一个需求覆盖，此处为"默认需求"，然后单击"添加子需求"图标，在弹出的"添加子需求"对话框中输入需求名等信息，如图 2-54 所示。

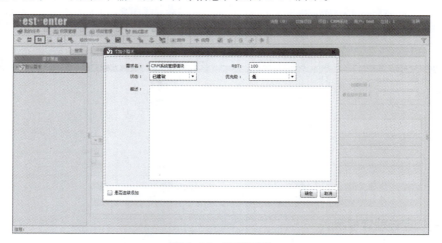

图 2-54　新建需求

第二种方法：通过模板批量导入。

处理流程：单击"TestCenter"Logo 图标→"测试需求"→"测试需求"→"导入模板配置"图标，首先配置模板，根据自身需求选择属性，配置目录分隔符、起始行、起始页和结束页等信息，如图 2-55 所示。

第 2 章 软件测试基础

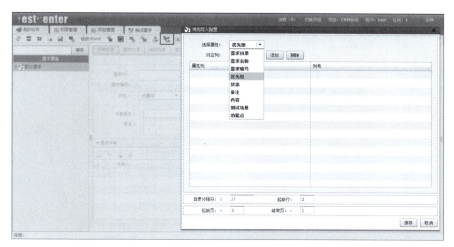

图 2-55 导入配置

配置完成后，可以通过 需求模板导出按钮先导出模板，然后根据模板要求编辑相关信息，最后通过 需求导入按钮批量导入需求。导入过程参考"用户模板"Excel 文档的导入流程。TC 还支持 Word 文档格式导入导出需求。

7. 前台测试负责人新建测试计划

根据测试计划的制定过程，进行测试计划的编辑和管理，在测试计划的版本里添加测试计划，在测试计划里添加测试目标与范围、测试策略、测试环境、描述。在测试计划下添加测试轮次，测试轮次的细化目的主要在于细化测试的颗粒度和增加缺陷的覆盖率。

单击注销项目经理账号，使用前台地址（http://localhost:8080/TestLab/TestLab.html）和测试负责人账户信息（此处账户名为 test1，密码为 111111）进行测试计划的制订。

TC 中测试集需要与测试计划下的轮次进行绑定，所以需要新建测试计划→版本→轮次。

处理流程：单击"TestCenter logo 图标"→"测试计划"→"测试计划"，首先选择测试计划节点，此处为"版本管理"，然后在新建测试计划界面下新建测试版本、编辑测试计划和添加测试轮次，如图 2-56 ~ 图 2-58 所示。

图 2-56 添加测试版本

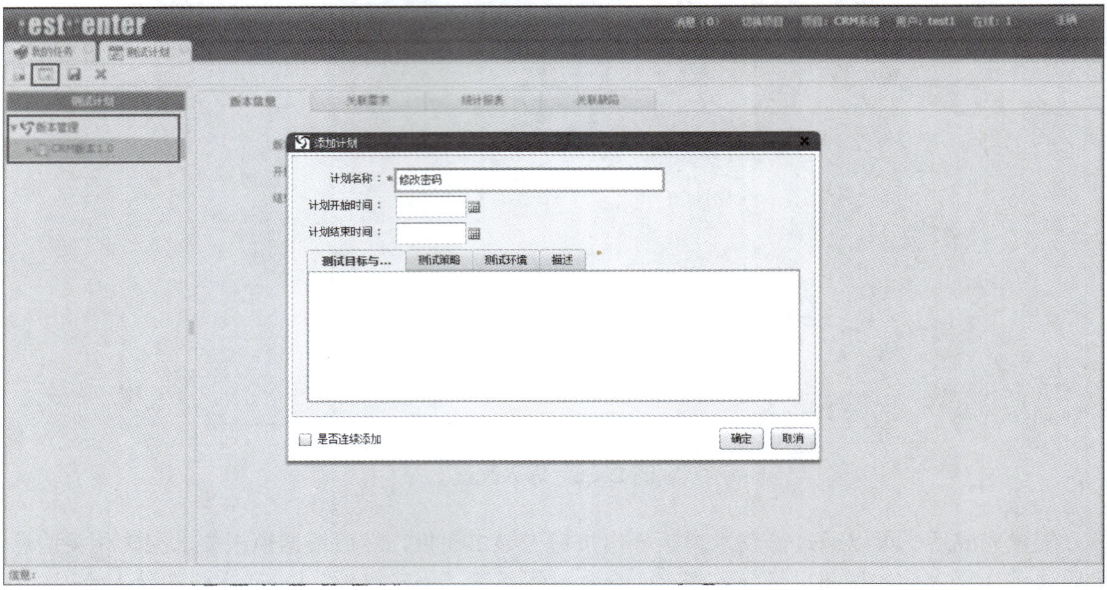

软件测试基础及实践

图 2-57 编辑测试计划

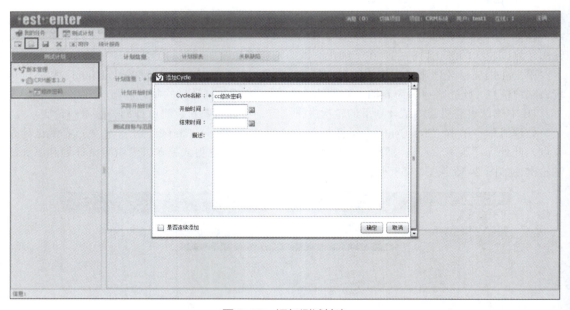

图 2-58 添加测试轮次

8. 前台测试员设计测试用例

测试用例是为某个特殊目标而编制的一组测试输入、执行条件以及预期结果,以便测试某个程序路径或核实是否满足某个特定需求。设计测试用例是测试员的必备技能。

注销测试负责人账号后,使用前台地址(http://localhost:8080/TestLab/TestLab.html)和测试员账号信息(此处为 test7,111111)进行用例的设计。TC 设计测试用例有两种方式,分别是使用场景驱动测试用例的设计和使用"测试构建"中"测试用例"来设计。

第一种方法：使用场景驱动测试用例的设计。

（1）新建需求场景

需求中的用例场景是测试场景，是对测试需求覆盖路径的一个分支。通过对测试场景的分析设计，可产生一批相同测试流程的测试用例。

处理流程：单击"TestCenter logo 图标"→"测试需求"→"测试需求"→"用例场景"，选择需要设计场景的需求节点，然后单击 添加按钮新建需求场景，如图 2-59 和图 2-60 所示。

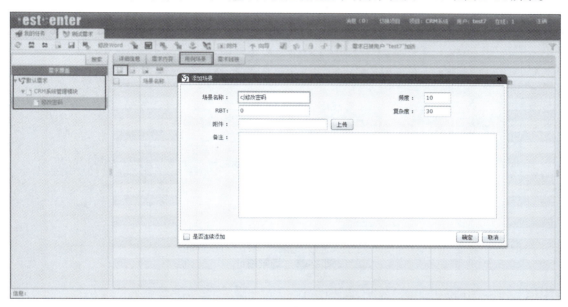

图 2-59　新建需求场景

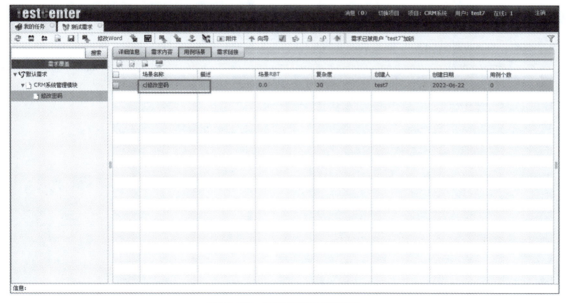

图 2-60　新建好的需求场景

（2）设计场景

双击需要设计场景的用例场景，此处为选择 cj 修改密码，进入场景设计和步骤设计，如图 2-61 所示。

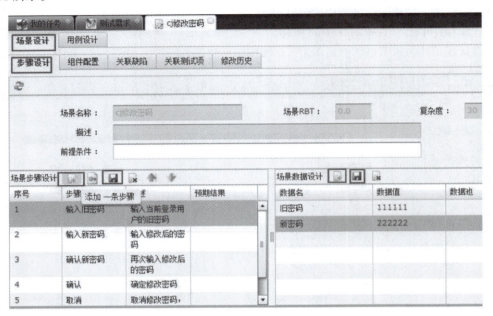

图 2-61　场景设计

（3）在场景中设计测试用例

在 cj 修改密码的用例场景中，单击"用例设计"→"手工用例数据设计"，如图 2-62 所示。

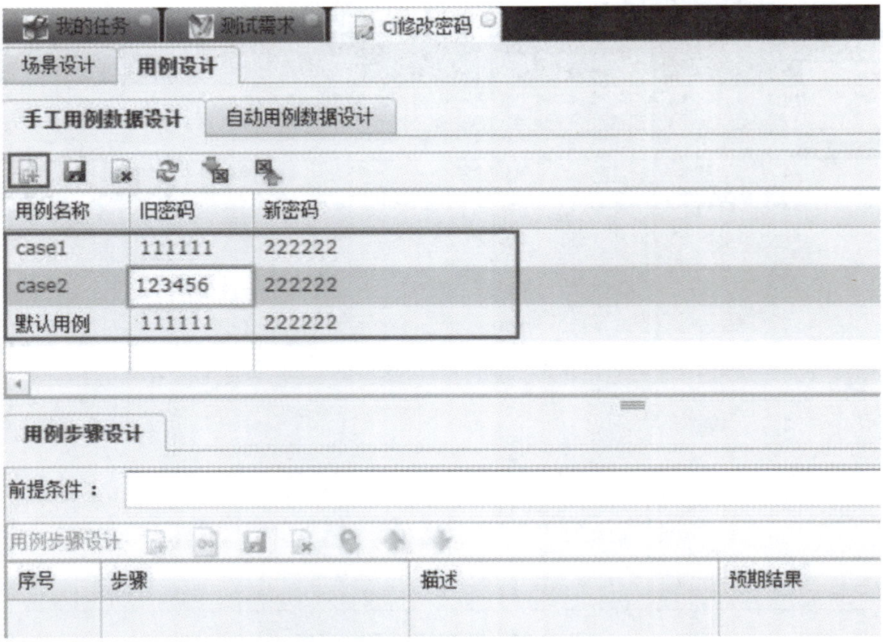

图 2-62　用例设计

第二种方法：使用"测试构建"中"测试用例"来设计用例。

处理流程：单击"TestCenter logo 图标"→"测试构建"→"测试用例"→ 新增组按钮添加用例组，如图 2-63 所示。

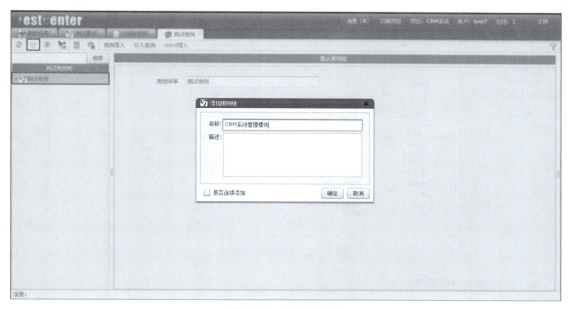

图 2-63　添加用例组

选择"修改密码"用例组，单击 新增用例按钮，在"添加用例"对话框中编辑用例名、版本、描述等信息，如图 2-64 所示。

图 2-64　添加用例名

选择需要设计的用例名，此处为case1，进行用例设计，如图2-65所示。

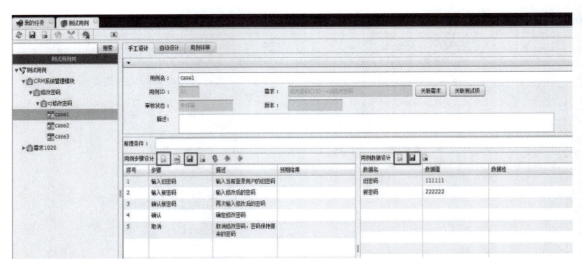

图2-65　设计测试用例

9. 前台测试员新建测试集

TC中手工用例执行是以测试集为单位进行执行，可以在测试集中添加需要执行的用例。

处理流程：单击"TestCenter logo 图标"→"测试构建"→"测试集"，首先添加选择测试集节点添加组，如图2-66所示。然后选择"CRM系统管理"节点添加测试集，如图2-67所示。最后添加用例，如图2-68所示，完成新建测试集绑定测试用例。

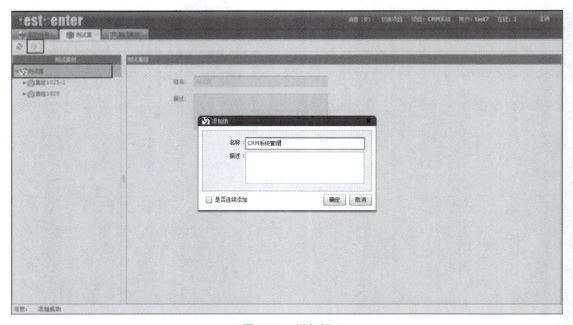

图2-66　添加组

第 2 章　软件测试基础

图 2-67　添加测试集

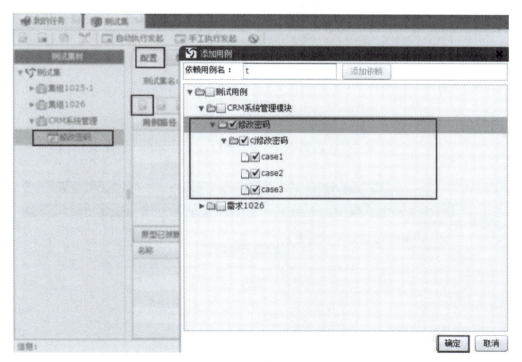

图 2-68　添加测试用例

10. 前台测试负责人发起手工执行

处理流程：单击"TestCenter logo 图标"→"测试计划"→"测试计划"，在选定的轮次下直接单击发起手工执行，如图 2-69 所示。

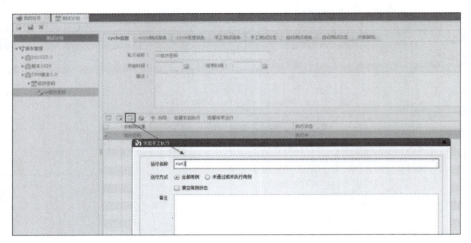

图 2-69　发起手工执行

11. 前台测试负责人分配执行人

处理流程：单击"TestCenter logo 图标"→"用例执行"→"手工执行"，进行手工执行用例分配，如图 2-70 和图 2-71 所示。

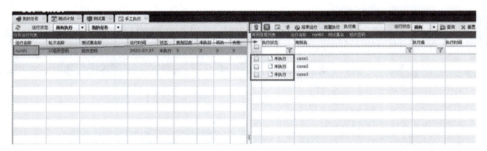

图 2-70　手工执行

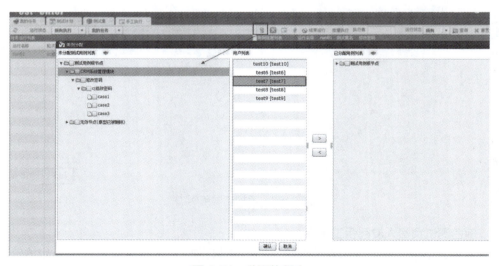

图 2-71　分配执行人

12. 前台测试员执行用例

用例执行者只能执行分配到自己名下的用例，无法执行别人名下的用例，用例执行完成后用例信息列表会对应显示相应的状态。单击"我的任务"→"执行用例"，根据用例步骤数据等信息执行用例，如图 2-72 所示。

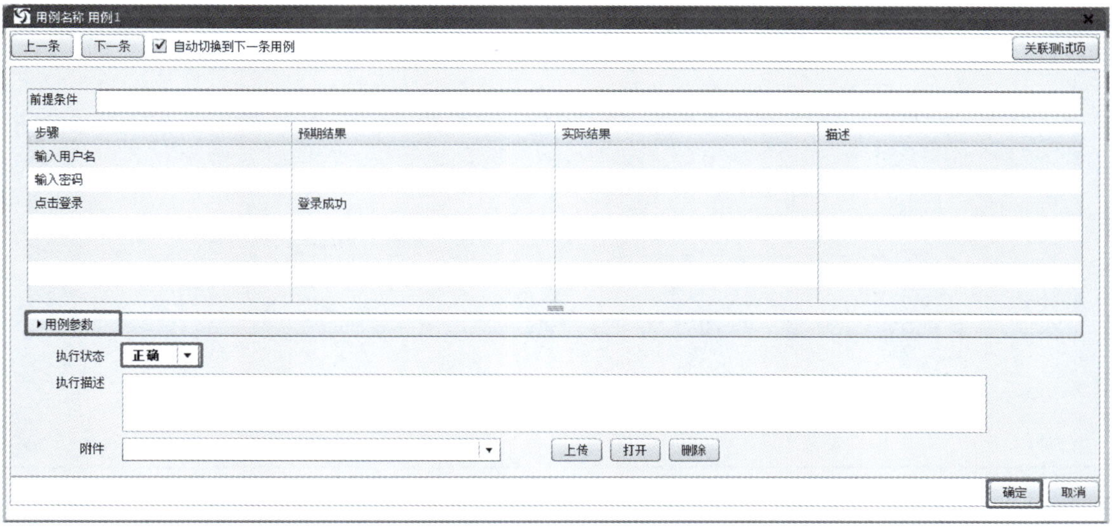

图 2-72 执行用例

13. 缺陷提交

执行用例发现缺陷时要提交缺陷。TC 提交缺陷有两种方法：

第一种：在用例执行过程中发现缺陷，可以直接提交，如图 2-73 所示。

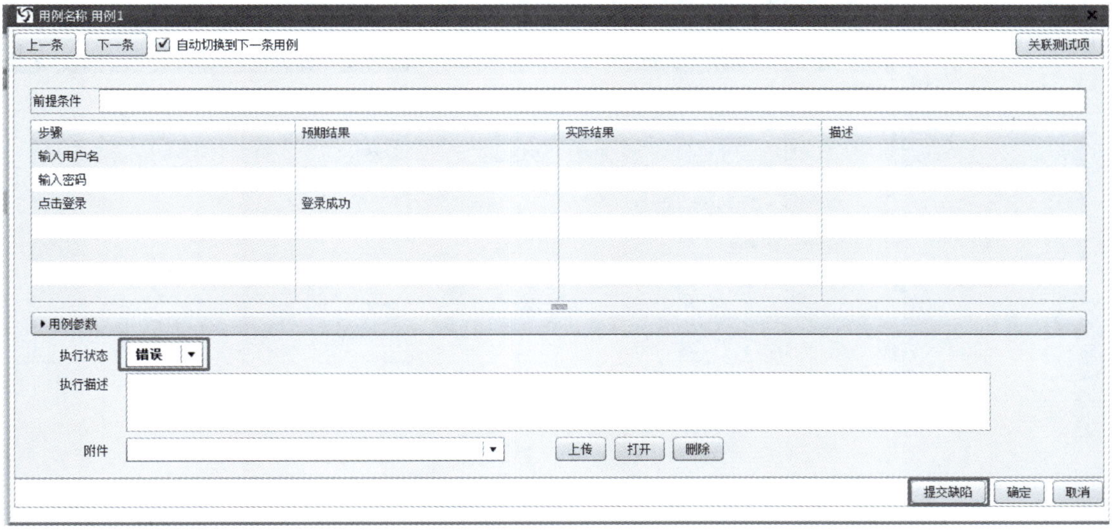

图 2-73 提交缺陷

单击"提交缺陷"按钮，弹出缺陷报告编写对话框，如图 2-74 所示，在此对话框中可以对缺陷进行描述。

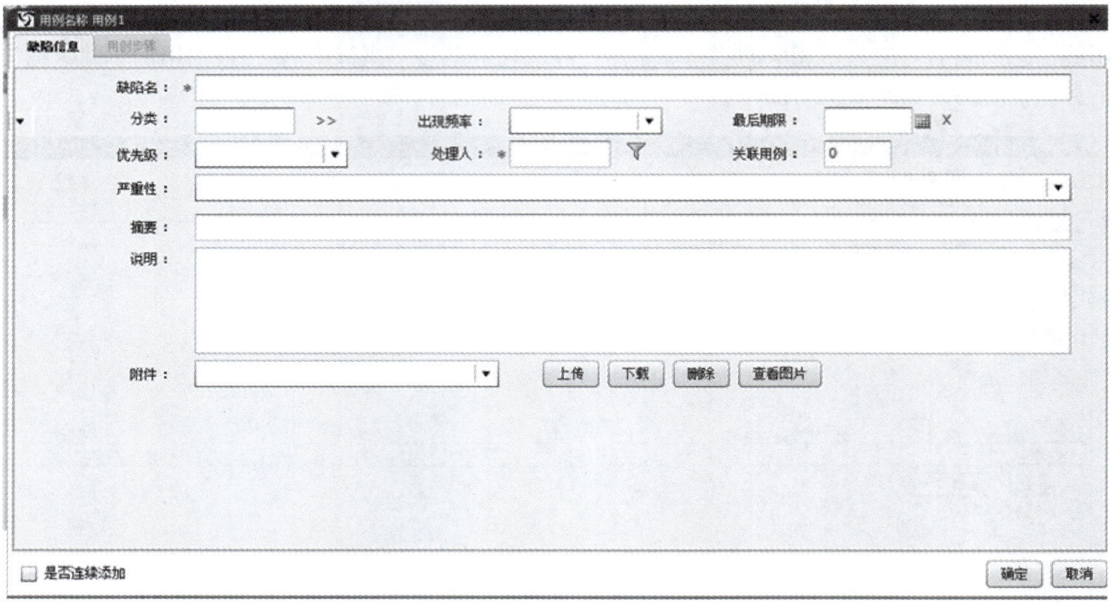

软件测试基础及实践

图 2-74 编写缺陷报告

第二种方法使用缺陷管理功能进行缺陷提交。

处理流程：单击"TestCenter logo"图标→"缺陷管理"→"缺陷视图"→"提交缺陷"，对执行用例过程中发现的缺陷进行管理，包括新增、处理等操作，如图 2-75 所示。

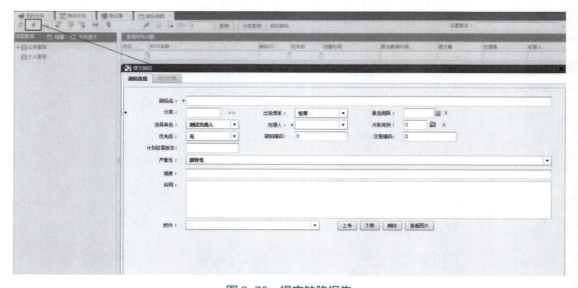

图 2-75 提交缺陷报告

提交完缺陷后，再单击用例的执行界面的"确定"按钮，把用例执行结果记录下来。关于缺陷的处理流程参考第 3 章详细介绍。

14. 前台项目经理查看测试报告和测试日志

项目经理把控项目全局，整个流程项目经理都可以把控，项目经理对测试任务结束进行确认和统计。

（1）查看轮次测试报告

处理流程：单击"TestCenter logo"图标→"测试计划"→"版本"→"计划"→"轮次"，查看轮次下的测试报告，如图 2-76 所示。

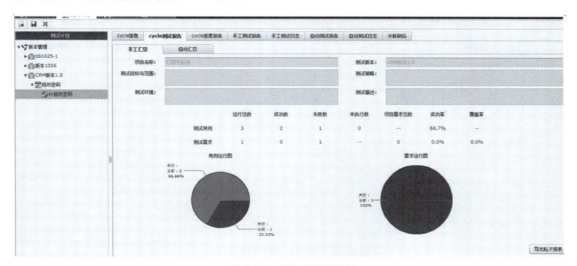

图 2-76　轮次测试报告

（2）查看手工测试报告

单击"TestCenter logo"图标→"测试计划"→"版本"→"计划"→"手工测试报告"，查看手工测试报告，如图 2-77 所示。

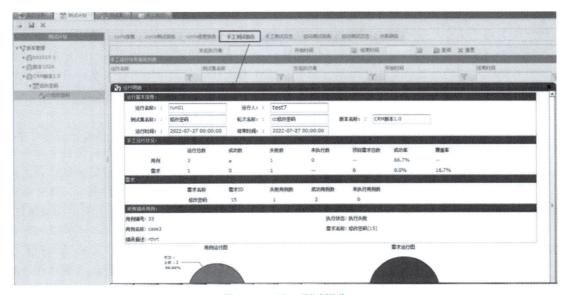

图 2-77　手工测试报告

软件测试基础及实践

（3）查看轮次下测试日志

单击"TestCenter logo"图标→"测试计划"→"版本"→"计划"→"轮次"，查看轮次下的测试日志，如图 2-78 所示。

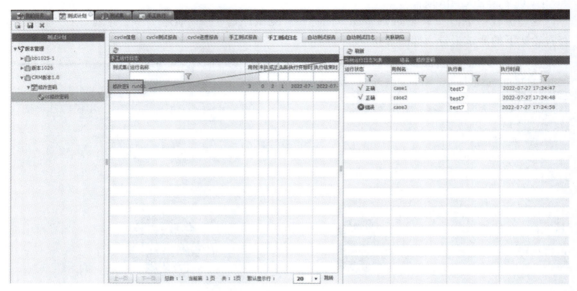

图 2-78　查看轮次下测试日志

小　结

软件测试是保证软件质量的重要手段，读者首先需要对软件测试的基本知识有一定的了解。软件测试的定义虽然有很多种，但核心都是为了发现软件的错误而执行程序的过程。软件测试归根结底是为了保证软件质量，即软件测试的目的。为了以最少的时间和人力找出软件中潜在的各种缺陷和实现软件测试的目的，软件测试应该遵循一定的原则。软件测试的测试对象是软件，不同研发阶段的测试对象不尽相同。同时，软件测试是一项复杂的系统工程，对于测试可以从不同的角度进行分类。对测试的分类能更好地明确测试过程，了解测试要完成的具体工作，尽可能确保测试的全面性。

软件测试贯穿于软件开发的整个过程，对应开发的每个阶段都有相应的测试活动要开展。软件开发模型对于软件开发过程有很好的指导作用，同样，软件测试也需要测试模型来指导实践。本章介绍了常用的五种软件测试模型，即 V 模型、W 模型、H 模型、X 模型和敏捷测试模型，主要阐述各自所定义的测试过程和方法及其优缺点。在软件测试模型的指导下，软件测试就可以按照标准化、规范化的流程管理整个测试活动，主要包括测试需求分析、测试计划制订、测试用例设计、测试执行、测试报告编写和测试结束标准制订等。目前，软件测试管理通常借助软件测试管理工具，通过使用测试管理工具，测试人员和开发人员可以更方便地记录和监控测试活动、阶段结果，找出软件的缺陷和错误，记录测试活动中发现的缺陷和改进建议等，大大提高了测试和开发的工作效率。本章主要介绍了典型的软件测试管理工具 TestCenter 的安装和使用过程，通过实际项目的演示达到理论的落地。

习 题

一、选择题

1. 广义的软件测试由"确认"、"验证"和"测试"三个方面组成,其中"确认"是(   )。
   A. 想证实在一个给定的外部环境中软件的逻辑正确性,并检查软件在最终的"运行环境中是否达到预期的目标"
   B. 检测软件开发的每个阶段、每个步骤的结果是否正确无误,是否与软件开发各阶段的要求或期望的结果相一致
   C. 检查某样东西是否符合事先已定好的标准
   D. 试图证明软件在软件生命周期各个阶段以及阶段间的逻辑协调性、完备性和正确性

2. (   )不是正确的软件测试目的。
   A. 尽最大的可能找出最多的错误
   B. 设计一个好的测试用例对用户需求的覆盖度达到100%
   C. 对软件质量进行度量和评估,以提高软件的质量
   D. 发现开发所采用的软件过程的缺陷,进行软件过程改进

3. 以下关于软件测试原则的叙述中,正确的是(   )。
   ①所有软件测试都应追溯到用户需求
   ②尽早地和不断地进行软件测试
   ③完全测试是不可能的
   ④测试无法发现软件潜在的缺陷
   ⑤需要充分注意测试中的群集现象
   A. ①②③④⑤   B. ②③④⑤   C. ①②③⑤   D. ①②④⑤

4. 软件测试的目的是(   )。
   A. 试验性运行软件   B. 找出软件中的全部错误
   C. 证明软件正确   D. 发现软件错误

5. 软件测试原则中指出"完全测试是不可能的",主要原因是(   )。
   A. 输入量太大、输出结果太多以及路径组合太多
   B. 自动化测试技术不够完善
   C. 测试的时间和人员有限
   D. 仅仅靠黑盒测试不能达到完全测试

6. 软件测试的对象包括(   )。
   A. 目标程序和相关文档
   B. 源程序、目标程序、数据及相关文档
   C. 目标程序、操作系统和平台软件

D. 源程序和目标程序

7. 按照开发阶段划分，软件测试可以分为（　　）。
①单元测试 ②集成测试 ③系统测试 ④确认测试 ⑤用户测试 ⑥验收测试 ⑦第三方测试

  A. ①②③④⑤   B. ①②③④⑥
  C. ①②③④⑤⑦   D. ①②③④⑥⑦

8. 以下关于确认测试的叙述中，不正确的是（　　）。

  A. 确认测试的任务是验证软件的功能和性能是否与用户要求一致

  B. 确认测试一般由开发方进行

  C. 确认测试需要进行有效性测试

  D. 确认测试需要进行软件配置复查

9. 以下关于回归测试的叙述中，不正确的是（　　）。

  A. 回归测试是为了确保改动不会带来不可预料的后果或错误

  B. 回归测试需要针对修改过的软件成分进行测试

  C. 回归测试需要能够测试软件的所有功能的代表性测试用例

  D. 回归测试不容易实现自动化

10. 以下不属于系统测试的是（　　）。
①单元测试 ②集成测试 ③安全性测试 ④可靠性测试 ⑤确认测试 ⑥验证测试

  A. ①②③④⑤⑥   B. ①②③④
  C. ①②⑤⑥   D. ①②④⑤⑥

11. 下面关于软件测试模型的描述中，不正确的包括（　　）。

①V模型的软件测试策略既包括低层测试又包括高层测试，高层测试是为了源代码的正确性，低层测试是为了使整个系统满足用户的需求

②V模型存在一定的局限性，它仅仅把测试过程作为在需求分析、概要设计、详细设计及编码之后的一个阶段

③W模型可以说是V模型自然而然的发展。它强调：测试伴随着整个软件开发周期，而且测试的对象不仅仅是程序，需求、功能和设计同样要测试

④H模型中软件测试是一个独立的流程，贯穿产品的整个生命周期，与其他流程并发地进行

⑤H模型中测试准备和测试实施紧密结合，有利于资源调配

  A. ①⑤   B. ②④   C. ③④   D. ②③

12. 以下关于基于V&V原理的W模型的叙述中，（　　）是错误的。

  A. W模型指出当需求被提交后，就需要确定高级别的测试用例来测试这些需求，当详细设计编写完成后，即可执行单元测试

  B. 根据W模型要求，一旦有文档提供，就要及时确定测试条件、编写测试用例

  C. 软件测试贯穿于软件定义和开发的整个期间

  D. 程序、需求规格说明、设计规格说明都是软件测试的对象

13. V模型描述了软件基本的开发过程和测试行为,描述了不同测试阶段与开发过程各阶段的对应关系。其中,集成测试阶段对应的开发阶段是(　　)。
    A. 需求分析阶段　　　　　　　　　　B. 概要设计阶段
    C. 详细设计阶段　　　　　　　　　　D. 编码阶段
14. 在V模型中,与系统架构设计相对应的测试是(　　)。
    A. 单元测试　　　B. 集成测试　　　C. 系统测试　　　D. 验收测试
15. 下述描述中(　　)属于精确的用户需求。
    A. 在数据录入界面,应该有25个按钮
    B. 电梯应平稳升降
    C. 系统运行时占用的内存量不超过128 KB
    D. 系统应具有良好的响应速度
16. 编写测试计划的目的是(　　)。
①测试工作顺利进行　②使项目参与人员沟通更舒畅　③使测试工作更加系统化
④满足软件过程规范化的要求　⑤控制软件质量
    A. ②③⑤　　　　B. ①②③　　　　C. ①②④　　　　D. ①②⑤
17. 与设计测试用例无关的文档是(　　)。
    A. 项目开发计划　B. 需求规格说明书　C. 设计说明书　　D. 源程序
18. 按照风险设定测试用例的优先级并按照优先级顺序进行测试,符合测试的哪个基本原则?(　　)
    A. 测试只能显示缺陷的存在　　　　　B. 缺陷集群性
    C. 杀虫剂悖论　　　　　　　　　　　D. 穷尽测试是不可能的
19. 测试执行过程的阶段不包括(　　)。
    A. 初测期　　　　　　　　　　　　　B. 系统测试期
    C. 细测期　　　　　　　　　　　　　D. 回归测试期
20. 为了提高测试的效率,应该(　　)。
    A. 随机地选取测试数据
    B. 取一切可能的输入数据作为测试数据
    C. 在完成编码以后制订软件的测试计划
    D. 选择发现错误的可能性大的数据作为测试数据
21. 测试设计员的职责有(　　)。
①制定测试计划　②设计测试用例　③设计测试过程脚本　④评估测试活动
    A. ①④　　　　　B. ②③　　　　　C. ①③　　　　　D. 以上全是
22. 为了使软件测试更加高效,应遵循的原则包括(　　)。
①所有的软件测试都应追溯到用户需求,充分注意缺陷群集现象
②尽早地和不断地进行软件测试、回归测试
③为了证明程序的正确性,尽可能多地开发测试用例

④ 应由不同的测试人员对测试所发现的缺陷进行确认

⑤ 增量测试，由小到大

  A. ①②③④   B. ①③④⑤   C. ②③④   D. ①②④⑤

23. 系统测试使用（　　）技术，主要测试被测应用的高级互操作性需求，而无须考虑被测试应用的内部结构。

  A. 单元测试   B. 集成测试   C. 黑盒测试   D. 白盒测试

24. 单元测试主要的测试技术不包括（　　）。

  A. 白盒测试   B. 功能测试   C. 静态测试   D. 以上都不是

25. （　　）的目的是对最终软件系统进行全面的测试，确保最终软件系统满足产品需求并且遵循系统设计。

  A. 系统测试   B. 集成测试   C. 单元测试   D. 功能测试

26. 如果一个产品中，严重的缺陷基本完成修正并通过复测，这个阶段的成品是（　　）。

  A. Alpha 版   B. Beta 版

  C. 正版   D. 以上都不是

27. 自底向上法需要写（　　）。

  A. 驱动程序   B. 桩程序

  C. 驱动程序和桩程序   D. 以上都不是

28. 以下说法不正确的是（　　）。

  A. 测试原始需要明确了产品将要实现了什么

  B. 产品测试规格明确了测试设计内容

  C. 测试用例明确了测试实现内容

  D. 以上说法均不正确

29. 软件测试计划评审会需要哪些人员参加？（　　）

① 项目经理 ② SQA 负责人 ③ 配置负责人 ④ 测试组

  A. ①②④   B. ①②③④   C. ②④   D. ②③④

30. 以下属于测试停止依据的是（　　）。

① 测试用例全部执行结束 ② 测试覆盖率达到要求

③ 测试超出了预定时间 ④ 查出了预定数目的故障

⑤ 执行了预定的测试方案 ⑥ 测试时间不足

  A. ①②③④⑤⑥   B. ①②③④⑤   C. ①②③④   D. ①②③

二、判断题

1. 软件测试的目的是尽可能多地找出软件的缺陷。（　　）
2. 负载测试是验证要检验的系统的能力最高能达到什么程度。（　　）
3. 软件可以稳定流畅地运行，说明软件质量很优秀。（　　）
4. 测试人员要坚持原则，缺陷未修复完坚决不予通过。（　　）
5. 软件需求分析是软件生存期中重要的一步，是软件定义阶段的最后一个阶段，是关

系到软件开发成败的关键步骤。　　　　　　　　　　　　　　　　　（　　）

6. 自动化测试能比手工测试发现更多的缺陷。　　　　　　　　　　（　　）

7. 客户的期望值比产品质量更重要。　　　　　　　　　　　　　　（　　）

8. 软件测试中的二八原则暗示着测试发现的错误中的 80% 很可能起源于程序模块的 20%。　　　　　　　　　　　　　　　　　　　　　　　　　　　　　　　（　　）

9. 某 Web 系统设计中，用户单击"退出"按钮从系统中退出，界面回到初始登录界面。此时不关闭窗口，使用浏览器的回退功能，可以回到之前的用户界面，继续进行用户操作。这种合适的人性化设计，可以避免用户误单击"退出"按钮后重新登录的烦琐操作。（　　）

10. 在确定性能测试指标值时，参考的国际标准、运营商规范中对此要求并不一样，可以视情况选择有利于我们的指标值，但必须要比竞争对手高，这样才有利于市场竞争力。

（　　）

三、话题讨论

1. 为什么越来越多的互联网公司青睐于快速迭代的敏捷测试模型？
2. 测试团队要对客户管理系统进行测试，请讨论并制订测试计划。
3. 作为软件测试工程师，你认为软件测试的目标是什么？

第 3 章

软件缺陷基础

引言

软件缺陷概念贯穿于整个软件生命周期,在软件生产过程中不可避免地会产生缺陷,本章先向读者介绍软件缺陷的基本概念,包含软件缺陷的定义、描述、种类、属性等,以及软件缺陷的生命周期;再介绍如何分离和再现软件缺陷及分析软件缺陷;最后介绍如何报告软件缺陷及使用 TestCenter 工具如何管理软件缺陷。

内容结构图

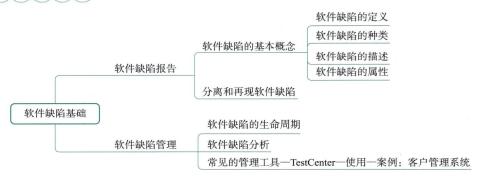

学习目标

- 理解:软件缺陷相关的概念和软件缺陷的生命周期。
- 掌握:通过软件缺陷的基本概念学习,能准确地报告软件缺陷。
- 应用:通过软件缺陷生命周期的学习和案例的实操,能熟练地应用 TestCenter 缺陷管理工具跟踪和管理缺陷。

3.1 软件缺陷基本概念

视频

软件缺陷的定义、种类和描述

在软件测试活动中,作为测试工程师,最重要的工作目标就是发现被测对象中以任何形式存在的缺陷。那么什么是缺陷?缺陷的种类有哪些?发现缺陷时如何描述缺陷?缺陷具有哪些属性呢?

3.1.1 软件缺陷的定义

对于软件存在的各种问题,人们常用"软件缺陷"这个词,在英文中,人们喜欢用一个形象的词"Bug"来代替"Defect"。Bug 的英文本意原指"臭虫",美国科学家 Grace Hopper 在调试设备的过程中,发现一只飞虫被夹扁在继电器的触点中间,从而"卡"住了机器的运行,所以就把这种计算机故障称为"Bug",现在代指计算机系统上影响代码正常运行的漏洞或缺陷,而弥补漏洞或缺陷的过程被称为 Debug。所以,软件缺陷即为计算机软件或程序中存在的某种破坏正常运行能力的问题、错误,或者隐藏的功能缺陷、瑕疵,其结果会导致软件产品在某种程度上不能满足用户的需求。但是,以软件测试的观点对软件缺陷的定义是比较宽泛的,按照一般的定义,只要符合下面五个规则中的一条,就叫做软件缺陷。

- 软件未实现需求规格说明书中要求的功能。
- 软件出现了需求规格说明书中指明不该出现的错误。
- 软件实现了需求规格说明书中未提及的功能。
- 软件未实现需求规格说明书中未明确提出但应该实现的内容。
- 软件难理解,不易使用,运行缓慢或者最终用户认为不好。

总之,软件缺陷是存在于软件(包括程序、数据、文档等)之中的、不希望或不可接受的偏差。

3.1.2 软件缺陷的种类

1. 从软件测试观点出发

从软件测试观点出发,软件缺陷有以下五大类

(1) 代码缺陷

代码缺陷包括数据说明错、数据使用错、计算错、比较错、控制流错、界面错、输入/输出错,以及其他的错误。

(2) 加工缺陷

① 初始化缺陷:工作区没有初始化,寄存器和数据区没有初始化;循环控制变量赋了错误的初值;初始化使用不正确的格式、数据类型等。

② 算法与操作缺陷:是指在算术运算、函数求值和一般操作过程中发生的缺陷,如数据类型转换错、除法溢出、不正确地使用关系运算符、不正确地使用整数与浮点数做比较等。

③ 控制和次序缺陷:遗漏路径;不可达的代码;不符合语法的循环嵌套;循环返回和终止的条件不正确;漏掉处理步骤或处理步骤有错等。

④ 静态逻辑缺陷:错误地使用 switch 语句;在表达式中使用不正确的否定(如用">"代替"<"的否定);对情况不适当地分解与组合;混淆"或"与"异或"等。

(3) 数据缺陷

① 动态数据缺陷:各种不同类型的动态数据在执行期间将共享一个共同的存储区域,若程序启动时对该区域未初始化,就会导致数据出错。

② 静态数据缺陷:静态数据会直接或间接出现在程序或数据库中,有编译程序或其他专门程序对静态数据做预处理,但预处理可能也会出错。

③ 数据内容、结构和属性缺陷:数据内容缺陷是由于内容被破坏或被错误地解释而造成的缺陷;数据结构缺陷包括结构说明错误及数据结构误用的错误;数据属性缺陷包括对数据属性不正确地解释,如错把整数当实数、允许不同类型数据混合运算而导致的错误等。

(4) 功能缺陷

① 需求规格说明书引发的缺陷:需求规格说明书在功能描述方面可能不完整、有歧义或不一致,导致包含错误的功能、多余的功能或遗漏的功能。另外,在设计过程中可能修改功能,如果不能同步更新需求规格说明书,则产生由需求规格说明书带来的功能错误。

② 测试标准引发的缺陷：软件测试的标准要根据项目特性或者公司自身情况选择，如果选择的测试标准太复杂或不适当，那么会大大提高测试过程出错的概率。

③ 测试引发的缺陷：软件测试的设计与实施发生错误引发功能缺陷。特别是系统级的功能测试，通常要求复杂的测试环境和数据库支持，还需要对测试进行脚本编写。因此软件测试自身也可能发生错误。另外，如果测试人员对系统缺乏了解也会发生许多错误。

（5）系统缺陷

① 硬件结构缺陷：与硬件结构有关的软件缺陷在于不能正确理解硬件如何工作。如忽视或错误地理解分页机构、地址生成、通道容量、I/O 指令、中断处理、设备初始化和启动等而导致的出错。

② 操作系统缺陷：与操作系统有关的软件缺陷是不了解操作系统的工作机制而导致出错。操作系统本身也有缺陷，但是一般用户很难发现这种缺陷。

③ 资源管理缺陷：由于不正确地使用资源而产生的缺陷。如使用未经获准的资源；使用后未释放资源；资源死锁；把资源链接到错误的队列中等。

④ 软件结构缺陷：由于软件结构不合理而产生的缺陷。这种缺陷通常与系统的负载有关，而且往往在系统满载时才出现。如错误地设置局部参数或全局参数、错误地假定寄存器与存储器单元初始化了、错误地假定被调用子程序常驻内存或非常驻内存等，都将导致软件出错。

⑤ 外部接口缺陷：外部接口是指如终端、打印机、通信线路等系统与外部环境通信的手段。所有外部接口之间、人与机器之间的通信都使用形式的或非形式的专门协议。如果协议有错，或太复杂，难以理解，致使在使用中出错。此外，还包括对输入/输出格式错误理解，对输入数据不合理的容错等。

⑥ 内部接口缺陷：内部接口是指程序内部子系统或模块之间的联系。它所发生的缺陷与外部接口相同，只是与程序内实现的细节有关，如设计协议错、输入/输出格式错、数据保护不可靠、子程序访问错等。

⑦ 控制与顺序缺陷：忽视了时间因素而破坏了事件的顺序；等待一个不可能发生的条件；漏掉先决条件；规定错误的优先级或程序状态；漏掉处理步骤；存在不正确的处理步骤或多余的处理步骤等。

2. 从使用者的角度出发

从使用者的角度出发，软件缺陷有以下十五大类：

（1）功能不正常

简单地说就是所应提供的功能，在使用上并不符合产品设计规格说明书中规定的要求，或是根本无法使用。这个错误常常会发生在测试过程的初期和中期，有许多在设计规格说明书中规定的功能无法运行，或是运行结果达不到预期设计。最明显的例子就是在用户接口上所提供的选项及动作，使用者操作后毫无反应。

（2）提供的功能不充分

这个问题与功能不正常不同，这里指的是软件提供的功能在运作上正常，但对于使用者而言却不完整。即使软件的功能运作结果符合设计规格的要求，系统测试人员在测试结果的判断上，也必须从使用者的角度进行思考，这就是所谓的"从用户体验出发"。

（3）软件在使用上感觉不方便

只要是不知如何使用或难以使用的软件，在产品设计上一定是出了问题。所谓好用的软件，就是使用上尽量方便，使用户易于操作。如微软推出的软件，在用户接口及使用操作上确实是下了一番功夫。有许多软件公司推出的软件产品，在彼此的接口上完全不同，这样其实只会增加使用者的学习难度，另一方面也凸显了这些软件公司的集成能力不足。

（4）与软件操作者的互动不良

一个好的软件必须与操作者之间可以实现正常互动。在操作者使用软件的过程中，软件必须很好地响应。例如在浏览网页时，如果操作者在某一网页填写信息，但是输入的信息不足或有误，当单击"确定"按钮后，网页此时提示操作者输入信息有误，却并未指出错误在哪里，操作者只好回到上一页重新填写，或直接放弃离开。这个问题就是典型的在软件对操作互动方面未做完整的设计。

（5）软件的结构未做良好规划

这里主要指软件是以自顶向下方式开发，还是以自底向上方式开发。如果是以自顶向下的结构或方法开发的软件，在功能的规划及组织上比较完整，相反，以自底向上的组合式方法开发处的软件则功能较为分散，容易出现缺陷。

（6）使用性能不佳

被测软件功能正常，但使用性能不佳，这也是一个问题。此类缺陷通常是由于开发人员采用了错误的解决方案，或使用了不恰当的算法导致的，在实际测试中有很多缺陷都是因为采用了错误的解决方法。

（7）未做好错误处理

软件除了避免出错之外，还要做好错误处理，许多软件之所以会产生错误，就是因为程序本身对于错误和异常处理的缺失。例如被测软件读取外部的信息文件并已做了一些分类整理，但刚好所读取的外部信息文件内容已被损毁。当程序读取这个损毁的信息文件时，程序发现问题，此时操作系统不知该如何处理这个情况，为保护系统自身只好中断程序。由此可见设立错误和异常处理机制的重要性。

（8）边界错误

缓冲区溢出问题在这几年已成为网络攻击的常用方式，而这个缺陷就属于边界错误的一种。简单来说，程序本身无法处理超越边界所导致的错误。而这个问题，除了编程语言所提供的函数有问题之外，很多情况下是由于开发人员在声明变量或使用边界范围时不小心引起的。

（9）计算错误

只要是计算机程序，就必定包括数学计算。软件之所以会出现计算错误，大部分出错的原因是由于采用了错误的数学运算工时或未将累加器初始化为0。

（10）使用一段时间所产生的错误

这类问题是程序开始运行正常，但运行一段时间后却出现了故障。最典型的例子就是数据库的查找功能。某些软件在刚开始使用时，所提供的信息查找功能运作良好，但在使用一段时间后发现，进行信息查找所需的时间越来越长。经分析查明，程序采用的信息查找方式是顺序查找，随着数据库信息的增加，查找时间自然会变长。

（11）控制流程的错误

控制流程的好坏，在于开发人员对软件开发的态度及程序设计是否严谨。软件在状态间的转变是否合理，要依据业务流程进行控制。例如，用软件安装程序解释这类问题最方便直观。用户在进行软件安装时，输入用户名和一些信息后，软件就直接进行了安装，未提示用户变更安装路径、目的地等。这就是软件控制流程不完整导致的错误问题。

（12）在大数据量压力下所产生的错误

程序处于大数据量状态下运行时出现问题，就属于这类软件错误。大数据量压力测试对于

Server 级的软件是必须进行的一项测试，因为服务器级的软件对稳定性的要求远比其他软件要高。通常连续的大数据量压力测试是必须实施的，如让程序处理超过 10 万笔数据信息，再来观察程序运行的结果。

（13）在不同硬件环境下产生的错误

这类问题的产生与硬件环境的不同相关。如果软件与硬件设备有直接关系，这样的问题就会很多。例如，有些软件在特殊品牌的服务器上运行就会出错，这是由于不同的 Server 内部，硬件设置了不同的处理机制。

（14）版本控制不良导致的错误

出现这样的问题属于项目管理的疏忽，当然测试人员未能尽责职守也是原因之一。例如一个软件被反映有安全上的漏洞，后来软件公司也很快将修复版本提供给用户，但在一年后他们推出新版本时，却忘记将这个已解决的问题加入到新版本中。所以对用户来说，原本的问题已经解决了，但想不到新版本升级之后问题又出现了。这就是由于版本控制问题导致不同基线的合并出现误差，使得产品质量也出现了偏差。

（15）软件文档的错误

最后一类缺陷是软件文档错误。这里所提及的错误除了软件所附带的使用手册、说明文档及其他相关的软件文档内容错误之外，还包括软件使用接口上的错误文字和错误用语。错误的软件文档内容除了降低产品质量外，最主要的问题是会误导用户。

有学者认为，大多数软件缺陷并非源自编程错误，导致软件缺陷最大的原因是产品说明书，其次是设计。

3.1.3 软件缺陷的描述

在软件测试中准确、有效地描述软件缺陷是测试人员必备的基础。对于 Bug 的规范性描述可以使软件缺陷得以快速修复，节约软件测试项目的成本和资源，提高整个项目的效率，提高软件产品质量。但是在描述 Bug 时经常会出现一些问题，例如测试与开发需求有偏差、Bug 的出现充满概率性、Bug 受环境条件影响等，那么 Bug 管理的规范性描述到底该怎么写呢？

① 短小简练：通过摘要来指明 Bug 发生的地点、在什么条件下发生什么现象。

② 单一准确：一个 Bug 不能包含多个问题，要单一化，便于跟踪处理及统计。在 Bug 提交前，测试人员应该反复阅读它，集中剔除那些没有关系的步骤或词语、隐含的或模糊的说明，以及那些与缺陷没有任何关系的细节，或者那些在重现错误过程中不需要的步骤。

③ 完整统一：描述 Bug 发生的地点、所用账号类型、操作步骤、期望值、实际值，如果 Bug 与浏览器相关，需尽量描述更多的环境参数，如操作系统等。对于很难描述清楚的 Bug 需截屏作为附件上传，并在描述中写明参照附件。

④ 特定条件：Bug 如果是在特定条件下产生的，必须写明 Bug 产生的条件和操作步聚。

⑤ 可以重现：提供出现缺陷的精确步骤，使开发人员看懂，可以再现并修复缺陷。同时，尽量减少重现的步骤，以达到用最少的步骤来重现问题。

⑥ 补充完善：从发现软件缺陷开始，测试人员的责任就是保证缺陷被正确的报告，并得到重视，继续监视并修复的全过程。

⑦ 描述但不作评价：在软件缺陷描述中只针对问题本身，不要带个人观点对开发人员进行评价，例如不要使用完全的大写形式，那样会让人感觉在控诉，不要使用感叹号或其他表现个人感情色彩的词语或符号。

3.1.4 软件缺陷的属性

视频

软件缺陷的属性

软件中发现的每一个缺陷都需要开发人员去修复，但是不是每个软件缺陷都需要立即修复呢？开发人员又是依据什么来安排修复顺序呢？这就需要定义软件缺陷属性，以提供开发人员作为参考，按照软件缺陷的优先级、严重程度去修复缺陷，可以避免遗漏严重的软件缺陷。对于测试人员，定义软件缺陷的属性可以跟踪软件缺陷，保证软件质量。

软件缺陷的属性包括缺陷标识、缺陷类型、缺陷严重程度、缺陷优先级、缺陷产生可能性、缺陷状态、缺陷起源、缺陷来源、缺陷根源等。

1. 缺陷标识

缺陷标识（Identifier）是标记某个缺陷的一组符号。每个缺陷必须有一个唯一的标识，可以用数字序号表示，一般由软件缺陷管理软件自动生成。

2. 缺陷类型

缺陷类型（Type）是根据缺陷的自然属性划分的缺陷种类。常见的缺陷类型如表 3-1 所示。

表 3-1 缺陷类型

缺陷类型	描述
功能缺陷（F-Function）	能够影响各种系统功能、逻辑的缺陷
数据问题（A-Assignment）	需要修改少量代码，如初始化或控制块。如声明、重复命名、范围、限定等缺陷
接口缺陷（I-Interface）	与其他组件、模块或设备驱动程序、调用参数、控制块或参数列表相互影响的缺陷
验证缺陷（C-Checking）	提示的错误信息，不适当的数据验证等缺陷，如手机号验证
软件包缺陷（B-Build/package/merge）	由于配置库、变更管理或版本控制引起的缺陷
文档缺陷（D-Documentation）	文档的缺陷影响了发布和维护，如注释、用户手册、设计文档等
算法缺陷（Algorithm）	算法错误
用户界面缺陷（User Interface）	人机交互特性，如屏幕格式、确认用户输入、功能有效性、页面排版等方面的缺陷
性能缺陷（Performance）	软件的性能不满足系统可测量的属性值，如执行时间、事务处理速率等
准则缺陷（Norms）	不符合各种标准的要求，如编码标准、设计符号等

3. 缺陷严重程度

缺陷严重程度（Severity）是指因缺陷引起的故障对软件产品的影响程度，反映其对产品和用户的影响，即此软件缺陷的存在将对软件的功能和性能产生怎样的影响。软件缺陷的严重性判断依据是软件最终用户的观点，即判断缺陷的严重性要为用户考虑，考虑缺陷对用户使用造成的恶劣后果。通常可将缺陷严重程度分为 6 级，如表 3-2 所示。

表 3-2 缺陷严重程度

严重程度级别	描述
致命 （Fatal）	系统任何一个主要功能完全丧失，用户数据受到破坏，系统崩溃、悬挂、死机或者危及人身安全，如内存泄漏、严重的数值计算错误、系统容易崩溃、功能设计与需求严重不符、系统无法登录、循环报错、无法正常退出
严重 （Critical）	系统主要功能部分丧失，数据不能保存，系统的次要功能完全丧失，系统所提供的功能或服务受到明显的影响，如功能未实现、功能存在报错、数值轻微的计算错误
重要 （Major）	产生错误的结果，导致系统不稳定，运行时好时坏，严重地影响系统要求或基本功能实现的问题，如造成数据库不稳定的错误、在说明中需求未在最终系统中实现、程序无法运行、系统意外退出、业务流程不正确等
一般 （Minor）	系统的次要功能没有完全实现，但不影响用户的正常使用，不会影响系统稳定性，如提示信息不准确、边界条件下错误、容错性不好、大数据下容易无响应、大数据操作时没有提供进度条、操作时间长等
较小 （Slight）	使操作者不方便或遇到麻烦，重点指系统的 UI 问题，但不影响执行工作功能或重要功能，如个别不影响产品理解的错别字、文字排列不整齐、界面颜色搭配不好、界面格式不规范等小问题
其他 （Other）	其他错误，一般指系统中值得改良的问题，如容易给用户错误和歧义的提示、界面需要改进的地方等

4. 缺陷优先级

缺陷优先级（Priority）指缺陷必须被修复的紧急程度。优先级一定程度上决定开发人员处理和修复软件缺陷的先后顺序，即何种缺陷需要优先修复，何种缺陷可以稍后修复。测试人员在确定软件缺陷优先级时，应更多站在软件开发工程师的角度去思考问题，因为缺陷的修复是个复杂的过程，有些软件缺陷并不单单是技术上的问题，而且开发工程师更熟悉软件的代码，更清楚修复缺陷的难度和风险。软件缺陷的优先级通常分为 4 级，如表 3-3 所示。

表 3-3 缺陷的优先级

缺陷优先级	描述
立即解决 （Resolve Immediately）	缺陷导致系统几乎不能使用或者测试不能继续，必须被立即解决
高优先级 （High Priority）	缺陷严重影响测试，需要优先考虑
正常排队 （Normal Queue）	缺陷在产品发布之前必须被修复，需要正常排队等待修复
低优先级 （Low Priority）	缺陷可以在开发人员方便时或有时间时被修复

软件缺陷的严重程度和优先级是含义不同但紧密联系的两个概念，两者从不同的角度描述了软件缺陷对软件质量和最终用户的影响程度和处理方式。

一般情况下，严重程度高的软件缺陷会具有较高的修复优先级。软件缺陷的严重程度高，对软件造成的质量危害就大，必须优先处理；相反，严重程度低的软件缺陷可能只是影响用户的视觉体验，可以稍后处理。但是，严重性与优先级并不总是一一对应的。特殊情况下严重程度高的软件缺陷，优先级却不一定高，而一些严重程度低的缺陷却需要及时处理，具有较高的优先级。例如，某款软件的"帮助"按钮无法显示，严重程度高，修复优先级低；公司名称打错，严重性低，修复优先级高。修复软件缺陷并不是纯技术工作，有时需要综合考虑发布市场以及质量风险等因素。例如，某个十分严重的软件缺陷仅在十分极端的情况下才会显现，这样的软件缺陷就没必要马上解决。另外，如果修复一个软件缺陷，会影响到该软件的整体架构，可能引发更多潜在的软件缺陷，并且该软件由于各方面的压力必须尽快发布，此时即使缺陷的严重程度很高，该缺陷是否还要继续修复也需要全盘考虑。

正确定义缺陷的严重程度和优先级并非易事，一些经验不丰富的测试和开发人员在处理缺陷时经常会犯以下两种错误：

- 将较轻微的软件缺陷报告成高严重性和高优先级，这将影响对软件质量的正确评估，同时也耗费开发人员辨别和修复软件缺陷的时间。
- 将十分严重的软件缺陷报告成低严重性和低优先级，这样可能会有很多严重的缺陷不能得到及时的修复。如果在软件发布前，发现还有很多由于误判软件缺陷严重性和优先级而遗留的严重缺陷，将需要投入很多人力、物力以及时间来进行修复，甚至会影响软件的正常发布。

因此，正确区分和处理软件缺陷的严重程度和优先级，是软件测试人员、开发人员，乃至项目组全体人员的头等大事。处理软件缺陷的严重性和优先级是保证软件质量的重要环节，应该引起足够的重视。在测试工作进行过程中和项目接收后，应充分利用统计功能进行缺陷严重性的统计，确定每一个软件模块的开发质量，并统计出软件缺陷修复优先级的分布情况，把控好测试进度，使测试按照计划有序进行，有效处理缺陷，降低开发风险和成本。

5. 缺陷产生可能性

缺陷产生可能性（Possibility）指某个缺陷发生的概率，通常将其划分为总是、通常、有时、很少几种可能性，如表 3-4 所示。

表 3-4 缺陷产生的可能性

可能性	描 述
总是	总是产生这个软件缺陷，其产生的频率是 100%
通常	按照测试用例，通常情况下会产生这个软件缺陷，其产生的频率大概是 80%~90%
有时	按照测试用例，有时候产生这个软件缺陷，其产生的频率大概是 30%~50%
很少	按照测试用例，很少产生这个软件缺陷，其产生的频率大概是 1%~5%

6. 缺陷状态

缺陷状态（Status）指缺陷通过一个跟踪修复过程的进展情况。缺陷状态通常被描述为激活或打开、已修正或修复、关闭或非激活、重新打开、推迟、保留、不能重现、需要更多信息等状态，如表 3-5 表示。

表 3-5 缺陷状态

状态	描 述
激活或打开	问题还没有解决，存在源代码中；确认"提交的缺陷"，等待处理，如新报的缺陷
已修正或修复	已被开发人员检查、修复过的缺陷；通过单元测试，认为已经解决但还没有被测试人员验证
关闭或非激活	测试人员验证后，确认缺陷不存在之后的状态
重新打开	测试人员验证后，确认缺陷仍存在之后的状态
推迟	缺陷可以在下一个版本中解决
保留	由于技术原因或第三者软件的缺陷，开发人员不能修复的缺陷
不能重现	开发不能再现这个软件缺陷，需要测试人员检查缺陷再现的步骤
需要更多信息	开发能再现这个软件缺陷，但开发人员需要一些信息，例如缺陷的日志文件、图片等

7. 缺陷起源

缺陷起源（Origin）指缺陷引起的故障或事件第一次被检测到的阶段，可分为以下几种：需求阶段发现的软件缺陷、架构阶段发现的软件缺陷、设计阶段发现的软件缺陷、编码阶段发现的软件缺陷、在测试阶段发现的软件缺陷，以及在用户使用阶段发现的软件缺陷。

缺陷起源在软件生命周期中软件缺陷占的比例如下：
- 需求和构架阶段占 54%。
- 设计阶段占 25%。
- 编码阶段占 15%。
- 其他占 6%。

8. 缺陷来源

缺陷来源（Source）指引发缺陷的位置，通常来源于需求说明书、设计文档、系统集成接口、数据流（库）、程序代码等，如表 3-6 所示。

表 3-6 缺陷来源

来源	描述
需求说明书	需求说明书的错误或不清楚引起的问题
设计文档	设计文档描述不准确，和需求说明书不一致的问题
系统集成接口	系统的模块参数不匹配、开发组之间缺乏协调引起的缺陷
数据流（库）	由于数据字典、数据库中的错误引起的缺陷
程序代码	纯粹在编码中的问题所引起的缺陷

9. 缺陷根源

缺陷根源（Root Cause）指发生错误的根本因素，包括测试策略，过程、工具和方法，团队，缺乏组织和通信，硬件，软件，工作环境等，如表 3-7 所示。

表 3-7 缺陷根源

缺陷根源	描述
测试策略	错误的测试范围，误解测试目标，超越测试能力的测试目标等
过程、工具和方法	无效的需求收集过程，过时的风险管理过程，不适用的项目管理方法，没有估算规程，无效的变更控制过程等
团队	项目团队职责不明晰，没有经验的项目团队，缺乏士气，缺乏培训等
缺乏组织和通信	缺乏用户参与，职责不明确、管理失败等
硬件	硬件配置不对或缺乏，处理器缺陷导致算术精度丢失，内存溢出等
软件	软件设置不对或缺乏，操作系统错误导致无法释放资源，工具软件的错误，编译器的错误等
工作环境	组织机构调整，预算改变，工作环境恶劣，如噪声过大等

3.2 分离和再现软件缺陷

测试人员要想有效地报告软件缺陷，就要对发现的软件缺陷以通用、明显和再现的方式加以描述，那么有效的分离和再现软件缺陷是必不可少的。

分离和再现软件缺陷是充分发挥测试人员专业能力的地方，测试人员要做的就是对发现的缺陷清楚、准确地描述具体条件和步骤。在大多数情况下这很容易做到，如果建立起完全相同的输入条件，软件缺陷就会再现，不存在随机的软件缺陷。但是，如果验明和建立完全相同的输入条件要求技巧性非常高，而且非常耗时和浪费资源时，此时就很难再现缺陷。这种情况下就需要测试人员设法找出缩小缺陷范围的具体步骤。值得注意的是，分离和再现软件缺陷的能力是要经过寻找和报告各种类型软件缺陷的锻炼才能获得和提升。测试人员要抓住每一次机会去分离和再现缺陷，不断地锻炼和培养这种能力。

1. 分离和再现软件缺陷的方法

如果发现的缺陷要采取复杂的步骤才能重现，或者不知道输入条件或者根本无法重现时，可以采用下面的方法和技巧来分离和再现缺陷。实践证明，以下的这些方法对软件测试人员分离和再现软件缺陷是非常有帮助的。

（1）确保所有的步骤都被记录

测试人员必须记录下测试中所做的每一件事、每一个步骤、每一个停顿。无意间丢失一个步骤或者增加一个多余步骤，可能导致无法再现软件缺陷。如果可以，在运行测试用例时，利用录制工具确切地记录测试画面。所有的目标是确保导致软件缺陷所需的全部细节是可见的。

（2）注意特定的条件和时间

软件缺陷仅在特定时刻出现吗？是否缺陷产生时网络繁忙？软件缺陷在特定条件下产生吗？在较差和较好的硬件设备上运行测试用例会有不同的结果吗？更全面地考虑运行条件和时间有助于全面了解软件缺陷产生的缘由，有助于缺陷的分离和再现。

（3）注意压力和负荷、内存和数据溢出相关的边界条件

在测试过程中，一些与边界条件相关的缺陷，如压力和负荷、内存容量不足和数据溢出等问题可能会无意间暴露出来。例如，执行某个测试能导致产生缺陷的数据被覆盖，而只有在试图使用该数据时才会出现。在重启软件或计算机后软件缺陷消失，当执行其他测试之后又出现这类软件缺陷，那么这类软件缺陷就可能是在无意中产生的。

（4）注意事件发生次序导致的软件缺陷

状态缺陷仅在某些特定软件状态中才能显示出来。例如，软件缺陷仅第一次运行，或者第一次运行之后出现；软件缺陷可能出现在保存数据之后，或者按任何键之前发生。这样的软件缺陷看起来好像与时间和运行条件相关，其实仔细分析就会发现这类缺陷主要是与事件发生的次序相关，而不是事件发生的时间。

（5）考虑资源依赖性和内存、网络、硬件共享的相互作用等

在测试时注意软件缺陷是否仅在运行其他软件并与其他硬件通信的"繁忙"系统上出现。若待测软件和其他软件是共享一套硬件资源和网络资源的，这些硬件资源、网络资源的相互作用也可能与软件缺陷出现有关，审视这些影响有利于分离和再现软件缺陷。

（6）了解硬件的影响

在测试过程中应该注意硬件对软件运行的影响。如硬件的兼容性、硬件不按预定方式工作、板卡松动、内存条损坏或者 CPU 过热等都可能导致软件运行出现问题。从表象上看像是软件的缺陷，但事实上并不是。测试人员必须设法在不同硬件上再现软件缺陷。这在执行配置或者兼容性测试时特别重要。测试人员应该要判定软件缺陷是在一个系统还是在多个系统中产生。

（7）一个软件缺陷的分离和再现有时需要小组的共同努力

开发人员有时可以根据相对简单的错误信息就能找出问题所在，因为他们熟悉代码，所以

看到症状、测试用例步骤和分离问题的过程时,就可能得到查找软件缺陷的线索。因此,整个项目团队的合作也是很有必要的。

(8)测试人员在思想上不要想当然地接受任何的提前假设

如果软件测试人员尽最大努力分离软件缺陷,也无法表达准确的再现步骤,那么仍然需要记录和报告软件缺陷。测试人员尽量写清楚缺陷出现的环境、版本、步骤,并提供错误截图和对应的日志,尽可能多地提供出现缺陷时的信息,方便开发定位缺陷。

2. 测试人员和开发人员的权责

为了划清测试人员和开发人员的责任,就要分清楚分离软件缺陷和调试软件缺陷之间的区别,避免不必要的工作交叉和问题推诿。当开发人员打开一个缺陷时,通常需要明确关于修复该缺陷的一系列的问题:

① 再现软件缺陷所需的最少步骤有哪些?

② 软件缺陷是否为真正的缺陷?换句话说,测试结果是否可能起源于测试因素或者测试人员自身的错误,还是由真正的系统故障造成的?

③ 哪些外部因素引起的软件缺陷?

④ 哪些内部因素,如代码、网络等引起的软件缺陷?

⑤ 怎样才能在不产生新的缺陷的条件下使这个软件缺陷得到修复?

⑥ 该修复是否经过调试和单元测试?

⑦ 问题解决了吗?它是否通过了确认和回归测试,并不影响系统的其余部分仍正常工作?

以上这些问题反映的是一个简单的测试人员和开发人员之间的责任流程,第①步证明了一个软件缺陷出现的必然性,同时确保操作步骤精练;第②③步分离了该软件缺陷,第③步属于测试人员的测试阶段;第④⑤⑥步是开发人员的调试阶段。第⑦步是测试人员的确认和回归测试阶段。在整个过程中,缺陷从测试阶段(第①~③步)进入开发阶段(第④~⑥步),然后再回到测试阶段(第⑦步)。

虽然这个责任流程似乎简单而明显,但其边界容易模糊,特别是第③④步之间容易产生一些资源重叠而精力浪费。如果要避免这种模糊边界的产生,就需要测试人员准确地分离和再现缺陷,清晰有效地描述缺陷。如果软件缺陷描述清楚,包含第①~③步中问题的答案,这就意味着在测试与调试之间清楚地划上一条界线,从而测试人员就能更专注于测试过程,而不受开发人员的影响。如果测试人员不能准确地描述缺陷的特征,将导致再现和错误种类的不确定性,那么就无法将它分离,此时测试人员就必须参与到开发人员的调试过程中。实际上,测试人员在其职责范围内工作量就很大,不应该被卷入调试工作中,而只需要在软件缺陷描述的基础上回答问题就可以了。

3. 不能重现的缺陷的常见原因

(1)环境问题

环境问题导致的缺陷无法重现的情况是比较多的,测试和开发环境的不一致或实际运行环境和测试环境不一致都可能导致开发无法重现缺陷,如硬件的配置、软件的配置、网络因素等。少数情况可能是系统内部问题或者时间触发,这类缺陷重现非常困难。

(2)操作问题

在执行测试用例时,测试人员会不经意地做一些其他操作,这种不经意间而又忽略的操作所产生的缺陷很难重现。

还有一种情况是没有找到正确的引发缺陷的操作顺序,因为很多缺陷需要满足多个条件。在满足这些条件下再去做某些操作,才能够被触发。

（3）特殊数据

有些缺陷需要使用特殊数据才会出现，并且往往测试人员没有意识到自己用的数据的特殊性，导致很难重现缺陷。

（4）内存泄漏或锁

有些系统只有经过长时间运行才会暴露出缺陷，这个问题也很难重现。另外，需要经过长时间的测试才能确认以及特殊情况下数据锁的问题，也导致一些缺陷很难重现。

4. 定位缺陷的常用方法

（1）通过抓包或者开发者模式过滤信息定位 Bug

① 传入参数错误（缺参、错参等）导致的问题通常是前端 Bug。

② 传入的参数与接口文档一致，数据返回正确，界面显示错误（字段取错），通常是前端的 Bug。

③ 传入参数正确，数据返回错误，通常是后端的 Bug。

④ 根据响应状态码：404 客户端请求路径错误，500 服务器内部错误。

（2）根据前后端的 Bug 特点来定位问题

① 前端 Bug 特点：界面相关（文本问题可能是 html 产生的 Bug）、布局相关（样式问题可能是 CSS 产生的 Bug，图片尺寸分辨率等）、兼容性相关。

② 后端 Bug 特点：业务逻辑相关（排序、分页）、数据相关、性能相关、安全性相关。

（3）查询系统日志

如果查不到错误日志，前端的问题概率大；反之，后台的问题。

（4）通过 SQL 语句查询数据，是否有数据入库

有些项目接口与接口之间存在相互调用，不同的接口由不同的开发人员负责，测试人员可以通过查询数据的方式来区分哪个接口问题。比如，在 A 模块添加一条数据，但是在 B 模块没有展示，此时通过查询数据库的数据来确认，是 A 模块没有插入数据，还是 B 模块没有查询到数据，来缩小问题的范围。

（5）根据测试经验确定谁的 Bug

软件测试人员应不断精进技能，尽量负责多类项目，深入了解各功能的实现过程，这样就能更精准地确定 Bug 的来源，即确定是谁的 Bug。

3.3 软件缺陷报告

1. 软件缺陷报告的定义

软件缺陷报告是指标识并描述发现的缺陷，包含清晰、完整和可重现问题所需的信息的文档。测试人员需要利用对需求的理解、高效的执行力以及严密的逻辑思维能力，快速找出软件中的潜在缺陷，并以缺陷报告的形式递交给研发团队。作为专业的测试人员，一项基本的技能就是把发现的缺陷准确、无歧义地表达清晰。

视 频

软件缺陷报告

2. 软件缺陷报告的作用

① 缺陷报告是测试人员与开发人员交流沟通的重要桥梁，也是测试人员日常工作的输出产物，可以衡量测试人员的工作能力。

② 清晰表达缺陷意味着开发人员可以根据缺陷报告快速理解缺陷，并快速定位问题。同时，通过缺陷报告，开发经理可以预估缺陷修复的优先级，产品经理可以了解缺陷对用户或业务的影响以及风险严重性。

③ 缺陷报告可以反映项目产品当前的质量状态，便于项目整体进度和质量控制。

可见，缺陷报告本身的质量将直接关系到缺陷被修复的速度以及开发人员的效率，同时还会影响测试人员与开发人员协作的有效性。

3. 报告软件缺陷的原则

① 尽快报告软件缺陷：软件缺陷发现得越早，在进度中留下的修复时间就越多，该缺陷修复的可能性就越高。

② 有效描述软件缺陷：应当按照 3.1.3 节给出的软件缺陷的描述规则进行有效描述。只解释事实和演示，描述软件缺陷必需的细节；给出说明问题的一系列明确步骤；每一个报告只针对一个软件缺陷。描述要准确反映错误的本质内容，简短明了地揭示错误实质，传达给开发人员，使其得到所需要的全部信息，这样才能便于开发人员判断报告的软件缺陷是否应该立即修复。

③ 完备友好：在软件测试过程中，因为测试人员是在寻找程序错误，所以测试人员和开发人员之间很容易形成对立关系。这就要求测试人员写出的报告应该完备、易于理解且没有敌意，如果报告带有幸灾乐祸、哗众取宠、个人倾向、自负、责怪等评价性的词汇，可能惹恼了开发人员，可能就会导致缺陷不会被及时有效的修复。

④ 对软件缺陷报告跟踪到底：测试人员发现并报告了软件缺陷之后，必须继续监视其修复的全过程。

4. 缺陷报告的编写

在实际软件测试过程中，测试人员在提交软件测试结果时都会按照公司规定的模板（Word、Excel、缺陷管理工具等）将缺陷的详细情况记录下来生成缺陷报告，每个公司的缺陷报告模板并不相同，但一般都会包括缺陷的编号、类型、严重程度、优先级、测试环境、建议等。

下面使用 ANS/IEEE 829 软件测试文档标准中定义的软件缺陷报告的文档作为报告软件缺陷时的参考模板。

IEEE 829 软件测试文档标准
软件缺陷报告模板

1 软件缺陷报告标识符
2 软件缺陷总结
3 软件缺陷描述
　3.1 输入
　3.2 期望得到的结果
　3.3 实际结果
　3.4 异常情况
　3.5 日期和时间
　3.6 规程步骤
　3.7 测试环境
　3.8 再现尝试
　3.9 测试人员
　3.10 见证人
4 影响

（1）软件缺陷报告标识符

软件缺陷报告标识符是缺陷的唯一标识符，用于定位和引用，编写规则根据需要和需求制定，在大多数缺陷管理工具中一般都会自动生成。

(2)软件缺陷总结

软件缺陷总结是简明扼要地陈述事实,是缺陷的概述。给出所测试软件的版本引用信息、相关的测试用例和测试说明等信息。对于任何已确定的软件缺陷,都要给出相关的测试用例,如果某一个软件缺陷是意外发现的,也应该设计一个能发现这个意外软件缺陷的测试用例。软件缺陷总结最好能一针见血地揭示出该缺陷的本质,用简单的方式传达缺陷的基本信息。

(3)软件缺陷描述

软件缺陷的描述是软件缺陷报告的基础部分,一个好的描述需要使用简单的、准确的、专业的语言来抓住缺陷的本质。软件缺陷报告的编写人员应该在报告中提供足够多的信息,使修复人员能够理解和再现事件的发生过程。表3-8是软件缺陷描述中的各个内容。

表3-8　软件缺陷描述

属　性	描　　述
输入	描述实际测试时采用的输入(例如文件、按键等)数据
期望得到的结果	用来记录期望得到的结果,正在运行的测试用例的设计结果
实际结果	测试程序的实际运行结果
异常情况	实际结果与预期结果的差异。也记录一些其他重要数据,如有关系统数据量过小或者过大、一个月的最后一天、闰年等
日期和时间	软件缺陷发生的日期和时间
规程步骤	软件缺陷发生的步骤。如果使用的是很长的、复杂的测试规程,这一项就特别重要
测试环境	本次测试所采用的环境,如系统测试环境、验收测试环境、客户的测试环境以及测试场所等
再现尝试	为了再现这次测试做了多少次尝试
测试人员	这次测试的人员情况
见证人	了解此次测试的其他人员情况或相关人员

(4)影响

软件缺陷报告的"影响"是指软件的缺陷对用户造成的潜在影响。在报告软件缺陷时,测试人员要对软件缺陷分类,以简明扼要的方式指出其影响。经常使用的方法是给软件缺陷划分严重性和优先级。当然,具体方法各个公司不尽相同,但是通用原则是一样的。测试实际经验表明,虽然可能无法彻底克服在确定严重性和优先级过程中所存在的不精确性,但是通过在定义等级过程中对较小、较大和严重等主要特征进行描述,完全可以把这种不精确性减少到一定程度。

一个完整的、高质量的缺陷管理报告除了上述模板中需要填写的内容,在必要情况下还可以添加附件,如GUI的拷屏图片(如果从GUI上可以反映出软件的异常,采用拷屏的方式截取界面,粘贴在问题单中)和被测试软件运行时的相关日志文件等。

表3-9是上海泽众软件科技有限公司对客户管理系统(CRM)测试时提交的缺陷报告模板。

表 3-9 缺陷报告

缺陷报告				编号：10	
软件名称：CRM		编译号：2-1		版本：被测版	
测试人员：test7		日期：		所属模块：系统首页	
严重程度：重要					
优先级：中					
缺陷概述：修改密码的输入框未进行限制					
前提条件：根据客户名登录到客户管理系统 步骤： 1. 单击【系统首页】——单击【修改密码】 2. 在新密码栏位输入："121231232131231231233" 预期结果：栏位长度应该限制 实际结果：长度未限制 附件：xtsy1.jpg（附件放在附件文件夹里）					
处理结果：					
处理日期：		处理人：		在__版本修复	
修改记录：					
返测人：		返测版本：		返测日期：	
返测记录：					

3.4 软件缺陷的生命周期

视 频

软件缺陷的生命周期

1. 软件缺陷生命周期的定义

在软件开发过程中，缺陷拥有自身的生命周期，缺陷在其生命周期中会处于不同的状态，确定的生命周期保证了过程的标准化。

软件缺陷的生命周期是指从软件缺陷被发现、报告、修复、验证，直至确保不会再出现之后关闭的整个过程。软件缺陷生命周期中的不同阶段是测试人员、开发人员和管理人员一起参与、协同测试的过程。软件缺陷一旦被发现，便进入测试人员、开发人员、管理人员严格监控之中，直至软件缺陷的生命周期终结，这样可保证在较短的时间内高效率地关闭所有缺陷，缩短软件测试的进程，提高软件质量，同时减少开发和维护成本。

2. 软件缺陷生命周期的阶段

软件缺陷生命周期主要由四个阶段组成：识别（Recognition）、调查（Investigation）、改正（Action）、总结（Disposition）。对于软件缺陷生命周期的每个阶段，都包括记录（Recording）、分类（Classifying）和确定影响（Identifying Impact）三个活动。软件缺陷生命周期的四个阶段看起来是按照顺序进行的，但是缺陷可能会在这几个阶段中进行多次迭代，如图 3-1 所示。下面对软件缺陷生命周期的每个阶段和阶段中的活动进行详细的讨论。

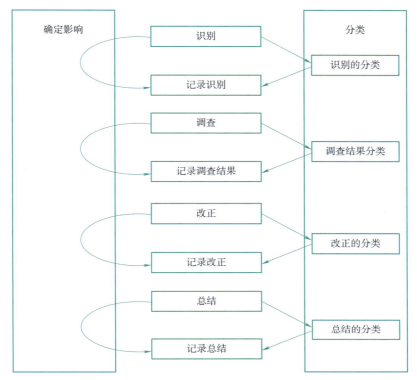

图 3-1 软件缺陷生命周期的四个阶段

（1）识别阶段

缺陷的识别是整个软件缺陷生命周期的第一个阶段，它可以发生在软件开发生命周期的任何一个阶段。缺陷的识别可以由参与项目的任何利益相关者完成，如系统人员、开发人员、测试人员、支持人员、用户等。缺陷识别阶段的主要活动包括：

① 记录：在缺陷识别阶段，需要记录缺陷的相关信息，包括发现缺陷时的支持数据信息和环境配置信息，如被测系统的硬件信息、软件信息、数据库信息和平台信息等。

② 分类：在缺陷识别阶段，需要对缺陷相关的一些重要属性进行分类，主要包括发现缺陷时执行的项目活动、引起缺陷的原因、缺陷是否可以重现、缺陷发现时的系统状态、缺陷发生时的征兆等。

③ 确定影响：根据缺陷发现者的经验和预期，判断缺陷可能会造成的影响，例如缺陷的严重程度、优先级，以及缺陷对成本、进度、风险、可靠性、质量等的影响。

（2）调查阶段

经过缺陷识别阶段后，需要对每个可能的缺陷进行调查。调查阶段主要是用来发现可能存在的其他问题以及相关的解决方案，解决方案包括"不采取任何行动"。缺陷调查阶段的主要活动包括：

① 记录：在缺陷调查阶段，需要记录相关的数据和信息，对缺陷识别阶段记录的信息进行更新。缺陷调查阶段记录的信息包括缺陷调查者的信息、缺陷调查的计划开始时间、计划结束时间、实际开始时间、实际结束时间、调查工作量等。

② 分类：在缺陷调查阶段，需要进行分类的属性包括缺陷引起的实际原因、缺陷的来源、缺陷的具体类型等。同时，对缺陷识别阶段中的分类信息，根据需要进行检查和更新。

③ 确定影响：根据缺陷调查阶段的分析结果，对缺陷识别阶段的影响分析进行更新。

（3）改正阶段

根据缺陷调查阶段中得到的结果和信息，就可以采取改正措施解决引起缺陷的错误。采取的行动可能是修复缺陷，也可能是针对开发过程和测试过程的改进建议，以避免在将来的项目中重复出现相似的缺陷。针对每个缺陷的修复，需要进行相关的回归测试和再测试，避免由于缺陷的修复而影响原有的功能。缺陷改正阶段的主要活动包括：

① 记录：在缺陷改正阶段，需要记录改正缺陷的相关支持数据信息，包括需要修改的条目、需要修改的模块、修改的描述、修改的负责人、计划修改开始的时间、计划修改完成的时间等。

② 分类：当合适的修改计划或者活动确定以后，需要对下面的信息进行分类，包括缺陷修复的优先级（如马上修改、延期修改、不修改）、缺陷的解决方法、缺陷修复的改正措施等。

③ 确定影响：对在缺陷识别阶段、缺陷调查阶段中得到的影响分析进行合适的检查，并在需要的时候进行更新。

（4）总结阶段

总结阶段是软件缺陷生命周期的最后一个阶段，其主要活动包括：

① 记录：在缺陷总结阶段，需要对一些支持数据信息进行记录，如缺陷关闭时间、文档更新完成时间等。

② 分类：针对缺陷进行确认测试和相关的回归测试以后，就可以将缺陷的状态进行分类，如关闭状态、延迟状态或者合并到其他项目中去等。

③ 确定影响：对在缺陷识别阶段、缺陷调查阶段和缺陷改正阶段中得到的影响分析进行合适的检查，并在需要的时候进行更新。

3. 软件缺陷的状态

软件缺陷在生命周期的不同阶段会处于不同的状态，图 3-2 是一种最简单的状态，系统地表示软件缺陷从被发现到关闭的各种情况。

① 发现—打开：测试人员发现缺陷并将缺陷提交给开发人员。

② 打开—修复：开发人员再现、修复缺陷，然后提交测试人员验证。

③ 修复—关闭：测试人员验证修复并关闭已修复的缺陷。

图 3-2 软件缺陷在生命周期中的简单状态

这是一种理想的状态，在实际的工作中很难有这么简单，需要考虑的情况非常多，如在某个阶段会出现多次迭代。因此，软件缺陷在其生命周期中的状态要复杂得多，而根据不同的缺陷管理系统，状态名称也会有所不同，处理的流程也会有所不同，软件缺陷在生命周期中的复杂状态如图 3-3 所示。

① 新建。测试人员发现缺陷，撰写缺陷报告，包括发现缺陷时的支持数据信息和环境配置信息，如被测系统的硬件信息、软件信息、数据信息和平台信息等。同时，需要对软件缺陷的一些重要属性进行分类，主要包括引起缺陷的原因、缺陷是否可重现、缺陷发现时的系统状态、缺陷发生时的征兆、缺陷的严重程度、缺陷的优先级、缺陷对软件质量的影响等。此时缺陷状态设置为"新建"。

② 接受。测试团队或者其他相同职务的团队对已经提交的缺陷报告进行评审，评审内容包括确认缺陷报告中描述的问题是否确实是一个缺陷，提交的缺陷报告是否符合要求等，评审通过后，将缺陷状态设置为"接受"，等待分配给开发团队。

③ 已分配。测试组长或开发组长将缺陷分配给开发团队进行缺陷定位和修复工作，将缺陷

状态设置为"已分配"。

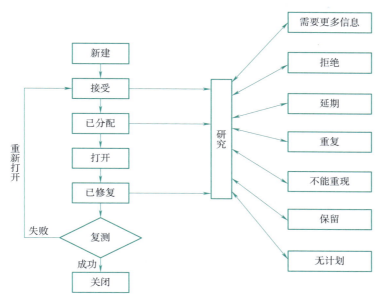

图 3-3 软件缺陷在生命周期中的复杂状态

④ 打开。开发人员接收到移交的缺陷之后,会与团队甚至测试人员一起商议,确定该缺陷是否是一个缺陷,如果是则将缺陷状态设置为"打开",表示开发人员开始处理缺陷。

⑤ 已修复。当开发人员找到解决缺陷的方法,并已经通过使用该方法对缺陷进行处理,则将缺陷状态设置为"已修复",然后交付给测试人员。

⑥ 复测。开发人员修改好缺陷后,测试人员重新进行测试(复测),检测缺陷是否确实已经修改。缺陷修复后必须由报告缺陷的测试人员验证,确认错误已经修复后,才能关闭错误。

⑦ 关闭。测试人员重新测试后,如果缺陷已经被正确修改,则将缺陷关闭,整个缺陷处理完成。

⑧ 重新打开。测试人员重新测试后,如果缺陷未被正确修改,则重新提交缺陷。

在软件缺陷的生存周期中除了以上缺陷状态外,实际工作中,软件缺陷还存在一些其他状态:

① 研究:当缺陷分配给开发人员时,开发人员并不是都能立刻找到相关的解决方法,因此,开发人员需要对缺陷和引起缺陷的原因进行调查研究,此时可以将缺陷状态设置为"研究"。

② 需要更多信息:在进行缺陷修复时,如果相关人员认为缺陷描述信息不够明确或希望得到更多与缺陷相关的配置和环境条件等,可以将缺陷状态设置为"需要更多信息"。

③ 拒绝:如果经过商议之后,缺陷不是一个真正的缺陷或不需要修复或需要重新提交,如由于缓存、网络导致的部分文件加载失败的问题等,应将缺陷状态设置为"拒绝",并指派测试团队。测试团队需要重新测试或者提供更多的缺陷信息。

④ 延期:如果经过商议之后,确定其是一个真正的缺陷,但是不紧急的缺陷问题,可能会随着日后的产品迭代进行修复,对于这类缺陷应当设置为"延期"。软件缺陷根据严重程度、影响范围的不同其优先修复的等级也不同,因此并不是所有缺陷都需要立即进行修复。

需要注意的是:拒绝或延期处理错误不能由开发人员单方面决定,应该由项目经理、测试经理和设计经理共同决定。

⑤ 重复:如果开发团队收到的缺陷是重复的,或者与其他正在进行中的缺陷问题相似,则将缺陷状态设置为"重复"。

⑥ 不能重现：开发人员不能再现这个软件缺陷，需要测试人员检查缺陷再现的步骤。
⑦ 保留：由于技术原因或第三者软件的缺陷，开发人员不能修复的缺陷。
⑧ 无计划：虽然确认了缺陷，但在需求规格说明书中没有要求或计划。

4. 缺陷回归注意事项

确认非缺陷问题：对于提交的一个缺陷，开发人员处理为非问题或无法重现，然后直接转交给测试人员进行回归测试。测试人员再次确认，如果如开发人员所说，则将问题关闭。如果如非开发人员所说，是由于问题描述模糊或其他原因导致不能重现问题，则再次注明原因转给开发人员。

确认修复问题：对开发人员修复的问题再次进行确认。确认通过，则关闭问题；确认不通过，将问题再次打开并转给开发人员。

确认固定问题：有计划地对固定问题进行确认，有些固定问题随着时间的推移、版本的更新或已经不存在了，对这类问题应该及时关闭。有些固定问题依然存在且变得紧急，对于这类问题应该及时打开交给开发人员处理。

3.5 软件缺陷的分析

缺陷分析是在形成缺陷管理库的基础上，对缺陷进行必要的收集，对缺陷的信息进行分类、汇总和统计。通过缺陷分析，发现各种类型缺陷发生的概率，确定缺陷集中的区域，明确缺陷的发展趋势，追踪和分析缺陷产生的原因。在此分析基础上，对软件生命周期中各个角色、项目流程做改善和优化，提高软件测试质量，提升测试效率。

1. 软件缺陷分析的作用

缺陷分析仅仅是一种手段，而非最终目的。利用缺陷分析结论，反思和回溯缺陷产生的各个阶段，思考如何避免类似问题，不再重蹈覆辙，在下次测试中得到提升，才是测试分析想要达到的目的。同样的，缺陷分析的成果是一个持续改进优化闭环的过程，它是测试人员潜移默化中测试能力的提升，也是项目流程中各个角色共同保障产品质量意识的推动。例如：缺陷分析发现很多需求缺陷是到测试阶段才发现的，那么就有必要加大需求评审力度；缺陷分析发现开发修复缺陷引入新缺陷比例很高，那么开发团队在修复缺陷的时候要考虑到对周边区域的影响，并且要通知相关区域的专家加强代码审查。当然测试团队也要尽可能多地在相关区域做一些回归测试。

缺陷分析可用来评估当前软件的可靠性，并预测软件产品的可靠性变化。缺陷分析在软件可靠性评估中有相当大的作用。对缺陷进行分析，确定测试是否达到结束的标准，即判定测试是否已达到用户可接受状态。在评估缺陷时应遵循缺陷分析策略中制定的分析标准。

缺陷分析是缺陷管理中的一个重要环节，有效的缺陷分析不仅可以评价软件质量，同时可以帮助项目组很好地掌握和评估软件的研发过程，进而改进研发过程，未对缺陷进行分析就无法对研发流程进行改进。

缺陷分析还能为软件新版本的开发提供宝贵的经验，进而在项目开展之前，制定准确、有效的项目控制计划，为开发高质量的软件产品提供保障。

2. 软件缺陷分析的方法

（1）ODC分析法

ODC（Orthogonal Defect Classification，正交缺陷分类）分析法是将一个缺陷在生命周期的各环节的属性组织起来，从单维度、多维度来对缺陷进行分析，从不同角度得到各类缺陷的缺陷密度和缺陷比率，从而积累得到各类缺陷的基线值，用于评估测试活动、指导测试改进和整个研发流程的改进；同时根据各阶段缺陷分布得到缺陷去除过程特征模型，用于对测试活动进行评估和预测。

ODC 分析法定义了八个正交的缺陷属性用于对缺陷的分类。所谓正交性，是指缺陷属性之间不存在关联性，各自独立，没有重叠的冗余信息。无论测试人员还是开发人员，在创建和处理一个缺陷时，都要在缺陷报告中添加一些字段内容用于后面的 ODC 分析。

对于测试人员，需要给缺陷分配"活动（Activity）"、"触发（Trigger）"和"影响（Impact）"三个属性。

- 活动：项目生命周期的一个阶段，该缺陷发生在该阶段，例如需求、设计、代码阶段，即缺陷发现阶段。
- 触发：测试的手段。
- 影响：对用户的影响，例如安全性、易用性。

当开发人员关闭一个缺陷时，可以分配"阶段（Age）"、"来源（Source）"、"限定符（Qualifier）"、"类型（Type）"以及"目标（Target）"五个属性。

- 阶段：描述缺陷对应的代码属于新代码、旧代码，还是修复 Bug 引入。
- 来源：定义缺陷来源，是自身代码问题，还是第三方代码导致。
- 限定符：指明了所进行的修复应归于缺失、错误或者是外来的代码或者信息。
- 类型：缺陷真正的原因，例如初始化、算法等。
- 目标：描述缺陷是由于设计还是编码引入，即缺陷注入阶段。

基于这些字段内容便可以对累计的缺陷数据，根据不同需要单独或两两结合做出不同维度的数据分析，为了更直观地展示分析结果，主要可以通过数据图表的形式来显示分析结果。常用的图表为饼图（单维度）、直方图（多维度）。单维度分析主要采用饼图反映所选属性中各类缺陷数量所占比例。如对"功能模块"属性进行单维度分析，目的在于通过各个功能模块的缺陷密度，了解各个功能模块的质量状况。多维度分析采用直方图的方式，结合两个或者多个属性对缺陷进行分析。如使用"功能模块"属性结合"严重程度"属性进行二维度分析，目的在于通过各个模块所产生的缺陷的严重级别了解各个模块的开发质量状况。

最常用的 ODC 分析维度有 4 种，分别是缺陷分布报告、缺陷趋势报告、缺陷年龄报告、测试结果进度报告。

- 缺陷分布报告：允许将缺陷计数作为一个或多个缺陷参数的函数来显示，生成缺陷数量与缺陷属性的函数。例如，测试需求和缺陷状态、严重程度、优先级的分布情况等。
- 缺陷趋势报告：按各种状态将缺陷计数作为时间的函数显示。趋势报告可以是累计的，也可以是非累计的，从中可以看出缺陷增长和减少的趋势。
- 缺陷年龄报告：一种特殊类型的缺陷分布报告，显示缺陷处于活动状态的时间，有助于了解处理这些缺陷的进度情况。
- 测试结果进度报告：展示测试过程在被测应用的几个版本中的执行结果及测试周期，显示应用程序经历若干次迭代和测试生命周期后的测试执行结果。

关于 ODC 分析法，需要结合实际项目，对不同属性进行筛选，优化不同属性对应的值。

（2）Gompertz 分析法

Gompertz 是一种可靠性增长模型。根据测试的累积投入时间和累积缺陷增长情况，拟合得到符合自己过程能力的缺陷增长 Gompertz 曲线，用来评估软件测试的充分性，预测软件极限缺陷数和退出测试所需时间，作为测试退出的判断依据，指导测试计划和策略的调整。

在日常的软件测试过程中会发现,在测试的初始阶段,测试人员对测试环境不很熟悉,因此日均发现的软件缺陷数比较少,发现软件缺陷数的增长较为缓慢;随着测试人员逐渐进入状态并熟练掌握测试环境后,日均发现软件缺陷数增多,发现软件缺陷数的增长速度迅速加快;但随着测试的进行,软件缺陷的隐藏加深,测试难度加大,需要执行较多的测试用例才能发现一个缺陷,尽管缺陷数还在增加,但增长速度会减缓,同时软件中隐藏的缺陷是有限的,因而限制了发现缺陷数的无限增长。这种发现软件缺陷的变化趋势及增长速度是一种典型的 S 曲线,满足 Gompertz 增长模型的应用条件。模型表达式为:

$$Y = a \cdot b^{(c^T)}$$

式中,Y 表示随时间 T 发现的软件缺陷总数;a 是当 $T \to \infty$ 时的可能发现的软件缺陷总数,即软件中所含的缺陷总数;$a \cdot b$ 是当 $T \to 0$ 时发现的软件缺陷数;c 表示发现缺陷的增长速度。

需要依据现有测试过程中发现的软件缺陷数量来估算出三个参数 a,b,c 的值,从而得到拟合曲线。

(3)Rayleigh 分析法

Rayleigh 模型是 Weibull 分布系列中的一种。Weibull 分布又称韦伯分布、韦氏分布或威布尔分布,由瑞典物理学家 Wallodi Weibull 于 1939 年引进,通过生命周期各阶段缺陷发现情况得到缺陷 Rayleigh 曲线,用于评估软件质量、预测软件现场质量。Weibull 的累积分布函数(CDF)和概率密度函数(PDF)公式为:

$$\text{CDF:} \quad F(t) = 1 - e^{-(t/c)^m} \tag{3-1}$$

$$\text{PDF:} \quad f(t) = \frac{m}{t}\left(\frac{t}{c}\right)^m e^{-(t/c)^m} \tag{3-2}$$

在软件测试过程中,一般使用概率密度函数(PDF)来表示缺陷密度随时间的变化情况,积累分布函数(CDF)为累计缺陷分布情况。在使用 Rayleigh 模型分析缺陷时,形状参数 m 取值为 2。将 m 值代入式(3-1)和式(3-2)中,累积分布函数(CDF)和概率密度函数(PDF)为:

$$\text{CDF:} \quad F(t) = 1 - e^{-(t/c)^2} \tag{3-3}$$

$$\text{PDF:} \quad f(t) = \frac{2}{t}\left(\frac{t}{c}\right)^2 e^{-(t/c)^2} \tag{3-4}$$

t 是时间自变量,c 是一个常量[$c=(2^{1/2}) \cdot t_m$,t_m 是 $f(t)$ 到达峰值对应的时间]。在实际应用过程中,会在公式前面乘一个系数 K(曲线与坐标形成的面积,表示总缺陷数),将 K 值代入式(3-3)和式(3-4)中,累积分布函数(CDF)和概率密度函数(PDF)为:

$$\text{CDF:} \quad F(t) = K(1 - e^{-(t/c)^2}) \tag{3-5}$$

$$\text{PDF:} \quad f(t) = 2Kt\left(\frac{1}{c}\right)^2 e^{-(t/c)^2} \tag{3-6}$$

多年的预测经验得到缺陷在 t_m 时间的比率 $F(t_m)/K$ 约等于 0.4,即在 $f(t)$ 到达最大值时,已出现的缺陷大约占总缺陷的 40%。例如,对某项目执行测试用例过程中统计所发现的缺陷数如表 3-10 所示。

表 3-10 发现的缺陷数

测试时间	1	2	3	4	5	6	7	8	9	10	11	12	13
发现缺陷数	20	38	55	52	41	22	10	5	4	2	2	2	1

从表 3-9 中可以看出，第 3 周发现的缺陷数最多，截至第 3 周所发现的缺陷数应该大约占全部缺陷总数的 40%，则 K(总缺陷数)=(前 3 周缺陷总数)/0.4=(20+38+55)/0.4=113/0.4=282。t_m 等于 3，那么 $c=(2^{1/2})\cdot t_m=2^{1/2}\cdot 3$。将 K 值和 c 值代入式（3-5）和式（3-6）中，累积分布函数（CDF）和概率密度函数（PDF）为：

$$\text{CDF：} F(t) = 282(1-e^{-\frac{t^2}{18}}) \quad （3-7）$$

$$\text{PDF：} f(t) = 31.33te^{-\frac{t^2}{18}} \quad （3-8）$$

使用 Rayleigh 模型生成的模拟值如表 3-11 所示。

表 3-11　真实缺陷数与 Rayleigh 模拟缺陷数

测试时间	1	2	3	4	5	6	7	8	9	10	11	12	13
Rayleigh 模拟值	29.637	50.175	57.011	51.525	39.066	25.445	14.419	7.162	3.134	1.212	0.415	0.125	0.034
真实值	20	38	55	52	41	22	10	5	4	2	2	2	1
累计 Rayleigh 模拟值	29.637	79.812	136.823	188.348	227.414	252.859	267.278	274.44	277.574	278.786	279.201	279.327	279.361
累计真实值	20	58	113	165	206	228	238	243	247	249	251	283	254

累积分布函数（CDF）与真实数据图如图 3-4 所示。

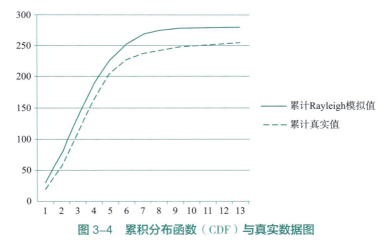

图 3-4　累积分布函数（CDF）与真实数据图

由图 3-4 可以看出，累积密度最终趋近一个最大值（K）。

概率密度函数（PDF）与真实数据图如图 3-5 所示。

由图 3-5 可以看出，缺陷随时间逐渐降低最终趋向于 0。

对于成熟的组织，当项目周期、软件规模和缺陷密度已经确定时，就可以得到确定的缺陷分布曲线，并可以据此控制项目过程的缺陷率。在测试过程中应该将累积 Rayleigh 模拟值和概率密度 Rayleigh 模拟值与测试过程真实的每周发现的缺陷数进行对比，如果两条曲线存在明显的差异，那么说明测试策略存在问题，需要重新修改测试策略。同时，可以利用 Rayleigh 模型进行系统测试阶段的质量评估，从而来判断系统测试是否需要结束。

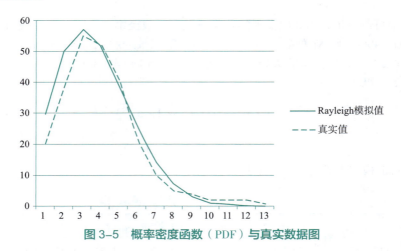

图 3-5　概率密度函数（PDF）与真实数据图

（4）根本原因分析法

利用鱼骨图等分析缺陷产生的根本原因，根据这些根本原因采取措施，改进开发和测试过程。

软件缺陷分析过程中，根本原因主要从以下四个方面来考虑：

- 开发阶段相关（Phase-related）。
- 人员相关（Human-related）。
- 项目相关（Project-related）。
- 复审相关（Review-related）。

软件缺陷根本原因分析图如图 3-6 所示。

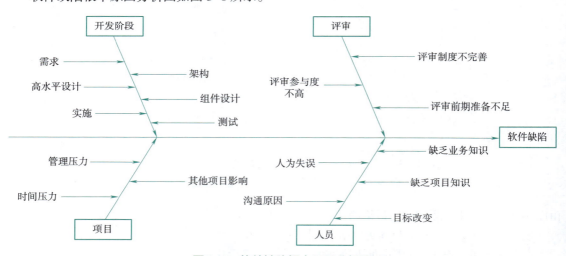

图 3-6　软件缺陷根本原因分析图

（5）DRE/DRM 分析法

DRE/DRM 分析法（缺陷注入分析法）对被测软件注入一些缺陷，通过已有用例进行测试，根据这些刻意注入缺陷的发现情况，判断测试的有效性、充分性，预测软件残留缺陷数。利用缺陷的两个重要属性——缺陷发现阶段和缺陷注入阶段，分析缺陷数据，绘制出"缺陷注入－发现矩阵"，从中分析项目生命周期各个环节的质量，优化相关流程。

- 缺陷移除率：（本阶段发现的缺陷数/本阶段注入的缺陷数）×100%，反映的是该活动阶段的缺陷清除能力。
- 缺陷泄漏率：（下游发现的本阶段的缺陷数/本阶段注入的缺陷总数）×100%，反映的是本阶段质量控制措施落实的成效。

下面以客户管理系统为例使用 DRE/DRM 分析法对缺陷进行分析，缺陷注入–发现矩阵如表 3–12 所示。

表 3–12 缺陷注入–发现矩阵

缺陷发现阶段	缺陷注入阶段			
	需求	设计	编码	注入总计
需求阶段	5	—	—	5
设计阶段	17	61	—	78
编码、单元测试阶段	11	12	13	36
系统测试阶段	4	3	104	111
验收测试阶段	0	0	15	15
发现总计	37	76	132	245
本阶段缺陷移除率	13.51%	80.26%	9.85%	

如表 3–12 所示，需求阶段一共注入了 37 个缺陷，需求评审时只发现了 5 个，设计过程中发现了 17 个，编码和单元测试阶段发现了 11 个，系统测试阶段发现 4 个。因此，根据缺陷移除率的计算公式得出需求阶段的缺陷移除率 5/37×100%=13.51%。该结果说明需要重新审视需求评审，加大需求评审力度。另外，编码阶段的缺陷大部分依赖于系统测试发现，很显然，项目开发过程中的单元测试和集成测试活动开展不够深入。测试人员还可以进一步分析系统测试阶段发现的缺陷是不是可以被更前端的评审/测试/设计讨论活动所替代。

3.6 软件缺陷管理系统

3.6.1 软件缺陷管理系统概述

软件缺陷管理一旦处理不当就会出现这种情况：产品召回导致企业收入损失、用户和潜在用户流失、品牌声誉受损，等等。软件缺陷管理不善的最坏结果是以持续性的、不可见的方式不断增加成本，造成更长的新产品开发周期。所以，软件缺陷管理是软件开发项目中一个很重要的环节。在实际软件测试工作中，为了更高效地记录发现的软件缺陷，并在软件缺陷的整个生命周期中对其进行监控，常常运用软件缺陷管理系统。

软件缺陷管理系统是用于集中管理软件测试过程中所发现缺陷的数据库程序，可以通过添加、修改、排序、查询、存储操作来管理缺陷。所有缺陷的数据不仅要存储在共享数据库中，还要有相关的数据连接，如产品特性数据库、产品配置数据库、测试用例数据库等的集成。同时，为了提高缺陷处理的效率，还有和邮件服务器的集成，通过邮件传递，测试和开发人员随时可以获得由系统自动发出有关缺陷状态变化的邮件。因此，对于大中型软件的测试过程来说，报告的缺陷总数可能会有成千上万个，如果没有缺陷管理系统的支持，想要进行高效的查询、数据统计分析等工作，其难度非常大。

1. 软件缺陷管理系统的作用

（1）保持高效率的测试过程

由于软件缺陷管理系统一般通过测试组内部局域网运行，因此打开和操作速度快。软件测试人员随时向内部数据库添加新发现的缺陷，而且如果遗漏某项缺陷的内容，数据库系统将会及时给出提示，保证软件缺陷报告的完整性和一致性。软件缺陷验证工程师就可以将主要精力用于验证数据库中新报告的缺陷，保证效率。

（2）提高软件缺陷报告的质量

软件缺陷报告的一致性和正确性是衡量软件测试公司测试专业程度的指标之一。通过正确和完整地填写软件缺陷数据库的各项内容，可以保证测试工程师的缺陷报告格式统一。同时，引入软件缺陷管理系统，可以从测试工具和测试流程上保证不同测试技术背景的测试成员书写结构一致的软件缺陷报告。为了提高报告的效率，缺陷数据库的很多字段内容可以直接选择，而不必每次都手工输入。

（3）实施实时管理，安全控制

软件缺陷查询、筛选、排序、添加、修改、保存、权限控制是数据库管理的基本功能和主要优势。通过方便的数据库查询和分类筛选，可以随时建立符合各种需求的查询条件，而且有利于建立各种动态的数据报表，用于项目状态报告和缺陷数据统计分析。通过权限设置，保证只有适当权限的人才能修改或删除软件缺陷，保证了测试的质量。还有利于跟踪和监控错误的处理过程和方法，可以方便地检查处理方法是否正确，跟踪处理者的姓名和处理时间，作为工作量的统计和业绩考核的参考。

（4）有利于项目组成员间协同工作

软件缺陷管理系统可以作为测试人员、开发人员、项目负责人、缺陷评审人员协同工作的平台，同时也便于及时掌握各缺陷的当前状态，进而完成对应状态的测试工作。项目相关部门和人员可以随时得到最新的缺陷状态，获得一致又准确的信息，掌握相同的实际情况，消除沟通上的障碍。

2. 软件测试中的缺陷管理步骤和策略

每个企业都不想产品被召回，因为这会错过最佳上市时间，同时让用户感到失望。下面提供四个步骤来评估如何进行缺陷管理，并找出差距，实现更接近零缺陷的目标。

第一步：制定管理策略。

制定管理策略是为了对产品中存在的缺陷进行合理的管理并提出解决机制。解决机制可以做得非常简单——列出缺陷有哪些以及都应该怎么解决，或建立一个知识库，让团队中的每个人都按照一个标准去解决不同的缺陷。

管理策略的制定建议是建立一个合理的、标准化的缺陷管理系统，团队一起使用。

第二步：确定缺陷优先级。

测试人员已经发现了软件缺陷，接下来就需要确定缺陷处理的优先级——这点很重要，因为优先级会驱动处理方式。然而数据本身就是干扰项，因此收集的数据质量很重要，收集得太多或根本毫无价值的数据会降低团队完成缺陷管理的效率。

确定缺陷优先级时也要注意以下几个方面：缺陷严重性（非常严重还是影响不大的小缺陷）、修复缺陷的成本、缺陷存在的产品阶段、缺陷类型等。

管理策略：确定缺陷处理优先级的关键是先确定缺陷的严重性、可修复性。

第三步：制定缺陷解决方案。

越早发现缺陷就可以越早地制定缺陷处理方案，研究表明，更早进行缺陷修复可以在成本上降低30%~50%甚至更多。通过建立一个高效的缺陷管理系统，可以快速查看所有缺陷及其处理进度。

管理策略：除了建立一个快速反应的缺陷管理系统，团队协作也是关键。缺陷解决方案应由团队中的所有成员共同讨论决定。

第四步：缺陷分析。

掌握以上3个管理策略后，接下来就可以进行缺陷分析和复现。一个好的缺陷分析是实现产品零缺陷目标的基础。预防缺陷发生的前提是整合所有关键缺陷数据、制定解决方案、进行缺陷分析，也就是第1~3步的内容。对整合好的缺陷数据进行全面剖析，找出导致权限发生的根本原因，避免类似的缺陷重复发生。一个可以对缺陷进行冷静分析的头脑和一个完善的缺陷管理系统是实现产品零缺陷目标的必要条件。

管理策略：缺陷分析应为产品在整个开发过程中的优先事项。

3. 软件缺陷管理中常见的问题

（1）缺陷信息不全

有些信息，如项目、模块、指定处理人等用来作统计分析，哪个项目，哪个模块，谁的缺陷多，谁发现的缺陷多，谁改的缺陷多等，根据这些信息可以大致看出团队成员的工作量和工作质量。所以测试人员要把缺陷的信息尽量写全。

（2）所提供的信息不准确

有的测试人员在描述缺陷时一带而过，表述含糊不清，只是表明出现了错误，但错误的现象是什么、提示信息是什么、怎么操作才出现的，都没描述清楚，然后就提交给开发人员。这样只会给开发人员增加负担，因为开发人员要自行再测试，以发现更多的信息去排除缺陷，或者要与测试人员讨论，询问详情，有时要多次反馈才能确定到底是什么问题。

（3）缺陷的可重现性

缺陷的可重现性是在软件缺陷管理系统中无法体现和度量的，不能重现的缺陷几乎就不能算作缺陷，也是最让人头疼的问题。测试人员的任务就是要尽可能地找到缺陷出现的规律，尝试各种可能，即使不能重现，也要让开发人员了解已经做了哪些尝试，这样开发人员就可以避免走弯路。

4. 软件缺陷管理系统的选择注意事项

（1）是否支持协同合作

缺陷是开发测试团队中每个角色都需要关心的，每个角色都需要能够查看操作缺陷管理系统，所以支持协同合作是非常重要的。

（2）操作难度

团队中每个角色都需要操作缺陷管理系统，可能有的成员并没有很好的技术背景，所以尽量选择操作难度比较低的系统。

（3）是否易于跟踪缺陷状态

缺陷是存在流转状态的，所以会有不同的人员工作在此缺陷上，系统如果有状态流转标识，就能大大提高团队成员的工作效率。

（4）能否清晰记录缺陷

管理缺陷过程中有很多要素，选择的测试系统要可以清楚表达出这些要素。

（5）是否便于统计分析

缺陷分析是缺陷管理中很重要的环节。缺陷分析是基于数据的，这些数据虽然可以手动收集，但是如果缺陷管理系统能自动做一些统计，就会大大提高分析效率。

3.6.2 常见的软件缺陷管理系统

每个项目情况不一样，所以选择软件缺陷管理系统要视具体情况而定，但是支持协同合作、易于跟踪缺陷状态和清晰记录缺陷必不可少。常用的缺陷管理系统有 TestCenter、JIRA、Bugzilla、BugFree、Mantis 和 Bugzero 等。当使用这些系统递交缺陷时，系统会自动生成模板缺陷报告，测试人员只要按照其中的必填字段提供缺陷的详细信息即可。

1. TestCenter

TestCenter 是上海泽众软件科技有限公司自主研发的面向测试流程的管理工具，它不仅支持测试流程管理，还支持根据实际情况自定义缺陷处理流程，可以自定义项目角色、缺陷状态、缺陷属性；支持缺陷合并，全方面筛选缺陷；支持实时邮件的功能，在关注的缺陷发生状态改变时，发邮件通知给关注人；支持缺陷列表的导出、缺陷处理状态的自动跳转、处理角色的选择、缺陷关联测试用例和需求等。

2. JIRA

JIRA 是 Atlassian 公司推出的项目与事务跟踪工具，被广泛应用于缺陷跟踪、客户服务、需求收集、流程审批、任务跟踪、项目跟踪和敏捷管理等工作领域。JIRA 配置灵活、功能全面、部署简单、扩展丰富，其提供的云服务版本无须安装可直接使用，下载版本采用一键式安装包。

3. Bugzilla

Bugzilla 是一个 Bug 跟踪系统，设计用来帮助管理软件缺陷。Bugzilla 是开源缺陷跟踪系统，是专门为 UNIX 定制开发的，但在 Windows 平台下依然可以成功安装使用。近几年来，Bugzilla 不仅在缺陷管理方面不断优化产品，而且也逐步完善了测试管理的其他领域，如测试用例管理、测试流程管理、产品需求管理等，实现了测试的集成管理。

4. BugFree

BugFree 是借鉴微软的研发流程和 Bug 管理理念，使用 PHP+MySQL 独立写出的一个 Bug 管理系统，简单实用、免费并且开放源代码。

5. Mantis

Mantis 是一个基于 PHP 技术的轻量级的缺陷跟踪系统，其功能与前面提及的 JIRA 系统类似，都是以 Web 操作的形式提供项目管理及缺陷跟踪服务。在功能上可能没有 JIRA 那么专业，界面也没有 JIRA 漂亮。

6. Bugzero

Bugzero 是基于网络（Web-based）并在浏览器（Browser）下运行的 Bug 管理和跟踪系统，可用来记录、跟踪、归类处理软件开发过程出现的 Bug 和硬件系统中存在的缺陷。

3.7 软件缺陷管理工具——TestCenter

3.7.1 TestCenter 缺陷管理的特点

TestCenter 包括了完善的缺陷管理功能，并且和测试管理整合在一起，其具有以下特点：

1. 简洁方便的操作界面

TestCenter 的缺陷管理使用非常简便，能够非常容易地让用户查看到自己关注的缺陷、需要自己处理的缺陷、团队的缺陷。

TestCenter 提供了缺陷管理的主页面，能够实现这些功能，并且提供二次查询的功能，便于用户使用最少的时间发现自己所需要的缺陷。

2. 完善的功能

缺陷管理提供了筛选器，通过自定义筛选器，能够实现进一步的缺陷过滤；提交缺陷模块非常容易使用，并且功能强大，支持通过 title 描述缺陷、备注缺陷等功能；提供通过缺陷编号快速定位缺陷的功能；支持通过改变当前所选择的项目来查看不同项目中的缺陷。

3. 自定义缺陷管理流程

TestCenter 的缺陷管理使用了工作流的技术，通过修改和定制工作流配置文件，能够非常容易地自定义缺陷管理流程，支持复杂流程和简单流程。

4. 备注

为了跟踪缺陷管理的过程，查看缺陷处理的状态、人员、处理情况，TestCenter 支持缺陷管理备注。每个参与缺陷处理的人员，都能够编写自己的额外备注，描述处理的情况，同时系统自动显示处理的时间。通过备注能够非常容易地查看缺陷流转的情况，找出瓶颈，发现问题。

5. 与测试用例关联

缺陷能够直接链接到测试用例，并且显示测试用例的情况。缺陷与测试用例紧密关联在一起。

3.7.2 TestCenter 缺陷管理的过程

1. 自定义缺陷属性

自定义缺陷属性管理是为缺陷报告提供的自定义属性进行管理，包括对自定义属性的添加、修改、删除等基本功能。

处理流程：单击 TestCenter 图标→"系统设置"→"缺陷属性定制"，如图 3-7 所示。

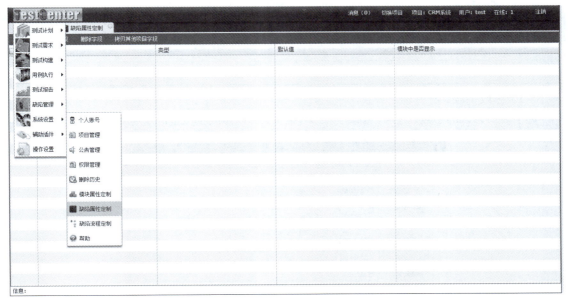

图 3-7　缺陷属性定制

（1）添加属性

单击"添加字段"按钮进入"添加字段"对话框，如图 3-8 所示。字段的属性说明见表 3-13。

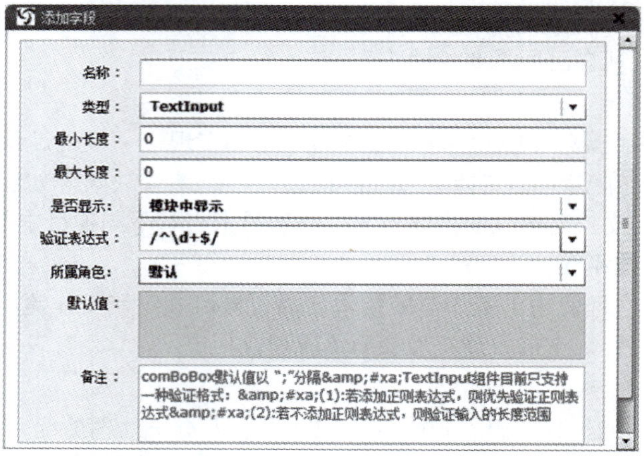

软件测试基础及实践

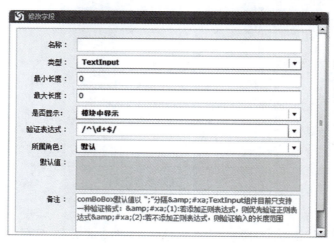

图 3-8 "添加字段"对话框

表 3-13 字段的属性说明

编号	字段名称	字段类型/长度	说明	备注	是否必填
1	名称	varchar(64)	名称不能为空	限定了＜和\的输入	是
2	类型	combobox	在下拉列表框中选择所属的类型		是
3	最小长度	int(11)	输入验证字段的最小长度	0 为默认值	否
4	最大长度	int(11)	输入验证字段的最大长度	0 为默认值	否
5	是否显示	combobox	在下拉列表框中选择是否显示		是
6	验证表达式	combobox	在下拉列表框中选择需要的验证表达式		是
7	所属角色	combobox	在下拉列表框中选择所属角色		是
8	备注	文本域	备注，有默认值		

（2）修改字段

选中需要修改的字段，进入"修改字段"对话框，可以修改字段里的所有属性，如图 3-9 所示。

图 3-9 "修改字段"对话框

2. 自定义缺陷处理流程

缺陷管理中的缺陷处理流程，可以根据用户的实际需求进行定制，定制后的处理流程将更加适合项目管理者了解项目进度和把控缺陷的处理效率。需要注意的是：缺陷流程定制需要在项目中没有缺陷引用过流程才可以进行配置，如果已经引用默认流程中提交了缺陷，是无法进行修改配置的。

处理流程：单击 TestCenter 图标→"系统设置"→"缺陷流程定制"，单击"添加"按钮，在列表中会多出一行空信息，在其中可以填写新缺陷流程，如图 3-10 所示。

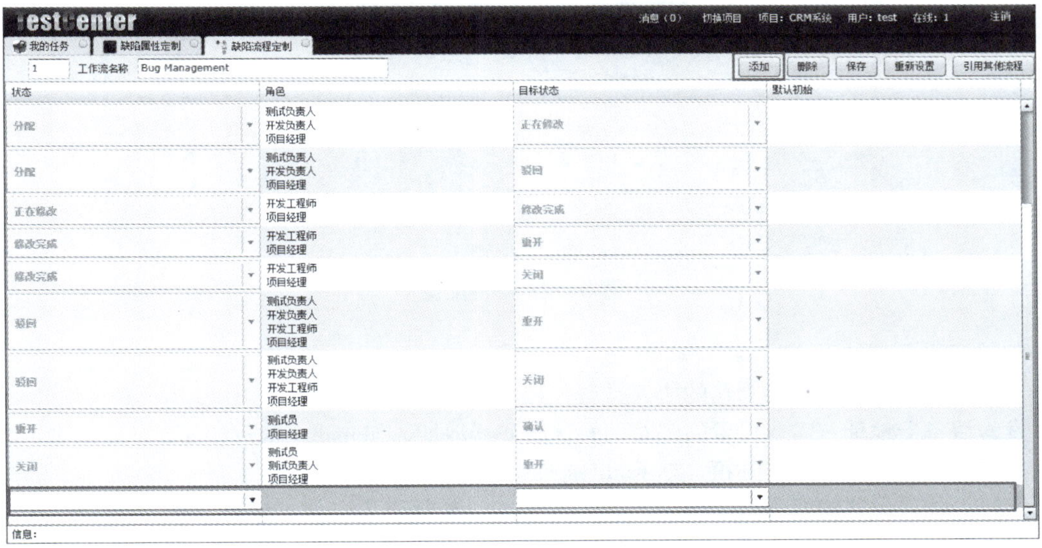

图 3-10　添加缺陷处理流程

单击空白处，弹出"选择角色"对话框，勾选角色后单击"确定"按钮，如图 3-11 所示。

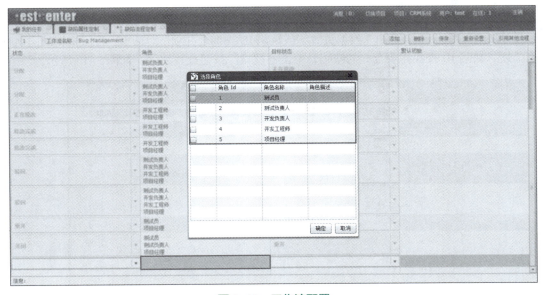

图 3-11　工作流配置

3. 邮件配置

邮件配置是系统提供的一个邮件发送服务器，在缺陷视图管理模块，进入缺陷进行确认，系统会自动向指定的处理人发送邮箱，以方便处理人及时获取相关信息并对缺陷进行处理，如图 3-12 所示。

图 3-12　邮件配置

邮件配置参数如下：

协议类型：需要设置的邮箱的协议类型，如 smtp。

发送服务器地址：需要设置的邮箱的发送服务器地址，如 mail.spasvo.com。

登录账号：需要设置的邮箱，如 yanli@spasvo.com。

密码：需要设置的密码；

接下来选择是否加密，填写端口和 URL 之后单击"保存"按钮，就可以保存配置好的设置。单击"邮件发送测试"按钮可以发送邮件测试是否配置正确。如果发送成功，那么在缺陷确认时系统会自动给指定处理发送邮件，以便及时处理信息。

4. 合并缺陷

当测试人员发现缺陷库中有需要合并的缺陷时可以使用缺陷视图中提供的合并缺陷功能，单击"合并缺陷"图标　，弹出"根据关键字或缺陷 ID 查询合并项"对话框，可以根据缺陷名称、缺陷描述、缺陷 ID 查找需要合并的缺陷，单击"搜索"按钮查找缺陷，如图 3-13 所示。

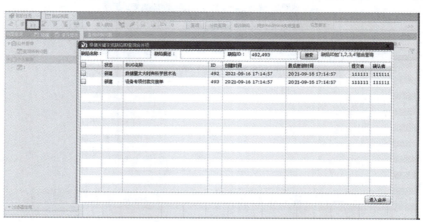

图 3-13　查询合并项

然后选择多个要合并的缺陷，单击"进入合并"按钮，修改缺陷内容，这样就可以把多个缺陷合并成一个缺陷，如图 3-14 所示。需要注意的是：单击"确定"按钮后，除目标缺陷外，所选择的其他缺陷都将清除。

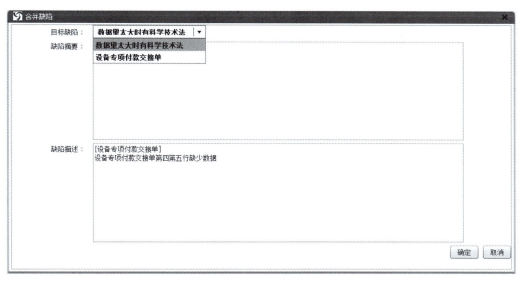

图 3-14 合并缺陷

5. 缺陷过滤

TC 的缺陷管理提供全方面筛选缺陷，有公共查询和个人查询两种默认的查询方式，还有自定义的查询方式，由过滤器列表构成，单击"新增过滤器"图标，弹出"添加过滤器"对话框，如图 3-15 所示。

图 3-15 添加过滤器

其中，过滤器名称为必填，而且不能和现有的过滤器重复，长度不限；选择一个或多个条件后双击字段名称可以编辑查询条件；可选择个人查询或者公共查询；单击“确定”按钮，创建成功。

6. 导出缺陷

选择一个筛选器，单击“导出缺陷”图标，在弹出的“选择要导出的属性”对话框中选择想要导出的缺陷属性，如图 3–16 所示，则可以把筛选出的相应缺陷导出。

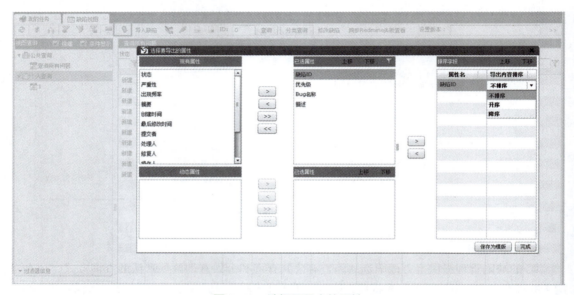

图 3–16 选择要导出的属性

图 3–16 的“保存为模板”按钮的作用是：先把属性选好，然后单击此按钮，如果后续要导出缺陷，再单击“导出缺陷”按钮，则属性为模板中已经选好的属性，这样就不需要每次都选属性。

单击“完成”按钮，缺陷导出成功，如图 3–17 所示。

缺陷ID	优先级	Bug名称	描述
502	无	明知正确论	
501	高	合同导入预	
500	高	邮件问题集	【c005_zhaoyj】2021-08-11 17:18:32:计财科已分配--经办人 王梦君收到两封邮件 是时间不一
499	中	后台--添加	
498	中	单位预算附	【c005_zhaoyj】2021-08-10 17:35:13:年度预算添加时间年份限定了
497	高	执行管理_	使用zyj004账号登录1.在执行管理_学校设备申请备案_设备备案中选中任意一条备案2.点击修改按
496	中	预算管理-…	操作步骤：1.点击预算管理-预算历史记录2.点击“时间筛选”按钮3.选择时间上限为2021-08-044.选
495	中	备案的设备	
494	中	没有导入的	待测

图 3–17 导出的缺陷列表

7. 缺陷处理流程

（1）正常处理流程

处理流程：（测试人员）新建→（测试负责人）确认→（开发负责人）分配→（开发）正在修改→（开发）修改完成→（测试人员）关闭。

① 新建缺陷：执行测试用例发现缺陷后，提交缺陷，编写缺陷报告，如图 3–18 和图 3–19 所示。

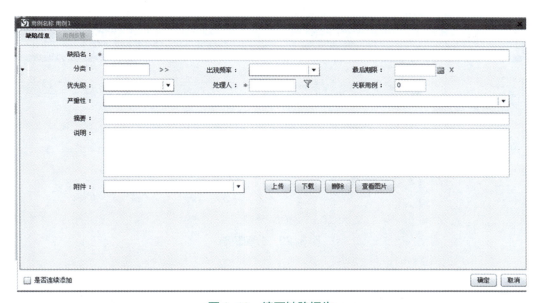

图 3-18 提交缺陷

图 3-19 编写缺陷报告

提交完缺陷后,再单击用例的执行界面的"确定"按钮,把用例执行结果记录下来。

② 确认缺陷。执行完所有的用例后,测试负责人登录到项目中查看缺陷通知,如图 3-20 所示。

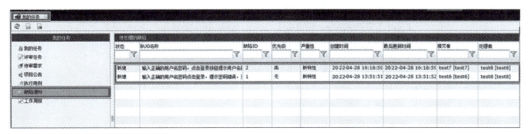

图 3-20 缺陷通知

逐条选中待处理的缺陷，进行确认，给下一个节点的处理人即开发负责人，如图 3-21 所示。

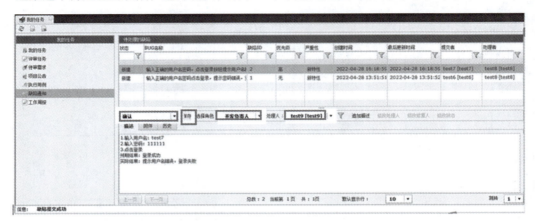

图 3-21　确认缺陷

③ 分配缺陷。开发负责人进一步确认后分配给对应的开发工程师，如图 3-22 所示。

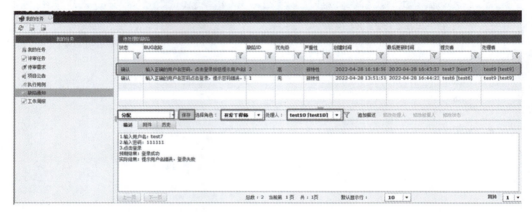

图 3-22　分配缺陷

④ 修改缺陷。开发工程师进入项目后对缺陷进行确认和修复，如图 3-23 所示。

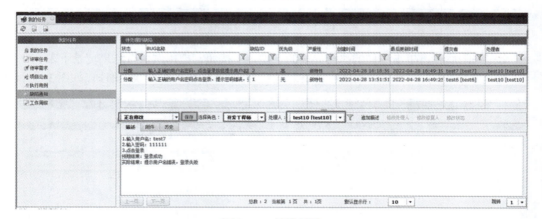

图 3-23　修改缺陷

第3章 软件缺陷基础

⑤ 修改完成。开发工程师修改完缺陷后再递交给提出缺陷的测试工程师,如图 3-24 所示。

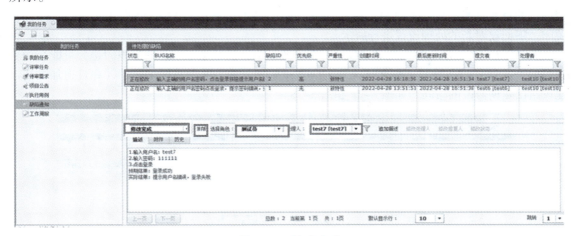

图 3-24　修改完成

⑥ 关闭或重开缺陷。测试工程师进行返测,如果缺陷已经修复则设置为"关闭",如图 3-25 所示;否则将缺陷状态设置为"重开",如图 3-26 所示。

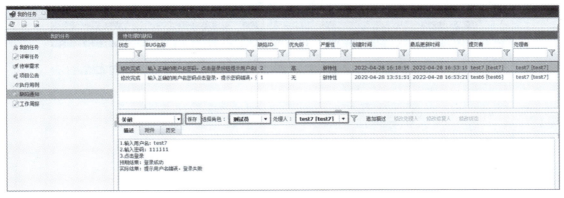

图 3-25　关闭缺陷

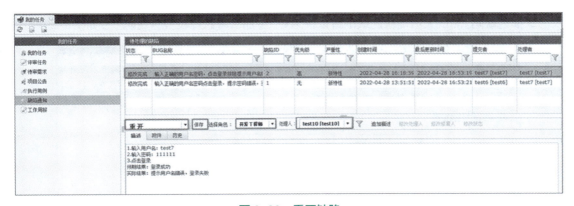

图 3-26　重开缺陷

（2）推迟修改的缺陷处理流程

处理流程：（测试人员）新建→（测试负责人）确认→（开发负责人）分配→（开发工程师）驳回→测试员（推迟）→测试员（重开）→（开发）正在修改→（开发）修改完成→（测试人员）关闭。下面仅对新的处理流程进行展示。

① 驳回缺陷。开发人员确定其是一个真正的缺陷，但是是不紧急的缺陷问题，可能会随着日后的产品迭代进行修复，那么这类缺陷应当做延期处理。此时将缺陷驳回，并且追加描述，建议给出延期修改的时间，如图3-27和图3-28所示。

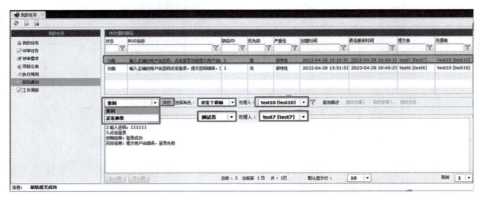

图3-27　驳回缺陷

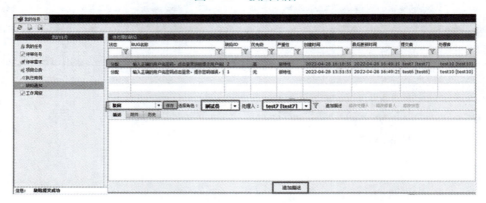

图3-28　追加描述

② 推迟缺陷。测试人员确认此缺陷可以推迟修复，那么将状态设置为"推迟"，如图3-29所示。

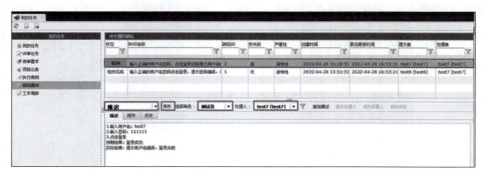

图3-29　推迟缺陷

（3）描述不清的缺陷处理流程

处理流程：（测试人员）新建→（测试负责人）确认→（开发负责人）分配→开发（驳回）→（测试人员）重开→（开发）正在修改→（开发）修改完成→（测试人员）关闭。

当测试人员收到驳回缺陷后，通过追加描述来补充相关信息，然后将缺陷状态设置为"重开"。操作过程与推迟修改的过程类似。

（4）验证不通过的缺陷处理流程

处理流程：（测试人员）新建→（测试负责人）确认→（开发负责人）分配→（开发）正在修改→（开发）修改完成→（测试人员）重开→（开发）正在修改→（开发）修改完成→（测试人员）关闭。

（5）无效的缺陷处理流程

处理流程：（测试人员）新建→（测试负责人）确认→（开发负责人）分配→开发（驳回）→（测试人员）无效。

开发人员认为缺陷不是真正的缺陷则驳回，驳回时需追加描述，如无效等信息。测试人员确认其不是缺陷后将其状态设置为"无效"。

（6）重复的缺陷处理流程

处理流程：（测试人员）新建→（测试负责人）确认→（开发负责人）分配→开发（驳回）→（测试人员）重复。

开发人员认为缺陷是重复缺陷则驳回，驳回时需追加描述，如与某缺陷（ID号）重复等信息。测试人员确认其为重复缺陷后将其状态设置为"重复"。

8. 缺陷统计报表

在缺陷统计报表界面，用户可根据日期来查询缺陷的状态统计信息。若时间差超过30天，则默认以周来统计。

缺陷统计报表包括了缺陷所需的基本信息，可根据需要分别导出不同的缺陷统计报表。报表内容包括缺陷的状态信息、严重性信息、人员提交缺陷信息、图形报表信息等，如图3-30~图3-34所示。

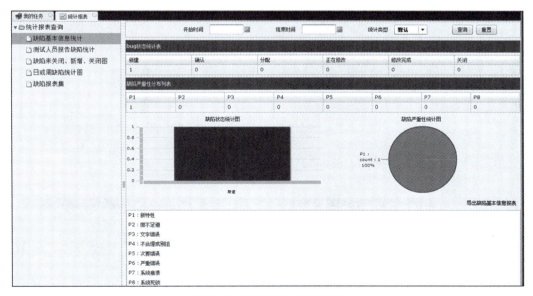

图3-30　缺陷基本信息统计

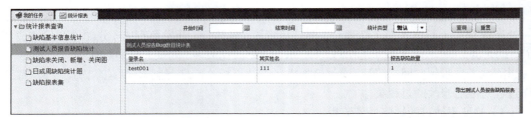

图 3-31 测试人员报告缺陷统计

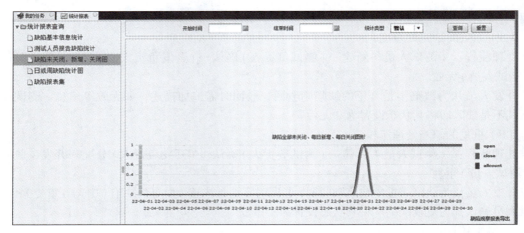

图 3-32 缺陷未关闭、新增、关闭图

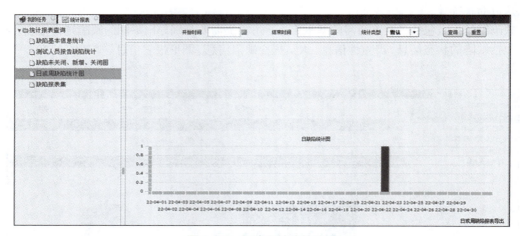

图 3-33 日或周缺陷统计图

图 3-34 缺陷报表集

9. 缺陷统计

缺陷统计可以根据缺陷属性条件来统计某个时间范围内的缺陷数量，如图3-35所示。

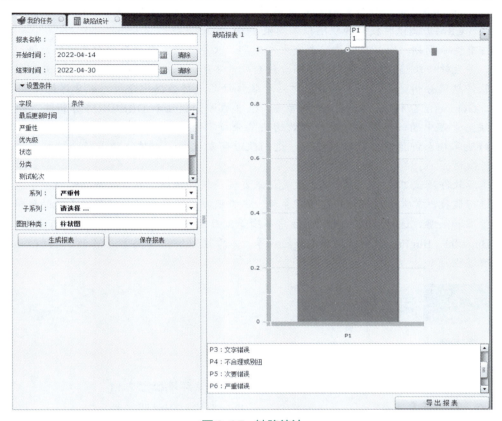

图 3-35 缺陷统计

小 结

  软件存在缺陷是软件的固有属性，是软件中不希望或不可接受的偏差，也是影响软件质量的关键因素之一。软件缺陷可以从软件测试观点出发进行分类，也可以从使用者的角度进行分类。无论软件缺陷属于哪种类型，为了更好地分离和再现缺陷以及报告缺陷，都需要准确、有效地描述软件缺陷。软件缺陷的规范性描述可以使缺陷得以快速修复，节约软件测试项目的成本和资源，提高整个项目的效率，提高软件产品质量。本章描述了软件缺陷描述所需遵循的7个规范要求以及描述时缺陷的具体属性。软件缺陷的属性包括缺陷标识、缺陷类型、缺陷严重程度、缺陷产生可能性、缺陷优先级、缺陷状态、缺陷起源、缺陷来源、缺陷原因等。正确合理地定义软件缺陷属性可以为开发人员提供参考，开发人员可以按照软件缺陷的优先级、严重程度等属性去修复缺陷，可以避免遗漏严重的软件缺陷。当无意或者执行测试用例时发现了缺陷，把操作步骤记录下来，可以依据这些步骤将这个缺陷重现出来，开发人员也可以根据信息找出问题。分离和再现软件缺陷的能力是要经过寻找和报告各种类型软件缺陷的锻炼才能获得和提升。测试人员要抓住每一次机会去分离和再现缺陷，不断地锻炼和培养这种能力。

软件测试基础及实践

软件缺陷报告会直接影响开发人员对缺陷的处理，根据报告软件缺陷的描述要求和 ANS/IEEE 829 软件测试文档标准中定义的软件缺陷报告的文档模板，测试人员需要尽可能详细地报告缺陷。不同的公司缺陷报告可能会有所不同，本章给出了上海泽众软件科技有限公司对客户管理系统（CRM）测试时提交的缺陷报告模板。

软件有生命周期，同样软件缺陷也有生命周期，软件缺陷生命周期分别是识别、调查、改正和总结，并且软件缺陷在生命周期的不同阶段会处于不同的状态，确保了软件缺陷处理过程的标准化。软件缺陷分析是依据一定的分析方法对软件缺陷进行数据化分析，本章详细描述了 ODC 分析法、Gompertz 分析法、Rayleigh 分析法、根本原因分析法和 DRE/DRM 分析法。缺陷分析方法是缺陷管理中的一个重要环节，有效的缺陷分析不仅可以评价软件质量，同时可以帮助项目组很好地掌握和评估软件的研发过程，进而改进研发过程，未对缺陷进行分析就无法对研发流程进行改进。

在实际软件测试工作中，为了更高效地记录发现的软件缺陷，并在软件缺陷的整个生命周期中对其进行监控，常常运用软件缺陷管理系统。本章概括性地介绍了缺陷管理系统的作用、管理缺陷的步骤和策略、选择管理系统时的注意事项等。目前，常用的缺陷管理系统有 TestCenter、JIRA、Bugzilla、BugFree、Mantis 和 Bugzero 等，本章通过案例实操重点演示了 TestCenter 对缺陷的管理过程。

习 题

一、选择题

1. （　　）不属于测试人员编写的文档。
   A. 缺陷报告　　　　　　　　　　B. 测试环境配置文档
   C. 缺陷修复报告　　　　　　　　D. 测试用例说明文档

2. 缺陷报告应该包括（　　）。
   ①编号　②缺陷描述　③缺陷级别　④缺陷所属模块　⑤缺陷发现人
   A. ①②　　　　B. ①②③　　　　C. ①②③④　　　　D. ①②③④⑤

3. 软件缺陷报告通常包含严重性和优先级的说明，以下理解不正确的是（　　）。
   A. 测试人员通过严重性和优先级对软件缺陷进行分类，以指出其影响及修改的优先次序
   B. 严重性划分应体现出所发现的软件缺陷所造成危害的恶劣程度
   C. 在软件的不同部分，同样的错误或缺陷的严重性和优先级必须相同
   D. 优先级划分应体现出修复缺陷的重要程度与次序

4. 软件缺陷通常是指存在于软件之中的那些不希望或不可接受的偏差，以下关于软件缺陷的理解不正确的是（　　）。
   A. 软件缺陷的存在会导致软件运行在特定条件时出现软件故障，这时称软件缺陷被激活
   B. 实践中，绝大多数的软件缺陷的产生都来自编码错误
   C. 同一个软件缺陷在软件运行的不同条件下被激活，可能会产生不同类型的软件故障

D. 软件错误是软件生存期内不希望或不可接受的人为错误，这些人为错误导致了软件缺陷的产生

5. 对于测试中所发现错误的管理是软件测试的重要环节，以下关于错误管理原则的叙述正确的是（　　）。

A. 测试人员发现的错误应直接提交给开发人员进行错误修复

B. 若程序员发现报告的错误实际不是错误，可单方面决定拒绝进行错误修复

C. 每次对错误的处理都要保留处理者姓名、处理时间、处理步骤、错误的当前状态等详细处理信息，即使某次处理并未对错误进行修复

D. 错误修复后可以由报告错误的测试人员之外的其他测试人员进行验证，只要可以确认错误已经修复，就可以关闭错误

6. 关于缺陷管理流程，（　　）是正确的做法。

A. 开发人员提交新的Bug入库，设置状态为"新建"

B. 开发人员确认是Bug，设置状态为"已修复"

C. 测试人员确认问题解决了，设置状态为"关闭"

D. 测试人员确认不是Bug，设置状态为"重新打开"

7. 功能缺陷的类型包括（　　）。
①功能不满足隐性需求　　　　　②功能实现不正确
③功能不符合相关的法律法规　　④功能易用性不好

A. ①②③④　　　　B. ①②③　　　　C. ②③④　　　　D. ②

8. 下面关于软件缺陷的定义正确的是（　　）。

A. 软件缺陷是计算机软件或程序中存在的某种破坏软件正常运行的问题、错误或者是隐藏的功能缺陷

B. 软件缺陷指软件产品（包括文档、数据、程序等）中存在的所有不希望或不可接受的偏差，这些偏差会导致软件的运行与预期不同，从而在某种程度上不能满足用户的需求

C. 从产品内部看，缺陷是软件产品开发或维护过程中存在的错误、毛病等各种问题；从产品外部看，缺陷是系统所需要实现的某种功能的失效或违背

D. 以上都对

9. 分析缺陷根本原因可以借助的方法或工具是（　　）。

A. 鱼骨图　　　　B. 柏拉图　　　　C. ODC分析　　　　D. 以上都对

10. 缺陷管理的最终目标是（　　）。

A. 发现缺陷　　　　B. 分析缺陷　　　　C. 预防缺陷　　　　D. 统计缺陷

11. 关于软件缺陷状态完整变化的错误描述是（　　）。

A. 打开→修复→关闭　　　　　　B. 打开→关闭

C. 打开→保留　　　　　　　　　D. 激活→修复→重新打开

12. 当遇到无法重现的缺陷，测试人员应该采取的措施是（　　）。

A. 对缺陷的现象进行详细记录

B. 优化缺陷，找到缺陷产生的原因后，再提交给开发人员

C. 不要将缺陷提交给开发人员

D. 报告给测试管理者，请管理者决定是否提交给开发人员

13. 关于软件缺陷，下列说法中错误的是（　　）。

A. 软件缺陷是软件中存在的影响软件正常运行的问题

B. 按照缺陷的优先级不同可以将缺陷划分为立即解决、高优先级、正常排队、低优先级

C. 所有的公司缺陷报告都是使用统一的模板

D. 每个缺陷都有一个唯一的编号，这是缺陷的标识

14. 关于缺陷产生原因的叙述中，不属于技术问题的是（　　）。

A. 文档错误　　　　　　　　　　B. 系统结构不合理

C. 语法错误　　　　　　　　　　D. 接口传递不匹配，导致模块集成出现问题

15. （　　）不是不能重现的缺陷的常见原因。

A. 环境问题　　　　　　　　　　B. 缺陷没有及时提交

C. 操作问题　　　　　　　　　　D. 特殊数据

二、判断题

1. 编码错误是导致软件缺陷的最主要原因。（　　）
2. 软件缺陷管理的核心是缺陷报告。（　　）
3. 在缺陷分析中，常用的主要缺陷参数有缺陷状态、缺陷优先级、缺陷严重程度和缺陷起源。（　　）
4. 软件生存周期中，修改错误代价最大的阶段是编码阶段。（　　）
5. 功能或特性没有实现，主要功能部分丧失，次要功能完全丧失，或致命的错误声明，这属于软件缺陷级别中的致命缺陷。（　　）
6. 找出的软件缺陷越多，说明剩下的软件缺陷越少。（　　）
7. 软件缺陷属性包括缺陷标识、缺陷类型、缺陷严重程度、缺陷产生的可能性、缺陷优先级、缺陷状态、缺陷起源、缺陷来源和缺陷原因等。（　　）
8. 软件缺陷可能会被修复，可能会被保留或者标识出来。（　　）
9. 软件存在缺陷是由于开发人员水平有限引起的，一个非常优秀的程序员可以开发出零缺陷的软件。（　　）
10. 测试人员要坚持原则，缺陷未修复完坚决不予通过。（　　）

三、话题讨论

1. 缺陷的严重程度和优先级是不是成正比关系？
2. 缺陷的严重程度和优先级确定好后，还能修改吗？
3. 是不是所有发现的缺陷都会被修复？
4. 遇到无法重现的缺陷时，你会怎么做？

第 4 章

白盒测试

引言

在软件测试中,设计测试用例是整个过程的核心,也是测试环节的基本依据。使用软件测试技术设计测试用例是每个测试工程师必备的基本职业技能。本章先介绍白盒测试技术基本理论,再详细介绍白盒测试技术的静态测试方法——代码检查法和静态结构分析法以及代码审查工具 CodeAnalyzer 的使用,最后介绍动态测试方法——逻辑覆盖法和基本路径测试法。

内容结构图

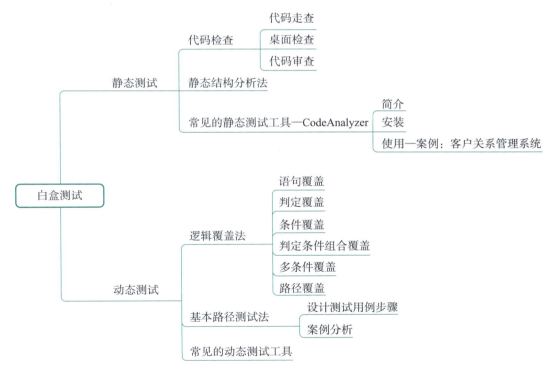

学习目标

- 了解:白盒测试的概念、原则和分类。
- 掌握:通过实际案例的学习,能熟练使用逻辑覆盖法和基本路径测试法设计测试用例。
- 应用:通过案例实操,能熟练地应用 CodeAnalyzer 静态测试工具分析代码。

4.1 白盒测试概述

• 视 频
白盒测试概述

白盒测试也称结构测试或逻辑驱动测试,是按照程序内部的结构测试程序,检验程序中的每条通路是否都有能按预定要求正确工作,而不考虑其功能。白盒测试完全基于代码,能发现代码路径中的错误、程序中的死循环以及逻辑错误等。

1. 白盒测试的原则

采用白盒测试方法必须遵循以下原则:
- 保证一个模块中的所有独立路径至少被测试一次。
- 对所有的逻辑判定均需测试取真和取假两种情况。
- 在上下边界及可操作范围内运行所有循环。
- 检查程序的内部数据结构,保证其结构的有效性。

2. 白盒测试的分类

白盒测试方法有两大类:静态测试方法和动态测试方法。

静态测试:是一种不通过运行程序而进行测试的技术,是对程序进行审查及静态分析等的测试活动,其关键是检查软件的表示和描述是否一致,是否存在冲突或者歧义,如参数不匹配、有歧义的嵌套语句、错误的递归、非法计算、可能出现的空指针引用等。

动态测试:是通过输入一组预先按照一定的测试准则构造的实际数据来动态运行程序,观察运行过程中的系统行为、变量结果、内存、堆栈等运行数据,来判断软件系统是否存在缺陷的测试活动。

在软件开发过程中,白盒测试主要应用于单元测试阶段,先静态测试后动态测试,同时静态测试也可以作为制订动态测试用例的参考。

4.2 静态测试方法

静态测试是单元测试中最重要的手段之一,适用于新开发的和重用的代码。通常在代码完成并无错误地通过编译或汇编后进行,采用代码检查、静态结构分析等。它可以由人工检测,也可以借助工具扫描分析。测试人员主要由软件开发人员及其开发小组成员组成。

4.2.1 代码检查法

代码检查是对程序代码进行静态检查。传统的代码检查是通过人工阅读代码的方式,检查软件设计的正确性;用人脑模拟程序在计算机中的运行,仔细推敲、校验和核实程序每一步的执行结果,进而判断其执行逻辑、控制模型、算法和使用参数与数据的正确性。代码检查还可以使用测试工具,在使用工具进行自动化代码检查时,测试工具一般会内置许多的编码规则。

在实际使用中,代码检查比动态测试更有效率,能快速找到缺陷,通常能发现30% ~ 70%的逻辑设计和编码缺陷;代码检查看到的是问题本身而非征兆。但是代码检查非常耗费时间,而且需要专业知识和经验的积累。代码检查定位在编译之后和动态测试之前进行,在检查前,应准备好需求描述文档、程序设计文档、程序的源代码清单、代码编码标准和代码缺陷检查表等。

代码检查可以发现的软件问题如下:
- 检查代码和设计是否一致。

- 代码对标准的遵循、可读性。
- 代码的逻辑表达的正确性。
- 代码结构的合理性。
- 程序编写与编写标准是否符合。
- 程序中是否有不安全、不明确和模糊的部分。
- 编程风格是否符合要求。

代码检查的内容如下：
- 变量的交叉引用表：检查是否有未说明的变量和违反了类型规定的变量，以及变量的引用和使用情况。
- 检查标号的交叉引用表：检查所有标号是否正确，以及转向指定位置的标号是否正确。
- 检查子程序、宏、函数：检查每次调用与所调用位置是否正确，调用的子程序、宏、函数是否存在，参数是否一致。
- 等价性检查：检查全部等价变量类型的一致性。
- 常量检查：确认常量的取值和数制、数据类型。
- 设计标准检查：检查程序是否违反设计标准的问题。
- 风格检查：检查程序的设计风格方面的问题。
- 比较控制流：比较设计控制流图和实际程序生成的控制流图的差异。
- 选择、激活路径：在设计控制流图中选择某条路径，到实际的程序中激活这条路径，如果不能激活，则程序可能有错。
- 对照程序的规格说明，详细阅读源代码，比较实际的代码，从差异中发现程序的问题和错误。

代码检查方式有三种：桌面检查、代码走查、代码审查。

（1）桌面检查

桌面检查是程序员对源程序代码进行分析、检验，并补充相关的文档，发现程序中错误的过程。由于程序员熟悉自己的程序，可以由程序员自己检查，这样可以节省很多时间，但要注意避免自己的主观片面性。

（2）代码走查

代码走查（走读）是程序员和测试员组成的审查小组通过逻辑运行程序发现问题。小组成员要提前阅读设计规格书、程序文本等相关文档，利用测试用例使程序逻辑运行。

代码走查可分为以下两步：

① 小组负责人把材料发给每个组员，然后由小组成员提出发现的问题。

② 召开代码走查会议。通过记录，小组成员对程序逻辑及功能提出自己的疑问，开会探讨发现的问题和解决方法。

（3）代码审查

代码审查是程序员和测试员组成的审查小组通过阅读、讨论、分析技术对程序进行静态分析的过程。

代码审查可分为以下两步：

① 小组负责人把程序文本、规范、相关要求、流程图及设计说明书发给每个成员，作为审查依据，小组成员充分阅读这些材料。

② 召开程序审查会议。由程序员逐句讲解程序的结构、逻辑和源程序。在此过程中，小组成员可以提出自己的疑问，展开讨论，审查错误是否存在。实践表明，程序员在讲解自己的程

序时，也能发现自己原来没有注意到的问题。

为了提高效率，小组在审查会前，可以准备出一份常见错误清单，提供给参加成员对照检查。

4.2.2 静态结构分析法

静态结构分析法是通过测试工具分析程序源代码的系统结构、数据结构、数据接口、内部控制逻辑等内部结构，生成函数调用关系图、模块控制流图、内部文件调用关系图、子程序表、宏和函数参数表等各类图形、图表，清晰地标识整个软件系统的组成结构，使其便于阅读与理解，然后可以通过分析这些图表，检查软件有没有存在缺陷或错误。

常用的各种关系图、控制流图主要有函数调用关系图和模块控制流图。

1. 函数调用关系图

函数调用关系图以直观的图形方式描述一个应用程序中各个函数的调用和被调用关系。通过查看函数调用关系图，可以检查函数之间的调用关系是否符合要求，是否存在递归调用，函数的调用是否过深，有没有独立存在没有被调用的函数。从而可以发现系统是否存在结构缺陷，发现哪些函数是重要的，哪些是次要的，需要使用什么级别的覆盖要求等。

2. 模块控制流图

模块控制流图显示一个函数的逻辑结构，它由许多节点组成，一个节点代表一条语句或数条语句，连接节点的叫边，边表示节点间的控制流向。通过检查这些模块控制流图，能够很快发现软件的缺陷。

4.2.3 常见的静态测试工具

静态测试工具直接对代码进行分析，不需要运行代码，也不需要对代码编译链接生成可执行文件。静态测试工具一般是对代码进行语法扫描，找出不符合编码规范的地方，根据某种质量模型评价代码的质量，生成系统的调用关系图等。

下面介绍几款常用的静态测试工具。

1. CodeAnalyzer

CodeAnalyzer（CA，静态代码规范漏洞扫描工具）是上海泽众软件科技有限公司自主研发的，拥有自主产权，用于实现静态分析、代码走查、代码规范检查以及代码潜在错误分析的白盒测试工具。它是一种脱离编译器的代码静态分析软件产品。

2. Checkstyle

Checkstyle 是 SourceForge 的开源项目，提供了一个帮助 Java 开发人员遵守某些编码规范的工具。它使检查 Java 代码的过程自动化，从而使人们免于执行这项枯燥（但很重要）的任务。Checkstyle 是高度可配置的，可以支持几乎任何编码标准。提供了支持 Sun 代码约定、Google Java 样式的示例配置文件。它是想要强制执行编码标准的项目的理想选择。

3. PMD

PMD 是由 DARPA 在 SourceForge 上发布的开源 Java 代码静态分析工具。PMD 通过其内置的编码规则对 Java 代码进行静态检查，主要包括对潜在的 Bug、未使用的代码、重复的代码、循环体创建新对象等问题的检验。PMD 提供了和多种 Java IDE 的集成，例如 Eclipse、IDEA、NetBean 等。PMD 具有许多内置规则，还支持广泛的 API 来自定义规则，可以使用 Java 或作为自包含的 XPath 查询来完成。

4. FindBugs

FindBugs 是由马里兰大学提供的一款开源 Java 静态代码分析工具。FindBugs 通过检查类文件或 JAR 文件，将字节码与一组缺陷模式进行对比从而发现代码缺陷，完成静态代码分析。FindBugs 既提供可视化 UI 界面，同时也可以作为 Eclipse 插件使用。FindBugs 还为用户提供定制 Bug Pattern 的功能。用户可以根据需求自定义 FindBugs 的代码检查条件。

5. Logiscope

Logiscope 是法国 Telelogic 公司推出的专用于软件质量保证和软件测试的产品。它可以通过自动进行代码检查和对容易出错的模块的鉴定与检测来帮助扩大测试范围，从而达到保证质量和完成软件测试的目的。自定义的软件测试功能可帮助在软件开发过程中及早发现缺陷。针对要求高可靠性和高安全性的软件项目和工程，使用 Logiscope 最为合适。

6. PC_Lint

PC_Lint 是 Gimpel Software 公司开发的 C/C++ 软件代码静态分析工具。PC_Lint 不仅能够对程序进行全局分析、识别没有被适当检验的数组下标、报告未被初始化的变量、警告使用空指针以及冗余的代码，还能够有效地提出许多程序在空间利用、运行效率上的改进点。从某种意义上说，PC_Lint 是一种更加严格的编译器，它不仅可以检查出一般的语法错误，还可以检查出那些虽然符合语法要求但不易发现的潜在错误。使用 PC-Lint 在代码走读和单元测试之前进行检查，可以提前发现程序隐藏错误，提高代码质量，节省测试时间。

7. CppCheck

CppCheck 是一个 C/C++ 代码缺陷静态检查工具。CppCheck 对产品的源代码执行严格的逻辑检查，还支持第三方的代码规则检查。不同于 C/C++ 编译器及其他分析工具，CppCheck 只检查编译器检查不出来的 Bug，不检查语法错误。

8. TscanCode（C/C++、C#、Lua）

TscanCode（腾讯开源）是一款静态代码扫描工具，TscanCode 旨在助力开发与测试人员从代码层面挖掘问题，将那些长期困扰项目的诸如空指针宕机等问题扼杀于萌芽阶段。支持用户根据不同需求自定义配置检查项，有极强的扩展性和可维护性。平均扫描速度 10 万行 /min。

9. Pylint（Python）

Pylint 是一种检查 Python 代码错误、尝试执行编码标准并查找代码异味的工具。它还可以查找某些类型错误，可以推荐有关如何重构特定块的建议，并可以为用户提供有关代码复杂性的详细信息。

10. Flake8（Python）

它综合以下三者的功能，在简化操作的同时，还提供了扩展开发接口。

PyFlakes：静态检查 Python 代码逻辑错误的工具。

PEP8：静态检查 PEP 8 编码风格的工具。

Ned Batchelder's McCabe script：静态分析 Python 代码复杂度的工具。

4.2.4 静态测试工具——CodeAnalyzer

CodeAnalyzer（简称 CA）能够用来对 C、C++、Java 等多种语言编写的源代码进行扫描并分析，根据预先定义好的代码规范对代码进行规范化检查，找出代码中不合理、不符合规范定义的部分并生成分析报告。开发工程师可以通过报告总结分析问题，使代码合理化、规范化，从而提高程序质量。另外，可以利用 CA 在代码审计系统中充当代码合规检查的角色。

1. CA 的功能模块

（1）支持规则列表

词法规则：CA 支持英语的单词表，变量命名的定义来自词表检查。

语法规则：CA 通过标准化的语法模板来处理语义规则。

语义规则：CA 通过调用标准化的处理程序来分析定义的规则。

支持用户开发自己的规则包，然后通过配置文件以插件的形式配置到 CA 中。

（2）发现不符合编码规范的代码

CA 在扫描源代码时对安全规范子集中定义的规则进行逐条检查，用户可以通过自己的需求选定规则，并制定问题的严重程度，如果发现有不符合项则报告在问题列表中，用户可通过行号、列号精确定位问题，除此之外，CA 还为用户提供修改建议。

（3）自动监控版本服务器，触发代码扫描及检测分析

当用户载入程序时，脚本触发 CA 来进行代码扫描，并且提交扫描结果。CA 通过这种方式来实现修改配置管理的提交脚本，潜入扫描触发程序。

（4）支持 SMTP 邮件服务功能

CA 支持 SMTP 的接口，可以根据需要向指定的 SMTP 发送请求，提交发送的邮件。CA 需要配置固定的用户名、密码，作为邮件发件人。

（5）支持云服务实现，支持跨 Internet 实现源代码安全扫描"云服务"

CA 可支持私有云服务的版本：通过本地化来扫描程序，生成 XML，上传到云服务，再进行扫描处理，在云端保存扫描结果，并且提供浏览器访问服务。

（6）支持主流 IDE 环境，开发人员桌面上即可进行扫描

CA 支持通过命令行方式嵌入 IDE 的方式，可以通过配置 IDE 环境来调用命令行工作；也支持通过提供客户端的方式来工作，用户可以通过操作客户端来扫描指定的代码，甚至整个项目。

（7）支持和测试管理工具

CA 支持与现有的测试管理平台和项目管理系统集成，实现单点登录和单一用户 ID 登录，来实现跨项目和项目群的管理和设置；支持组织级的用户、角色以及权限设置。支持把扫描发现的问题归到缺陷管理系统，通过调用各个不同的缺陷管理系统的 API 实现集成；支持把扫描分析结果输出到测试管理平台，测试管理平台本身提供自定义的报表和分析，支持 PDF、Word、Excel 多种格式的检测报告，实现缺陷分析查看。

（8）度量分析

CA 包括 McCabe 复杂度、Halstead 程序度量、代码行数、继承数、循环数等各种基本度量。客户还可以根据自己的质量目标，任意组合这些基本度量进行运算，生成复合度量。

2. CA 的特点

（1）支持多系统、多语言、多规则

CA 基于 Java 开发，Java Swing 的模式支持系统跨平台运行；支持 Windows 平台、Linux 平台、命令行环境、IDE 环境。规则包含 GJB 5369、MISRA C、Java Sun 编程规范、Java Sun 安全规则等。

（2）无须测试用例的测试

CA 是根据预定的规则对代码进行扫描分析，检查代码是否符合编码规范和各种规则，查找可能的错误，无须编写测试用例可以实现自动化测试，节省大量的人力。

（3）基于编译的代码分析

静态分析工具基于编译和基于模式的两种方法。CA 基于编译的方法，是对整个代码进行扫描分析，相对于基于模式的方法，扫描某个段落的上下文，来判断是否违反了规则，能获得更完备的分析，便于用户自定义规则的实现。

（4）集成与扩展性

CA 是基于用户的软件生命周期环境来设计的，通过提供开放的接口，支持与测试管理软

件、项目管理软件等的集成。CA 提供了图形用户界面（GUI）、命令行、外部接口（DLL）等多样化的用户接口，用户可以根据自己的需求，通过图形界面将源代码逐个导入到 CA 里进行分析，也可以通过 SHELL 或者批处理命令 BAT 来调用命令行；通过对外接口 API，CA 支持根据代码符合规范的程度对程序员编写的代码评分，还可以轻松实现 CA 和配置管理工具 SVN 的集成。

（5）代码级测试覆盖

CA 支持对源代码进行解析，得到代码的控制流程图，通过对流程图进行代码走查，实现代码级的测试覆盖，轻松实现 XUNIT 单元测试模块的构建。CA 还可以通过时间设定，只检验更新的代码，提高效率。

（6）多样化分析报告

CA 支持控制报告的输出形式，将分析结果返回到日志文件或者将分析结果返回数据库表中，为客户提供进一步处理的资料，包括缺陷统计信息、安全漏洞统计信息、软件架构分析、类关系分析、函数调用关系分析、脚本关系分析、度量分析等。

3. CA 的安装

CA 安装环境要求：

- 操作系统要求：Windows 7/10（32 位 /64 位）、Linux。
- 内存要求：建议使用 2 GB 内存。
- 磁盘空间要求：不少于 180 MB 剩余磁盘空间。

CA 的安装过程：双击安装图标，弹出图 4-1 所示的安装前提示框，单击"确定"按钮并按照提示进入安装位置选择界面，如图 4-2 所示。

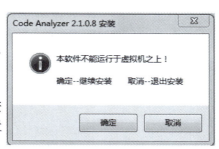

图 4-1　安装前提示框

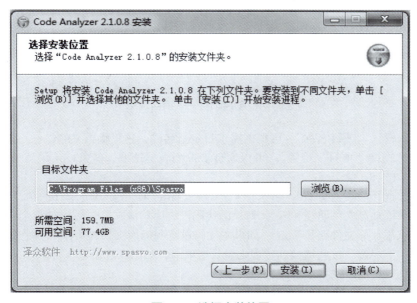

图 4-2　选择安装位置

单击"安装"按钮即可完成安装。在安装路径中找到文件名为"CodeAnalyzer.exe"的应用程序双击启动 CA。

4. CA 的使用——以客户管理系统（CRM）为例

（1）新建项目

单击 CA 主界面工具栏中的"新建项目"按钮，如图 4-3 所示，弹出"创建项目"对话框，如图 4-4 所示。

图 4-3　新建项目入口

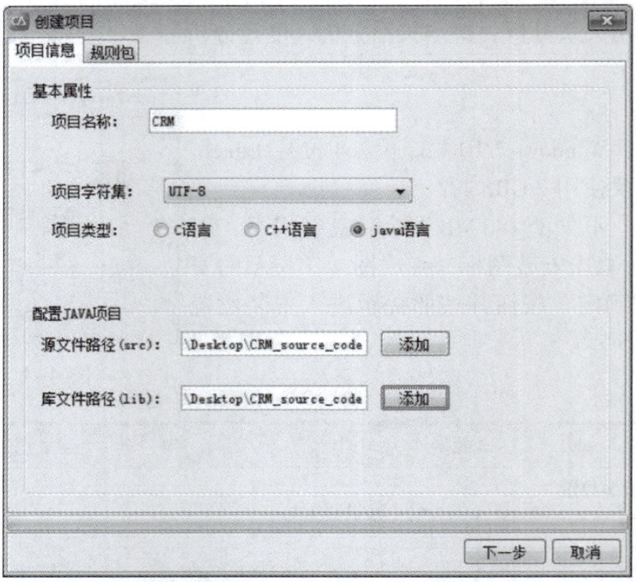

图 4-4　创建项目——项目信息

第一项要求输入"项目名称"，可根据需求自定义名称，这里输入 CRM。

第二项要求选择"项目字符集"，可以通过下拉列表框选取，C 和 C++ 语言通常选择 BIG5，Java 通常选择 UTF-8。

第三项要求选择"项目类型"，可选择 C、C++、Java 项目，这里选择 Java 项目类型。

第四项要求添加源文件路径（src），如果源代码没有明确源文件，可添加整个文件。

第五项要求添加库文件路径（lib），如果源代码没有明确库文件，可添加整个文件。

最后单击"下一步"按钮切换到"规则包"选项卡，如图 4-5 所示。

单击"全选"按钮，选择全部规则包。

单击"反选"按钮，取消已选择的规则包，勾选为选择的规则包。

单击"展开"按钮，展开选中的规则包以下的全部目录。

单击"折叠"按钮，收起选择的规则包以下的全部目录。

单击"确认"按钮，新建项目。

单击"取消"按钮，取消新建。

第 4 章 白盒测试

图 4-5 创建项目——规则包

（2）导入项目

CA 支持导入项目，单击工具栏上的"导入项目"按钮，弹出"导入项目"对话框，如图 4-6 所示。

图 4-6 导入项目

（3）规则配置

用户可以根据自身需求配置规则，单击工具栏上的"规则配置"按钮，如图4-7所示，弹出"规则配置器"对话框，如图4-8所示。

图4-7　规则配置入口

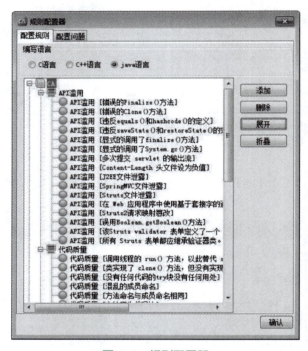

图4-8　规则配置器

选择"编程语言"，这里选择"Java语言"。

单击"添加"按钮，可以添加规则包。

单击"删除"按钮，可以删除规则包。

单击"展开"按钮，查看选中规则包下的所有规则。

单击"折叠"按钮，收起选中规则包下的所有规则。

最后单击"确认"按钮，确认规则配置。

（4）设置主项目

CA分析项目和查看项目分析报告时，需要将项目设置为主项目，选中需要设置主项目的项目，右击，选择快捷菜单中的"设置主项目"命令，如图4-9所示。

（5）分析项目

单击工具栏上的"分析项目"按钮，如图4-10所示，弹出"解析项目"对话框，如图4-11所示。

图 4-9　设置主项目

图 4-10　分析项目入口

图 4-11　解析项目

勾选"用户指定名称，若名称重复则覆盖以前执行记录"复选框；自定义"执行名称"，这里定义为"Res1"；单击"确认"按钮开始解析项目。

（6）分析报告

单击工具栏上的"分析报告"按钮，如图 4-12 所示，弹出"主项目分析明细报告"提示框，如图 4-13 所示。

图 4-12　分析报告入口

图 4-13　主项目分析明细报告

通过下拉按钮查看项目报告的名称，在这里选"Res1"。

单击"打开"按钮，查看测试分析报告，如图 4-14 所示。

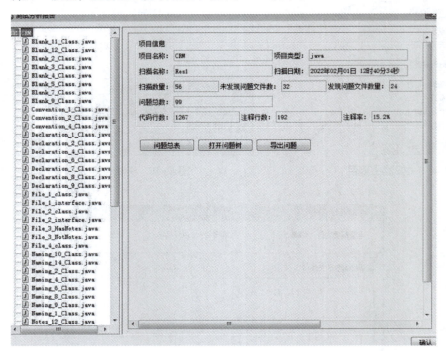

图 4-14　测试分析报告

单击"问题总表"按钮，查看项目问题的详细信息，如图 4-15 所示。

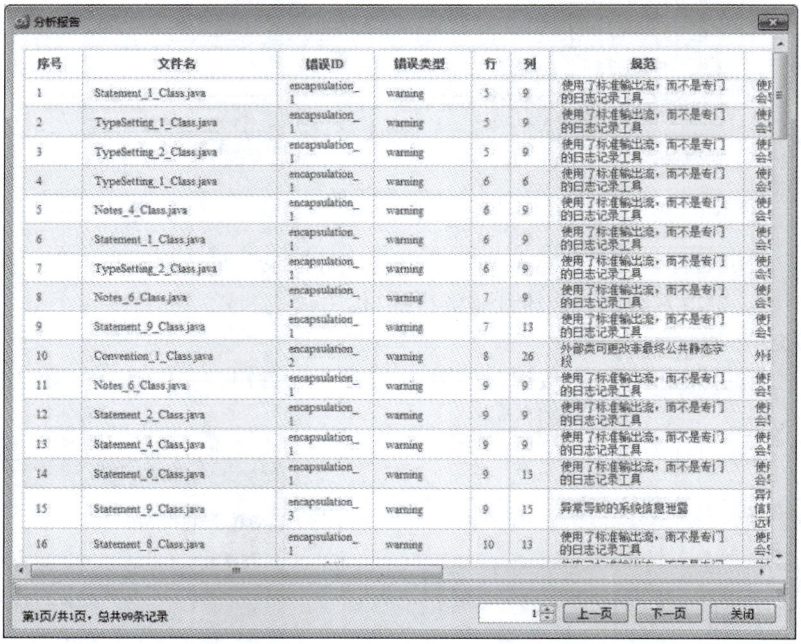

图 4-15　问题总表

单击"打开问题树"按钮，查看"improve""warning""error"数量统计，如图 4-16 所示。

单击"导出问题"按钮，处理完毕后，在工作空间的该项目目录下的报告中，生成一个"report"的 Word 文档和一个"problemlist"的 Excel 文档，如图 4-17 和图 4-18 所示。

图 4-16　打开问题树

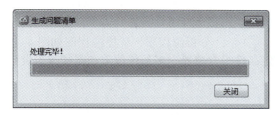

图 4-17　生成问题清单

图 4-18　"report"的 Word 文档和"problemlist"的 Excel 文档

4.3　动态测试方法

单元测试除了测试其功能性之外，还需确保代码在结构上可靠、健全并且能够有良好的响应，仅进行静态测试是不够的，必须要运行单元，进行动态测试，需要设计更充分的测试用例以验证业务逻辑合理性和单元的实际表现行为。动态测试是运行程序，输入相应的测试数据，检查输出结果和预期结果是否相符合的过程。

动态测试方法的主要特征是通过结构分析设计测试用例、执行程序、分析程序输出结果。在动态测试中，通常使用白盒测试和黑盒测试从不同的角度设计测试用例，查找软件中的缺陷。动态测试的黑盒测试方法在第 5 章讲解，本节主要介绍动态测试的白盒测试方法。白盒测试法的覆盖标准有逻辑覆盖法和基本路径测试法。

4.3.1　逻辑覆盖法

逻辑覆盖是以程序内部的逻辑结构为基础的设计测试用例的技术，是通过对程序逻辑结构

软件测试基础及实践

的遍历实现程序的覆盖,属于白盒测试中主要的动态测试方法之一。根据覆盖目标的不同和覆盖源程序语句的详尽程度,逻辑覆盖又可分为语句覆盖、判定覆盖、条件覆盖、判定条件组合覆盖、多条件覆盖(条件组合覆盖)和路径覆盖。

为了更好地学习各种逻辑覆盖标准,根据下面的源程序分别讨论语句覆盖、判定覆盖、条件覆盖、判定条件组合覆盖、多条件覆盖和路径覆盖设计测试用例。

例 4-1 分析源程序,程序流程图如图 4-19 所示。请使用语句覆盖、判定覆盖、条件覆盖、判定条件组合覆盖、多条件覆盖和路径覆盖设计测试用例。

```
void testexp (int x,int y,int z)
{
    int  k=0,j=0;
    if((x>1)&&(z<5))
    {
        k=x*y+4;
        j= 5* k;
    }
    else if((x==5)||(y>z))
    {
        j=x*y+20;
    }
    j=j%2;
    printf("k=%d,j=%d\n",k,j);
}
```

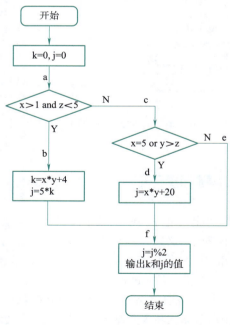

图 4-19 程序流程图

视频
语句覆盖

1. 语句覆盖

语句覆盖(Statement Coverage,SC)要求设计足够的测试用例,使程序的每条可执行语句都至少执行一次。

为使例 4-1 程序中每个语句至少执行一次，需设计一条能通过路径 a-b-f 的用例和一个 a-c-d-f 的用例，就可达到"语句覆盖"标准。由于本例代码较简单，测试用例的基本要素只使用用例编号、输入数据和预期结果三项，覆盖路径是为了更直观地检查路径覆盖情况而附加的，具体测试用例如表 4-1 所示。

表 4-1 语句覆盖

用例编号	输入数据			预期结果		覆盖路径
	x	y	z	k	j	
testcase_01	2	3	4	10	0	a-b-f
testcase_02	5	7	6	0	1	a-c-d-f

需要注意的是：输入数据不是唯一的，只要能做到尽量少的测试用例覆盖尽量多的语句即可。

语句覆盖的优点是在测试中主要发现语句的缺陷或错误。

语句覆盖的缺点是根据逻辑覆盖法定义，语句覆盖针对的是语句，对程序执行逻辑的覆盖很低，是最弱的覆盖准则。例如将判断表达式 x==5||y>z 误写成 x==5&&y>z，表 4-1 设计的测试用例并不能发现错误，仍可以覆盖所有执行的语句。

2. 判定覆盖（分支覆盖）

判定覆盖（Decision Coverage，DC）使程序中的每个判定至少出现一次"真值"和一次"假值"，即程序中的每个判定(分支)都至少要经过一次，所以也称为分支覆盖。

对例 4-1 的程序，如果设计三条用例，使它们能通过路径 a-b-f、a-c-d-f 和 a-c-e-f，就可达到"判定覆盖"标准。为了更清晰地查看判定表达式的取值，在测试用例表中添加了判定，如表 4-2 所示。

视 频

判定覆盖和条件覆盖

表 4-2 判定覆盖

用例编号	输入数据			预期结果		判定		覆盖路径
	x	y	z	k	j	x>1 and z<5	x=5 or y>z	
testcase_01	2	3	4	10	0	T	F	a-b-f
testcase_02	5	7	6	0	1	F	T	a-c-d-f
testcase_03	1	5	6	0	0	F	F	a-c-e-f

判定覆盖的优点是满足判定覆盖一定满足语句覆盖。

判定覆盖的缺点是主要对整个表达式的最终取值进行度量，忽略了表达式的内部取值。当判定表达式为复合条件时不能检查表达式中每个逻辑条件是否有问题，有时当某个逻辑条件有错误，设计的用例仍能达到判定覆盖标准，因此判定覆盖是弱的覆盖标准。

3. 条件覆盖

条件覆盖（Condition Coverage，CC）使判定中每个条件的所有可能的结果至少出现一次。

例 4-1 的程序有四个条件，x>1、z<5、x=5、y>z，为了达到"条件覆盖"标准，需要执行足够的测试用例使得在 a 点有 x > 1、x ≤ 1、z<5、z ≥ 5 等各种结果出现，以及在 c 点有 x=5、

$x \neq 5$、$y > z$、$y \leqslant z$ 等各种结果出现。现在只需设计两条测试用例就可满足这一标准，测试用例如表 4-3 所示。

表 4-3　条件覆盖

用例编号	输入数据			预期结果		条件				覆盖路径
	x	y	z	k	j	x>1	z<5	x=5	y>z	
testcase_01	5	3	4	19	1	T	T	T	F	a-b-f
testcase_02	-1	7	6	0	1	F	F	F	T	a-c-d-f

条件覆盖使每个判定表达式中的每个条件都取了"真假"值，判定覆盖不保证这一点。但判定覆盖和条件覆盖之间没有谁强谁弱的关系，满足条件覆盖不一定满足判定覆盖。这也是条件覆盖的缺点。从表 4-3 中设计的测试用例可看出，判定表达式 x=5 or y>z 只覆盖到"真值"，所以不满足判定覆盖。

• 视频

判定条件组合覆盖和多条件覆盖

4. 判定条件组合覆盖

判定条件组合覆盖（Decision Condition Coverage，DCC）使判定覆盖和条件覆盖同时得到满足。判定条件组合覆盖（判定/条件覆盖）是通过设计足够多的测试用例，使得程序中每个判定包含的每个条件的所有情况（真/假）至少出现一次，并且每个判定本身的判定结果（真/假）也至少出现一次。

对例 4-1 的程序，可以设计三条测试用例满足判定条件组合覆盖，如表 4-4 所示。

表 4-4　判定条件组合覆盖

用例编号	输入数据			预期结果		条件				判定		覆盖路径
	x	y	z	k	j	x>1	z<5	x=5	y>z	x>1 and z<5	x=5 or y>z	
testcase_01	5	5	4	29	1	T	T	T	T	T	T	a-b-f
testcase_02	-1	7	6	0	1	F	F	F	T	F	T	a-c-d-f
testcase_03	-1	5	6	0	0	F	F	F	F	F	F	a-c-e-f

判定条件组合覆盖要同时考虑判定和判定中的条件，那么满足判定条件覆盖的同时也就满足了判定覆盖和条件覆盖，所以使用判定条件组合覆盖的测试用例一定同时满足判定覆盖和条件覆盖。判定条件组合覆盖的缺点是没有考虑条件的组合对整体结果的影响，无法发现逻辑错误。

5. 多条件覆盖（条件组合覆盖）

多条件覆盖（Multiple Condition Coverage，MCC）是指设计足够的测试用例，使得每个判定中条件的各种可能值的组合都至少出现一次。

再看例 4-1 的程序，需要选择适当的数据，使得下面 8 种条件组合都能够出现：

① $x > 1$，$z < 5$　　② $x > 1$，$z \geqslant 5$　　③ $x \leqslant 1$，$z < 5$　　④ $x \leqslant 1$，$z \geqslant 5$
⑤ $x = 5$，$y > z$　　⑥ $x = 5$，$y \leqslant z$　　⑦ $x \neq 5$，$y > z$　　⑧ $x \neq 5$，$y \leqslant z$

为了使上述 8 种条件组合至少出现一次设计的测试用例如表 4-5 所示。

表 4-5 多条件覆盖

用例编号	输入数据			预期结果		条件				判定		覆盖路径
	x	y	z	k	j	x>1	z<5	x=5	y>z	x>1 and z<5	x=5 or y>z	
testcase_01	5	5	4	29	1	T	T	T	T	T	T	a-b-f
testcase_02	-1	5	6	0	0	F	F	F	F	F	F	a-c-e-f
testcase_03	-1	5	4	0	1	F	T	F	T	F	T	a-c-d-f
testcase_04	5	5	6	0	1	T	F	T	F	F	T	a-c-d-f

条件组合覆盖要考虑同一判定中各条件之间的组合关系,是最强的覆盖准则,满足条件组合覆盖一定同时满足判定条件组合覆盖、条件覆盖、判定覆盖和语句覆盖。条件组合覆盖的缺点是判定语句较多时,条件组合值比较多。同时,有的案例中满足条件组合覆盖不一定会覆盖到所有的路径。

根据逻辑覆盖法定义,语句覆盖针对的是语句,是最弱的覆盖准则;判定覆盖和条件覆盖分别针对的是判定和条件,强度次之;判定条件组合覆盖要同时考虑判定和判定中的条件,满足判定条件组合覆盖同时满足了判定覆盖和条件覆盖;条件组合覆盖则要考虑同一判定中各条件之间的组合关系,是最强的覆盖准则。

6. 路径覆盖

路径覆盖就是设计足够的测试用例,覆盖程序中所有可能的路径。根据程序的基本组成结构可以将路径覆盖分为条件测试的路径覆盖和循环测试的路径覆盖。

(1) 条件测试的路径覆盖

当程序中判定多于一个时,形成的分支结构可以分为两类:嵌套型分支结构和连锁型分支结构。

对于嵌套型分支结构,如图 4-20(a)所示,若有 n 个判定语句,需要 $n+1$ 个测试用例,覆盖它的 $n+1$ 条路径。

对于连锁型分支结构,如图 4-20(b)所示,若有 n 个判定语句,需要有 2^n 个测试用例,覆盖它的 2^n 条路径。

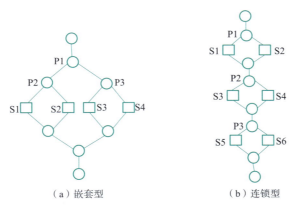

(a) 嵌套型　　　　(b) 连锁型

图 4-20 分支结构

从图 4-19 中可以看出,其属于嵌套型分支结构,判定语句有两个,所以有三条路径,分别为 a-b-f、a-c-e-f 和 a-c-d-f。从该例题中可以发现,满足判定覆盖就满足路径覆盖。所以,测试用例的设计可以直接使用判定覆盖的表 4-2。

（2）循环测试的路径覆盖

循环分为四种不同类型：简单循环、嵌套循环、连锁循环和非结构循环，如图 4-21 所示。

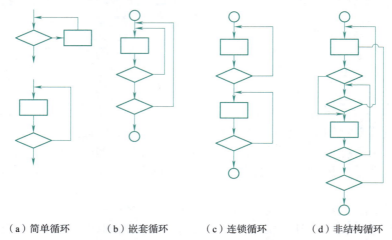

（a）简单循环　　（b）嵌套循环　　（c）连锁循环　　（d）非结构循环

图 4-21　循环结构

① 简单循环。
- 零次循环：从循环入口到出口。
- 一次循环：检查循环初始值。
- 二次循环：检查两次循环。
- m 次循环：检查 m 次循环。
- 最大次数循环（n）、比最大次数多一次（$n+1$）、少一次的循环（$n-1$）。

即一般要执行 7 个测试用例，对应循环次数 $i=0,1,2,m,n-1,n,n+1$。

例 4-2　分析求最小值的核心程序段，程序流程图如图 4-22 所示。请使用简单循环的路径覆盖设计测试用例。

```
k=i;
for(j=i+1;j <=n;j++)
    if((A[j] <A[k])
        k=j;
```

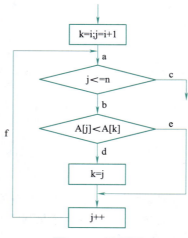

图 4-22　流程图

测试用例数据构建如表 4-6 所示。

表 4-6 简单循环测试路径覆盖

循环	i	n	A[i]	A[i+1]	A[i+2]	k	路径
0	1	1				i	a-c
1	1	2	1	2		i	a-b-e-f-c
			2	1		i+1	a-b-d-f-c
2	1	3	1	2	3	i	a-b-e-f-e-f-c
			2	3	1	i+2	a-b-e-f-d-f-c
			3	2	1	i+2	a-b-d-f-d-f-c
			3	1	2	i+1	a-b-d-f-e-f-c

需要注意的是：d 改 k 的值，e 不改 k 的值。

② 嵌套循环。对于嵌套循环，不能将简单循环的测试方法简单地扩展到嵌套循环，因为这样测试数目可能将随嵌套层次的增加呈几何倍数增长。例如，两层嵌套循环，可能要运行 $7^2=49$ 个测试用例；如果 3 层嵌套循环，可能要运行 $7^3=343$ 个测试用例。此时可采用以下办法减少设计测试用例的数目：
- 对最内层循环做简单循环的全部测试，所有其他层的循环变量置为最小值。
- 逐步外推，对其外面一层循环进行测试。测试时保持所有外层循环的循环变量取最小值，所有其他嵌套内层循环的循环变量取"典型"值。
- 反复进行，直到所有各层循环。

③ 连锁循环。如果各个循环互相独立，则可以用与简单循环相同的方法进行测试。但如果几个循环不是互相独立的，则需要使用测试嵌套循环的办法来处理。

④ 非结构循环。对于非结构循环这种情况，无法进行测试，需要按结构化程序设计的思想将程序结构化后，再进行测试。

从上述两种程序结构的路径覆盖分析可以得出，对于逻辑结构复杂的程序要做到所有路径覆盖，难度是非常大的，因为测试用例数量非常巨大。

经过对各种逻辑覆盖标准的解析，下面通过图 4-23 直观地描述各种逻辑覆盖标准的关系。

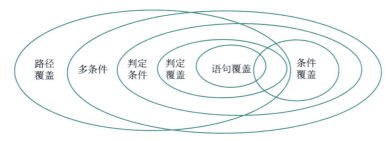

图 4-23 各种逻辑覆盖标准的关系

4.3.2 基本路径测试法

完成路径测试的理想状况是做到路径覆盖。对于简单的小的程序，实现路径覆盖是完全有可能的。但是如果程序中出现多个判断和循环，可能的路径数目将会急剧增加，达到天文数字，以至于实现完全路径覆盖是不可能的。

在不可能实现所有路径覆盖的前提下，如果某一个程序的每个独立路径都被测试

软件测试基础及实践

过,那么可以认为程序中的每个语句都已经检验过了,即达到了语句覆盖。这种测试方法就是通常所说的基本路径测试法。独立路径是指程序中至少引入一个新的处理语句集合或一个新条件的程序通路,必须至少包含一条在本次定义路径之前不曾用过的边。基本路径测试方法把覆盖的路径数压缩到一定限度内,程序中的循环体最多只执行一次。

基本路径测试法是在控制流图的基础上,通过分析控制结构的环形复杂度,导出执行路径的基本集,再从该基本集设计测试用例。设计出的测试用例要保证在测试中,程序的每一个可执行语句至少要执行一次。

基本路径测试法包括以下四个步骤:

1. 画出程序的控制流图

白盒测试需要"看到"被测对象的内部信息,并在测试过程中使用它们。这些信息可以是程序的结构信息、数据信息及交互信息等。针对不同的信息特点,可以有不同的表示方式,其中,控制流图就是一种常用的刻画程序结构和逻辑流的表示方法。控制流图是对程序流程图进行简化后得到的,可以更加突出地表示程序控制流的结构。

在控制流图中,线条或箭头表示流控制,称为边。圆圈用来表示一个或多个动作,称为节点。如果一个节点本身包含一个条件,则称为谓词节点,由边和节点围成的范围称为区域。

图 4-24 给出了不同程序结构的控制流图表示。

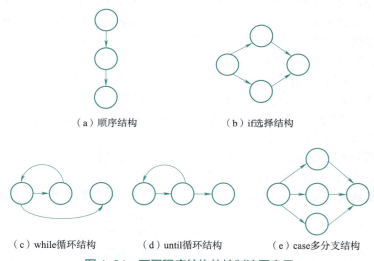

图 4-24 不同程序结构的控制流图表示

程序的控制流图可以从程序流程图简化映射得到,将程序流程图映射为控制流图需要遵守的规则如下:

- 一个或顺序连接在一起的几个处理框可映射为一个节点。
- 一个菱形判断框或一个菱形判断框与其上顺序连接在一起的几个处理框可映射为一个节点。
- 在选择或多分支结构中,分支的汇聚处应有一个汇聚节点。
- 如果判断中的条件表达式是复合条件,即判定表达式是由一个或多个逻辑运算符(OR,AND,NOT)连接的复合条件表达式,则需要改为一系列只有单个条件的嵌套的判断。如图 4-25 所示,判定语句 x<1 and y>1 改为各有一个单个条件的判断节点。

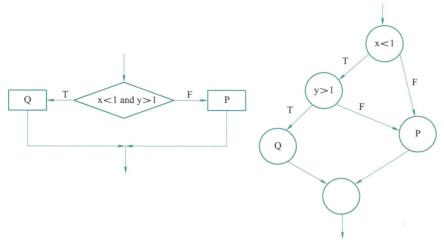

图 4-25 复合条件的控制流图

例如,有一个程序的流程图如图 4-26 所示,假设判定节点 1、3 和 6 不包含复合条件,按以上规则得到相应的控制流图如图 4-27 所示。

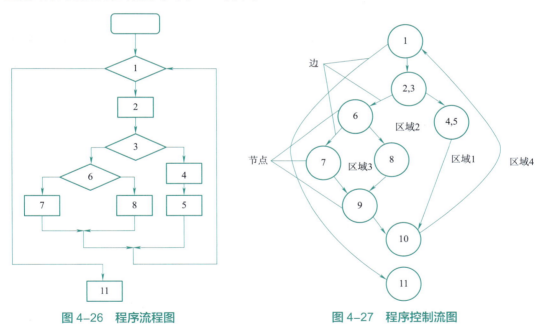

图 4-26 程序流程图　　　　图 4-27 程序控制流图

2. 确定控制流图的圈复杂度

圈复杂度源于对复杂度的合理量化度量,该值给出了一个程序结构中独立路径的数目,其含义为在确保每条语句至少被执行一次的条件下,所需测试用例数目的上界。

圈复杂度具有以下几方面的用途:
- 计算基本路径测试中的路径数目。
- 用于查明潜在的不稳定区域。
- 表示一个单元或构件的可测试性、可理解性和可维护性。

- 为单元或构件的控制流复杂度提供量化表示。
- 描述测试一个单元或构件所需的工作量。

圈复杂度也写作 $V(G)$，其中 V 是图论中的圈数，G 表示复杂度是图的一个函数。确定独立路径条数需要计算圈复杂度 $V(G)$，计算方法包括三种：

（1）$V(G)$= 边 − 节点 +2

每个模块的圈复杂度定义为 $E-N+2$，其中 E 和 N 是控制流图中边和节点的数目。图 4-27 所示的控制流图的圈复杂度计算结果为：$V(G)=E-N+2=11-9+2=4$。

（2）$V(G)$= 区域数

当对区域计数时，除封闭区域外，图形外的区域也应记为一个区域。图 4-27 所示的控制流图的圈复杂度计算结果为：$V(G)$= 区域数 =3（封闭区域）+1（非封闭区域）=4。

（3）$V(G)$= 谓词节点数目 +1

图 4-27 所示的控制流图的圈复杂度计算结果为：$V(G)$= 谓词节点数目 +1=3+1=4。

通常情况下，谓词节点公式是假定每个谓词节点只有两条出边。图 4-28 给出了另一种控制流图。

使用三种方法计算图 4-28 所示控制流图的圈复杂度：

$V(G)=E-N+2=6-5+2=3$

$V(G)$= 区域数 =2（封闭区域）+1（非封闭区域）=3

$V(G)$= 谓词节点数目 +1=1+1=2

第三种方法计算出的结果不同，是因为谓词节点公式的限制。为了适应公式 $V(G)$= 谓词节点数目 +1，该图中的谓词节点可以被分割成 2 个子节点，即将谓词节点 1 分成 1-1 和 1-2，如图 4-29 所示。

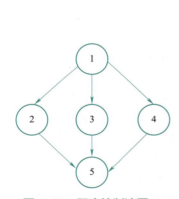

图 4-28　程序控制流图

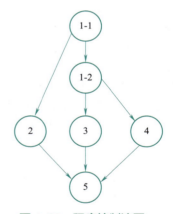

图 4-29　程序控制流图

3. 确定独立路径的一个基本集

例如，图 4-27 的控制流图得到的圈复杂度是 4，可据此得到的独立路径上界即为 4 条，具体独立的路径如下：

```
path1: 1-11
path2: 1-2-3-4-5-10-1-11
path3: 1-2-3-6-8-9-10-1-11
path4: 1-2-3-6-7-9-10-1-11
```

路径 path1、path2、path3、path4 组成了控制流图的一个基本路径集。

4. 设计测试用例并构造测试数据

导出测试用例，确保基本路径集中的每一条路径的执行。根据判断节点给出的条件，选择适当的数据以保证某一条路径可以被测试到——用逻辑覆盖方法。

每个测试用例执行之后，与预期结果进行比较。如果所有测试用例都执行完毕，则可以确信程序中所有的可执行语句至少被执行了一次。

必须注意，一些独立的路径，往往不是完全孤立的，有时它是程序正常的控制流的一部分，这时，这些路径的测试可以是另一条路径测试的一部分。

视频

基本路径测试法案例讲解

例 4-3 分析代码，程序流程图如图4-30所示。请使用基本路径测试法设计测试用例。

```
int fun(int c,int ns,int *p){
    int nt,i=0;
    while(c>255){                //1
        nt=c%256;                //2
        c=c>>2;
        if(i++ <ns){             //3
            if(nt%2==0)          //6
                nt+=2;           //7
            else
                nt-=2;           //8
            nt=nt+1;}            //9
        else{ **;**;}            //4、5 省略其中语句
        *p=nt;}                  //10
    *p=c+nt;                     //11
    return 0;}
```

解：第一步，画出程序的控制流图，如图4-31所示。

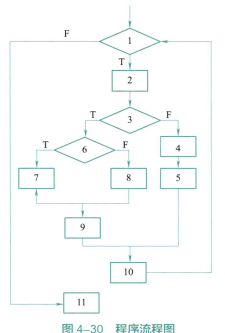

图4-30 程序流程图

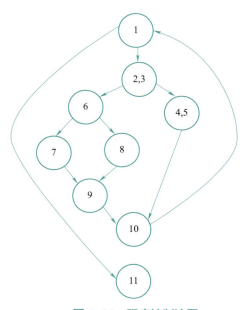

图4-31 程序控制流图

第二步：计算圈复杂度。

软件测试基础及实践

$V(G)$= 谓词节点数目 +1=3+1=4

第三步：确定独立路径的一个基本集。

```
path1: 1-11
path2: 1-2-3-4-5-10-1-11
path3: 1-2-3-6-7-9-10-1-11
path4: 1-2-3-6-8-9-10-1-11
```

第四步：设计测试用例并构造测试数据，见表4-7。

表4-7 测试用例

用例编号	输入数据		预期结果
	c	ns	
testcase_01	200	0	遍历path1
testcase_02	256	0	遍历path2
testcase_03	258	2	遍历path3
testcase_04	257	2	遍历path4

4.3.3 Z路径覆盖法

对于有多个判断和循环的程序来说，可能的路径数目将会急剧增加，以至于实现完全路径覆盖是不可能的，同时可能的基本路径数目也可能会非常庞大。为了解决这一问题，必须舍去一些次要因素，对循环机制进行简化，从而极大地减少路径数目，使得覆盖有限的路径成为可能。简化循环意义下的路径覆盖便是Z路径覆盖。

Z路径覆盖法是路径覆盖的一种变体，它是将程序中的循环结构简化为选择结构的一种路径覆盖。循环简化的目的是限制循环的次数，不论循环的形式和循环体实际执行的次数，简化后的循环测试只考虑执行循环体一次和零次（不执行）两种情况，即考虑执行时进入循环体一次和跳过循环体这两种情况。

所以，经过Z路径覆盖法对程序中循环的简化后，程序中只存在两种结构：顺序结构和分支结构。也就是说，循环与判定分支的效果是一样的。

例如，对例4-3使用Z路径覆盖法设计测试用例时，只要覆盖下面两条路径就能够达到Z路径覆盖：

```
path1: 1-11
path2: 1-2-3-6-7-9-10-1-11
```

注意，覆盖的路径并不唯一，只要满足Z路径覆盖法对循环结构的要求即可。

4.3.4 常见的动态测试工具

单元测试一般是针对程序进行测试，这决定了其测试工具和特定的编程语言密切相关，所以单元测试工具基本是相对不同的编程语言而存在，多数集成开发环境中会提供单元测试工具，甚至提供测试驱动开发方法所需要的环境。为了提高单元测试的效率，特别是提高进行回归测试时的效率，需要在单元测试中引入测试工具来实现自动化测试。

1. Jtest

Jtest 是 Parasoft 公司推出的一款针对 Java 语言的自动化代码优化和测试工具，它通过自动实现 Java 的单元测试和代码标准校验来提高代码的可靠性。Jtest 先分析每个 Java 类，然后自动生成 JUnit 测试用例并执行用例，从而实现代码的最大覆盖，并将代码运行时未处理的异常暴露出来；另外，它还可以检查以 DbC（Design by Contract）规范开发的代码的正确性。用户还可以通过扩展测试用例的自动生成器来添加更多的 JUnit 用例。Jtest 还能按照现有的超过 350 个编码标准来检查并自动纠正大多数常见的编码规则上的偏差，用户可自定义这些标准，通过简单的几个点击，就能预防类似于未处理异常、函数错误、内存泄漏、性能问题、安全隐患这样的代码问题。Jtest 多适用于大型项目，测试功能齐全，适合 Java 程序的所有测试，包括性能、安全等。

2. CodeTest

CodeTest 是全球第一个专为嵌入式系统软件测试而设计的工具套件，CodeTest 为追踪嵌入式应用程序、分析软件性能、测试软件的覆盖率以及存储体的动态分配等提供了一个实时在线的高效率解决方案。CodeTest 还是一个可共享的网络工具，它将给整个开发和测试团队带来高品质的测试手段。

3. VcTester

VcTester 由深圳市领测科技有限公司自主研发，专业服务于嵌入式白盒测试领域的测试工具，它遵循第 4 代白盒测试方法，为有效实施针对 C 语言的单元测试、集成测试与协议测试，提供系统化的测试解决方案。VcTester 仅支持 VC 平台下 C 源代码的白盒测试，主要应用于通信设备、嵌入式手持终端、医疗器械等实时嵌入式产品的源码级测试。

4. JUnit

JUnit 是一个为 Java 编程语言设计的开源单元测试框架，由 Kent Beck 和 Erich Gamma 建立，它是单元测试框架家族中的一个，这些框架被统称为 xUnit，JUnit 是 xUnit 家族中最为成功的一个。JUnit 有它自己的 JUnit 扩展生态圈，多数 Java 的开发环境都已经集成了 JUnit 作为单元测试的工具。JUnit 多适用小型开发项目的单元测试，并且是开源工具。

小 结

白盒测试是基于代码的测试，能发现代码路径中的错误、程序中的死循环以及逻辑错误等。白盒测试的方法根据是否运行代码分为静态测试和动态测试。

静态测试方法分为代码检查法和静态结构分析法，其中，代码检查法包括代码走查、桌面检查和代码审查。静态测试可以由人工检测，也可以借助工具扫描分析。本章介绍了常见的静态测试工具，重点演示了 CodeAnalyzer 静态测试工具的实操过程。

动态测试方法主要包括逻辑覆盖法、基本路径覆盖法和 Z 路径覆盖法。逻辑覆盖是主要的动态测试方法之一。根据覆盖目标的不同和覆盖源程序语句的详尽程度不同，逻辑覆盖又可分为语句覆盖、判定覆盖、条件覆盖、判定条件组合覆盖、多条件覆盖和路径覆盖。基本路径覆盖法和 Z 路径覆盖法是基于路径的测试方法。本章采用案例驱动式编写，将理论与实践紧密结合，使得读者能更容易地掌握各种测试方法设计测试用例。

目前国内的大多数软件公司，白盒测试主要由软件开发人员及其开发小组成员负责，但测试人员为了更好地保证软件质量，也有必要对白盒测试技术有一定的了解和认知。

习 题

一、选择题

1. 以下关于测试方法的叙述中，不正确的是（　　）。
   A. 根据是否需要执行被测试代码，可分为静态测试和动态测试
   B. 黑盒测试也叫做结构测试，针对代码本身进行测试
   C. 动态测试主要是对软件的逻辑、功能等方面进行评估
   D. 白盒测试把被测试代码当成透明的盒子，完全可见

2. 以下关于白盒测试的叙述中，不正确的是（　　）。
   A. 满足判定覆盖一定满足语句覆盖
   B. 满足条件覆盖一定满足判定覆盖
   C. 满足判定条件组合覆盖一定满足条件覆盖
   D. 满足判定条件组合覆盖一定满足判定条件覆盖

3. 白盒测试不能发现（　　）。
   A. 代码路径中的错误　　　　　　　B. 死循环
   C. 逻辑错误　　　　　　　　　　　D. 功能错误

4. 以下属于静态测试方法的是（　　）。
   A. 分支覆盖率分析　　　　　　　　B. 复杂度分析
   C. 系统压力测试　　　　　　　　　D. 路径覆盖分析

5. 以下不属于软件编码规范评测内容的是（　　）。
   A. 源程序文档化　　　　　　　　　B. 数据说明方法
   C. 语句结构　　　　　　　　　　　D. 算法逻辑

6. 以下关于测试方法的叙述中，不正确的是（　　）。
   A. 根据被测代码是否可见，分为白盒测试和黑盒测试
   B. 黑盒测试一般用来确认软件功能的正确性和可操作性
   C. 静态测试主要是对软件的编程格式和结构等方面进行评估
   D. 动态测试不需要实际执行程序

7. 以下属于动态测试方法的是（　　）。
   A. 代码审查　　　　　　　　　　　B. 静态结构测试
   C. 路径覆盖　　　　　　　　　　　D. 技术评审

8. 以下几种白盒覆盖测试中，覆盖准则最强的是（　　）。
   A. 语句覆盖　　　　　　　　　　　B. 判定覆盖
   C. 条件覆盖　　　　　　　　　　　D. 条件组合覆盖

9. 假设在程序控制流图中，有12条边，8个节点，则确保程序中每个可执行语句至少

执行一次所必需的测试用例数目的上限是（　　　　）。
  A．12   B．8   C．6   D．4

10．关于白盒测试的测试用例设计方法叙述，正确的是（　　　　）。
  A．完成语句覆盖所需的测试用例数目一定多于完成判定覆盖所需的测试用例数目
  B．达到100%条件覆盖要求就一定能够满足100%语句覆盖的要求
  C．达到100%判定条件组合覆盖要求就一定能够满足100%条件覆盖的要求
  D．任何情况下，都可以达到100%路径覆盖的要求

11．对于逻辑表达式 (a||(b&c))||(c&&d))，需要（　　　　）个测试用例才能完成多条件覆盖。
  A．4   B．8   C．16   D．32

12．针对下列程序段，需要（　　　　）个测试用例可以满足分支覆盖的要求。

```
int IsLeap(int year){
    if (year % 4 == 0)
    {
      if ((year % 100 == 0)
        {
            if (year % 400 == 0)
                leap = 1;
            else
                leap = 0;
        }
      else
         leap = 1;
    }
    else
       leap = 0;
    return leap;}
```

  A．3   B．4   C．6   D．7

13．白盒测试也称结构测试或逻辑驱动测试，典型的白盒测试方法包括静态测试和动态测试。其中，静态测试除静态结构分析法、静态质量度量法外，还有（　　　　）。
  A．代码检查法   B．逻辑覆盖法
  C．基本路径测试法   D．结构覆盖法

14．假设A、B为布尔变量，对于逻辑表达式（A&&B||C），需要（　　　　）个测试用例才能完成判定覆盖。
  A．2   B．3   C．4   D．5

15．对于条件覆盖说法错误的是（　　　　）。
  A．能够检查程序中所包含的逻辑条件
  B．条件中包含的错误有布尔算子错误
  C．条件中包含的错误有布尔变量错误
  D．条件中包含的错误有接口错误

16．无论循环的形式和实际执行循环体的次数多少，只考虑循环一次和零次两种情况，

软件测试基础及实践

这种测试方法称为（　　）。

　　A. 路径覆盖　　　　　　　　　　B. Z 路径覆盖
　　C. 循环覆盖　　　　　　　　　　D. 简化的循环覆盖

二、判断题

1. 白盒测试仅与程序的内部结构有关，完全可以不考虑程序的功能要求。（　　）
2. 语句覆盖无法考虑分支组合情况。（　　）
3. 软件测试人员可以对产品说明书进行白盒测试。（　　）
4. 判定条件组合覆盖没有考虑判定语句与条件判断的组合情况。（　　）
5. 白盒测试的"条件覆盖"标准强于"判定覆盖"。（　　）
6. 代码评审是检查源代码是否达到模块设计的要求。（　　）
7. 白盒测试是从用户的角度出发的测试。（　　）
8. 如果某测试用例集实现了路径覆盖，那么它一定同时实现了多条件覆盖。（　　）
9. 只要能够达到 100% 的逻辑覆盖率，就可以保证程序的正确性。（　　）
10. 在进行单元测试时，常用的方法是采用白盒测试，辅之以黑盒测试。（　　）

三、话题讨论

1. 所有的软件产品都必须做到逻辑覆盖率 100% 吗？
2. 白盒测试通常是由开发人员负责，那么测试人员不需要具备编码能力。请谈谈你对这种观点的看法。

第 5 章

黑盒测试

引言

黑盒测试是重要的软件测试方法。本章先介绍黑盒测试技术基本知识，包括定义、特点、发现的错误类型、遵循的原则等；再详细介绍黑盒测试技术的测试方法——等价类划分法、边界值分析法、判定表法、因果图法、正交试验法、场景法和错误推测法的基本理论及测试用例的设计过程。

内容结构图

软件测试基础及实践

学习目标

- 了解：黑盒测试的基本知识，包括黑盒测试的定义、特点、检测错误类型、分类等。
- 应用：通过案例设计测试用例的实操，能熟练使用黑盒测试方法设计测试用例。
- 分析：根据每种黑盒测试方法的特点，结合实际项目的要求，能选择出合适的方法设计测试用例。

5.1 黑盒测试概述

黑盒测试又叫功能测试、数据驱动测试或基于需求规格说明书的测试，主要用于集成测试和确认测试阶段，主要针对软件界面和软件功能进行测试。黑盒测试是把程序看作一个不能打开的黑盒子，在完全不考虑程序内部结构和内部特性的情况下，在程序接口进行测试，它只检查程序功能是否按照需求规格说明书的规定正常使用、程序是否能适当地接收输入数据而产生正确的输出信息。它的根本依据是用户需求规格说明书。

1. 黑盒测试的特点

由于黑盒测试仅需知道被测对象的输入和预期输出，不需要了解其实现的细节（例如，程序的实现逻辑如何、源代码如何撰写等），因此，黑盒测试方法最大的优势在于如下三方面：

- 黑盒测试方法对测试人员的技术要求相对较低，测试人员甚至可以是对软件开发完全不懂的非计算机专业人员，只要对照需求规格说明书或用户手册，按照文档中描述的软件操作步骤和特性执行软件，观察输出结果就可以。
- 黑盒测试不需要了解程序实现的细节，因此，测试团队与开发团队可以并行完成各自的任务，一旦需求规格说明书确定后，开发团队就可以开始系统设计工作，而与此同时，测试团队也可以开始着手测试计划的制订和测试的设计工作，二者相互并不干扰，从而提高团队开发进度。
- 由于黑盒测试不考虑程序内部结构，其用例设计可以和软件实现同步，且该方法不依赖于软件内部的具体实现，当实现变化后，只要对外接口不变，则无须重新设计用例。

2. 黑盒测试检测的错误类型

黑盒测试方法简单有效，可以整体测试系统的行为，可以从头到尾进行数据完整性的测试。但是测试结果的覆盖度不容易度量，测试的潜在风险较高，检测不了执行不到的代码，所以还需要通过白盒测试来评估黑盒测试覆盖率。除此以外，黑盒测试是以用户的角度，从输入数据与输出数据的对应关系出发进行测试的。很明显，如果外部特性本身设计有问题或者规格说明的规定有误，用黑盒测试方法是发现不了的。黑盒测试主要能发现以下几类错误：

- 是否有错误的功能或遗漏的功能？
- 界面是否有误？输入是否正确接收？输出是否正确？
- 是否有数据结构或外部数据库访问错误？
- 性能是否能够接受？
- 是否有初始化或终止错误？

3. 黑盒测试遵循的原则

采用黑盒测试方法一般遵循以下原则：

- 根据相应的、正确的需求设计测试用例。配置项测试依据需求规格说明，系统测试依据软件开发任务书，验收测试依据软件开发任务书或合同/协议。

- 正确地定义等价类。等价类方法是黑盒测试的主要方法,设计测试用例时应根据输入的数据范围,正确划分有效等价类和无效等价类。
- 覆盖所有的功能需求。
- 根据测试风险来确定测试重点和优先级,确保软件的常用功能和重要功能得到充分的测试。
- 加强接口测试。
- 站在用户角度进行测试。尽量模拟用户的使用环境,那些对用户有价值的功能要优先、充分地测试。

4. 黑盒测试方法的分类

从理论上讲,黑盒测试只有采用穷举输入测试,把所有可能的输入都作为测试情况考虑,才能查出程序中所有的错误。实际上测试情况有无穷多个,不仅要测试所有合法的输入,而且还要对那些不合法但可能的输入进行测试。这样看来,完全测试是不可能的,所以要进行有针对性的测试,通过设计测试用例指导测试的实施,保证软件测试有组织、按步骤、有计划地进行。黑盒测试行为必须能够加以量化,才能真正保证软件质量,而测试用例就是将测试行为具体量化的方法之一。

黑盒测试的概念是"已知产品的功能设计规格,可以进行测试证明每个实现了的功能是否符合要求",所以黑盒测试法是根据产品的功能来设计测试用例的。具体的黑盒测试用例设计方法包括等价类划分法、边界值分析法、判定表法、因果图法、正交试验法、场景法、错误推测法等。

5.2 等价类划分法

5.2.1 等价类划分法概述

等价类划分法是一种典型的、重要的黑盒测试方法,使用这一方法设计测试用例完全不需要考虑程序的内部结构,是以需求规格说明书为依据,选择适当的典型子集,认真分析和推敲说明书的各项需求,特别是功能需求。

等价类划分法是解决如何选择适当的数据子集代表整个数据集的问题,通过降低测试的数目实现"合理"的覆盖,覆盖更多的可能数据,以发现更多的软件缺陷。

等价类划分法就是将程序所有可能的输入数据(有效的和无效的)划分成若干个等价类,然后从每个等价类中选取具有代表性的数据当做测试用例的输入数据进行测试。

等价类划分法是一种系统性的确定要输入的测试条件的方法,只要有数据输入的地方就可以使用。

5.2.2 等价类的划分

为了保证测试用例的完整性和代表性,测试用例由有效等价类和无效等价类组成。

1. 有效等价类

有效等价类是对程序的规格说明有意义、合理的数据的集合。利用有效等价类可以检验程序是否实现了规格说明书预先规定的功能和性能,当程序接收到有效等价类数据时应该正确计算执行。将程序所有可能的输入数据按一定的规则划分为若干个有效的等价类,然后从每个有效等价类中选取具有代表性的数据当做测试用例的输入数据。有效等价类可以是一个,也可以是多个。

软件测试基础及实践

2. 无效等价类

无效等价类是对程序的规格说明无意义、不合理的数据集合。利用无效等价类，可以找出程序对异常情况的处理，检查程序的功能和性能的实现是否有不符合规格说明要求的地方。当程序接收到无效等价类数据，应该给出错误提示，或根本不允许输入。无效等价类至少应该有一个，也可能是多个。

无效等价类主要考虑的因素是：
- 需求要求不能为空或必填，无效等价类就是为空。
- 数据有范围要求，无效等价类就是超出范围。
- 字符有个数要求，无效等价类就是超出规定的范围。
- 数据有格式样式类型的要求，无效等价类就是测试格式样式的类型非法。
- 需求有小数点位数要求，无效等价类就是保留位数超过范围。
- 需求要求不能重复，无效等价类就是重复。

在设计测试用例时，要同时考虑有效等价类和无效等价类的设计，这样才能确保软件具有更高的可靠性。

划分等价类的六条原则：

① 在输入条件规定了取值范围或值的个数的情况下，可以确立一个有效等价类（输入值或数在此范围内）和两个无效等价类（输入值或个数小于这个范围的最小值或大于这个范围的最大值）。

例如，在程序的规格说明中，要求输入条件满足："……项数可以从 1 到 100……"，则有效等价类是"1≤项数≤100"；两个无效等价类是"项数＜1"或"项数＞100"。在数轴上表示如图 5-1 所示。

图 5-1　数轴示意图

例如，一个学生一学期内只能选修课程 1 ~ 3 门，那么有效等价类为选修课程 1 ~ 3 门，两个无效等价类为不选修和选修超过 3 门。

② 在输入条件规定了输入值的集合或者规定了"必须如何"的条件的情况下，可以确立一个有效等价类和一个无效等价类。

例如，在某程序语言版本中对变量标识符规定为"以字母开头的……串"。

那么所有"以字母开头"的变量标识符构成有效等价类，而不在此集合内（不以字母开头）的归于无效等价类。

③ 在输入条件是一个布尔量的情况下，可确定一个有效等价类和一个无效等价类。

④ 在规定了输入数据的一组值（假定 n 个），并且程序要对每一个输入值分别处理的情况下，可确立 n 个有效等价类和一个无效等价类。

例如，在教师上岗方案中规定对教授、副教授、讲师和助教分别计算分数，做相应的处理。因此可以确定 4 个有效等价类为教授、副教授、讲师和助教，一个无效等价类是所有不符合以上身份的人员的输入值的集合。

⑤ 在规定了输入数据必须遵守的规则的情况下，可确立一个有效等价类（符合规则）和若干个无效等价类（从不同角度违反规则）。

例如，程序输入条件要求第一个字符必须是字母，长度为 10，只能由字母、数字和下划线三类字符组成。则有效等价类为满足上述所有条件的字符串；无效等价类为以数字开头的字符串、以下划线开头的字符串、长度不为 10 的字符串和包含了非字母、数字和下划线的其他字符的字符串。

⑥ 在确定已划分的等价类中，各元素在程序处理中的方式不同的情况下，则再将该等价类进一步地划分为更小的等价类。

例如，在第④条规则中教授可以再分为一级教授、二级教授等，那么针对一级教授和二级教授划分为更小的两个有效等价类。

在划分了等价类之后，需要建立等价类表，列出所有划分出的等价类，如表 5-1 所示。

表 5-1 等价类表

输入数据（或输入条件）	有效等价类	有效等价类编号	无效等价类	无效等价类编号

表中的等价类编号是为了在设计测试用例时更好地检查覆盖的等价类。建议对等价类编号时区分出有效等价类编号和无效等价类编号；编号的组成可以是字母加数字的方式。

例 5-1 在某程序语言版本中规定，"标识符是由字母开头、后跟字母或数字的任意组合构成，最大字符数为 80 个"，并且规定，"标识符必须先说明，再使用"，"在同一说明语句中，标识符至少必须有一个"。请根据此标识符的相关规定设计等价类表。

解：为了更清晰地体现分析过程，可以从长度、组成（数据类型）、要求三个角度对需求进行细分，故在表 5-1 所描述的等价类表中增加了"关注角度"列。读者也可以直接按照表 5-1 的要求设计等价类表。

通过对标识符命名规则和使用要求的分析并结合等价类划分的规则确定等价类表，如表 5-2 所示。

表 5-2 某程序语言中标识符命名的等价类表

输入条件	关注角度	有效等价类	有效等价类编号	无效等价类	无效等价类编号
标识符命名	长度	1-80 个	V01	0 个	N01
				>80 个	N02
	组成	字母、数字	V02	非字母、数字字符	N03
				保留字	N04
	要求	首字符为字母	V03	首字符为非字母	N05
标识符使用	长度	个数 >=1 个	V04	0 个	N06
	要求	先说明后使用	V05	未说明就使用	N07

5.2.3 测试用例的设计

根据已列出的等价类表按以下规则设计测试用例：
- 为等价类表中的每一个等价类分别规定一个唯一的编号。
- 设计一个新的测试用例，使之能够尽可能多地覆盖尚未覆盖的有效等价类。重复这个步骤，直到所有的有效等价类均被测试用例所覆盖。
- 设计一个新的测试用例，使之仅覆盖一个尚未覆盖的无效等价类。重复这一步

视频

测试用例的设计（扩展案例）

骤，直到所有的无效等价类均被测试用例所覆盖。

使用等价类划分法设计测试用例的步骤：

① 分析需求建立等价类表，列出所有划分出的等价类。

② 为有效等价类设计测试用例。

③ 为每一个无效等价类至少设计一个测试用例。

例 5-2 CRM 分为前后台，但后台和前台使用同一个登录界面，只是用户名和密码有所区分，需求规格说明书对前台登录账号信息的规定如下：

- 用户名必须是 4～8 个字符，可以包含字母、数字。
- 密码必须是 4～6 个字符，可以包含字母、数字。
- 输入用户名为空，系统提示用户名不能为空。
- 输入密码为空，系统提示密码不能为空。
- 输入非法的用户名和密码进行登录，系统提示用户名或密码错误。

请用等价类划分法为其设计测试用例。

解： 第一步，分析需求建立等价类表，列出所有划分出的等价类。

通过对 CRM 登录模块的需求规格说明书的分析，可以从长度、组成（数据类型）、要求三个角度并结合等价类划分的规则来确定等价类，如表 5-3 所示。

表 5-3 CRM 登录模块等价类表

输入条件	关注角度	有效等价类	有效等价类编号	无效等价类	无效等价类编号
用户名	长度	长度为 4～8 位	V01	长度 <4 位字符	N01
				长度为 >8 位字符	N02
	组成	字母	V02	包含符号	N03
		数字	V03	包含汉字	N04
		字母和数字组合	V04	符号与字母组合	N05
				符号与数字组合	N06
				汉字与字母组合	N07
				汉字与数字组合	N08
	要求	填写	V05	空	N09
密码	长度	长度为 4～6 位	V06	长度 <4 位字符	N10
				长度为 >6 位字符	N11
	组成	字母	V07	包含符号	N12
		数字	V08	符号与字母组合	N13
		字母和数字组合	V09	符号与数字组合	N14
	要求	填写	V10	空	N15

第二步，为有效等价类设计测试用例。

为用户名和密码的有效等价类设计的测试用例如表 5-4 所示。

表 5-4 CRM 登录模块覆盖有效等价类的测试用例

用例编号	测试目的	预置条件	输入数据		预期结果	覆盖等价类
			用户名	密码		
CRM_login_01	用户名功能校验	用户名：testab 密码：testa	testab	testa	登录成功	V01、V02、V05、V06、V07、V10
CRM_login_02	用户名功能校验	用户名：123456 密码：12345	123456	12345	登录成功	V01、V03、V05、V06、V08、V10
CRM_login_03	用户名功能校验	用户名：test12 密码：test1	test12	test1	用户名或密码错误	V01、V04、V05、V06、V09、V10

第三步，为用户名和密码的无效等价类设计的测试用例如表 5-5 所示。

表 5-5 CRM 登录模块覆盖无效等价类的测试用例

用例编号	测试目的	预置条件	输入数据		预期结果	覆盖等价类
			用户名	密码		
CRM_login_04	用户名功能校验	用户名：test12 密码：test1	te	test1	用户名或密码错误	N01
CRM_login_05	用户名功能校验	用户名：test12 密码：test1	test123123	test1	用户名或密码错误	N02
CRM_login_06	用户名功能校验	用户名：test12 密码：test1	??????	test1	用户名或密码错误	N03
CRM_login_07	用户名功能校验	用户名：test12 密码：test1	等价类	test1	用户名或密码错误	N04
CRM_login_08	用户名功能校验	用户名：test12 密码：test1	test1?	test1	用户名或密码错误	N05
CRM_login_09	用户名功能校验	用户名：test12 密码：test1	12312?	test1	用户名或密码错误	N06
CRM_login_10	用户名功能校验	用户名：test12 密码：test1	test 测	test1	用户名或密码错误	N07
CRM_login_11	用户名功能校验	用户名：test12 密码：test1	1231 测	test1	用户名或密码错误	N08
CRM_login_12	用户名功能校验	用户名：test12 密码：test1		test1	用户名不能为空	N09
CRM_login_13	密码功能校验	用户名：test12 密码：test1	test12	te	用户名或密码错误	N10
CRM_login_14	密码功能校验	用户名：test12 密码：test1	test12	test123123	用户名或密码错误	N11
CRM_login_15	密码功能校验	用户名：test12 密码：test1	test12	?????	用户名或密码错误	N12
CRM_login_16	密码功能校验	用户名：test12 密码：test1	test12	test?	用户名或密码错误	N13
CRM_login_17	密码功能校验	用户名：test12 密码：test1	test12	1234?	用户名或密码错误	N14
CRM_login_18	密码功能校验	用户名：test12 密码：test1	test12		密码不能为空	N15

使用等价类划分法时，在每个等价类中选择一个有代表性的数据作为测试用例，由于该数据可以代表同一等价类的其他数据，等价类划分法做到了用最少的数据覆盖更多的可能数据。

5.3 边界值分析法

5.3.1 边界值分析法概述

• 视频

边界值分析法概述和边界值的确定

根据长期的测试工作经验发现，大量的错误是发生在输入或输出范围的边界上，而不是发生在输入输出范围的内部。因此，针对各种边界情况设计测试用例，可以查出更多的错误。

边界值分析法就是对输入或输出的边界值进行测试的一种黑盒测试方法。边界值法是作为对等价类划分法的补充，这种情况下，其测试用例来自等价类的边界。边界值分析不是从某等价类中随便挑一个作为代表，而是使这个等价类的每个边界都要作为测试条件。

用边界值分析法设计测试用例，首先应确定边界情况。通常输入和输出等价类的边界，就是应着重测试的边界情况。应当选取正好等于、刚刚大于或刚刚小于边界的值作为测试数据，而不是选取等价类中的典型值或任意值作为测试数据。

5.3.2 边界值的确定

1. 边界值分析法与等价类划分法的区别

① 边界值分析不是从某等价类中随便挑一个作为代表，而是使这个等价类的每个边界都要作为测试条件。

② 边界值分析不仅考虑输入条件，还要考虑输出空间产生的测试情况。

2. 边界值分析的基本思想

通常情况下，软件测试所包含的边界检验有数字、字符、位置、质量、大小、速度、尺寸、空间等几种类型。

以上类型的边界值应该是最大数/最小数、首位/末位、最上/最下、最优/最劣、最大/最小、最快/最慢、最长/最短、满/空等情况。例如：

- 对 16 bit 的整数而言 32 767 和 –32 768 是边界。
- 屏幕光标在最左上、最右下位置。
- 报表的第一行和最后一行。
- 数组的第一个下标和最后一个下标。
- 循环的第一次和最后一次。

边界值分析的基本思想是使用输入数据的略小于最小值、最小值、略大于最小值、正常值、略小于最大值、最大值、略大于最大值。

5.3.3 测试用例的设计

• 视频

测试用例的设计（扩展案例）

只要有数据输入或输出的地方就可以使用边界值分析法，其往往和等价类划分法一同使用，形成一套完善的测试方法；找到有效数据和无效数据的分界点，对分界点及其两边的点进行单独测试。边界值分析法设计测试用例的规则如下：

① 如果输入条件规定了取值范围，则可以考察三类数据作为输入数据：在边界值上、边界值外一点、边界值内一点。

例如：针对 6～15 位长度设计测试用例，输入条件的取值范围是 [6,15]，利用边界值分析的基本思想找出边界为：5，6，7，14，15，16。完整的测试用例：5，6，7，10，14，15，16。

在本例中，有效等价类中选取 10 代表 [6,15] 这个等价类，建议选中间值作为正常值。为什么 6 和 15 不能代表等价类？因为，边界值法要和等价类法结合使用，是互补的，边界值是等价类的一种补充。选取有效等价类时，不选边界值，边界值单独写。为什么不用 3 和 4 作为边界值？因为 3 和 4 可以代表小于边界的类，但不能代表等于边界的类，5 可以代表等于边界的类，也可以代表小于边界的类。

输入数据是取值范围时，取边界值的时候要注意是否包含边界值，即注意开区间和闭区间。

例如：[1,50] 的边界值为 0，1，2，49，50，51，(1,50) 的边界值为 1，2，49，50，[1,50) 的边界值为 0，1，2，49，50。

② 如果输入条件规定了值的个数，则用最大个数、最小个数、比最小个数少 1、比最大个数多 1 的数作为测试数据。

例如，一个输入文件里面有 255 个记录，则测试用例的测试数据可以取 0、1、255、256。

③ 将规则①和②应用于输出数据，针对输出数据设计测试用例。

例如，某系统要求每屏最少显示 1 条、最多显示 20 条信息，这时边界应该考虑的测试用例包括 0 条、1 条、20 条、21 条。

④ 如果程序规格说明书中提到的输入域或输出域是一个有序的集合（如有序表、顺序文件等），应该注意选取有序集合的第一个和最后一个元素作为测试数据。

⑤ 如果程序中使用了一个内部数据结构，则应当选择这个内部数据结构的边界上的值作为测试数据。

⑥ 分析程序规格说明书，找到其他可能的边界条件。

例 5-3 CRM 分为前后台，但后台和前台使用同一个登录界面，只是用户名和密码有所区分，需求规格说明书对登录模块的规定如下：
- 用户名必须是 4～8 个字符，可以包含字母、数字。
- 密码必须是 4～6 个字符，可以包含字母、数字。
- 输入用户名为空，系统提示用户名不能为空。
- 输入密码为空，系统提示密码不能为空。
- 输入非法的用户名和密码进行登录，系统提示用户名或密码错误。

请用边界值分析法设计测试用例。

解：根据这些规定对用户名和密码进行边界值划分，按照规则①对用户名和密码长度的取值范围确定边界值。

用户名：[4,8]
- 用户名字符长度为 3 位、4 位、5 位。
- 用户名字符长度为 7 位、8 位、9 位。

密码：[4,6]
- 密码字符长度为 3 位、4 位、5 位。
- 密码字符长度为 5 位、6 位、7 位。

通过对边界值进行分析，设计的测试用例如表 5-6 所示。

软件测试基础及实践

表 5-6　CRM 登录模块边界值分析的测试用例

用例编号	测试目的	预置条件	输入数据		预期结果	覆盖边界值
			用户名	密码		
CRM_login_19	用户名边界校验	用户名：test12 密码：test1	tes	test1	用户名或密码错误	用户名长度 3
CRM_login_20	用户名边界校验	用户名：test 密码：test1	test	test	登录成功	用户名长度 4
CRM_login_21	用户名边界校验	用户名：test12 密码：test1	test1	test1	登录成功	用户名长度 5
CRM_login_22	用户名边界校验	用户名：test123 密码：test1	test123	test1	登录成功	用户名长度 7
CRM_login_23	用户名边界校验	用户名：test1234 密码：test1	test1234	test1	登录成功	用户名长度 8
CRM_login_24	用户名边界校验	用户名：test12345 密码：test1	test12345	test1	用户名或密码错误	用户名长度 9
CRM_login_25	密码边界校验	用户名：test12 密码：test1	test12	tes	用户名或密码错误	密码长度 3
CRM_login_26	密码边界校验	用户名：test34 密码：test2	test34	test	登录成功	密码长度 4
CRM_login_27	密码边界校验	用户名：test12 密码：test1	test12	test1	登录成功	密码长度 5
CRM_login_28	密码边界校验	用户名：test56 密码：test56	test56	test56	登录成功	密码长度 6
CRM_login_29	密码边界校验	用户名：test12 密码：test123	test12	test123	用户名或密码错误	密码长度 7

等价类划分法与边界值分析法的适用范围是：输入与输入之间、输出与输出之间各项无牵制关系的情况。

5.4　判定表法

● 视频

判定表法概述和判定表的组成

5.4.1　判定表法概述

从等价类划分法和边界值分析法的适用范围可以看出，它们着重考虑单个输入的输入条件，但是没有考虑输入条件的各种组合、输入条件与输出条件之间的相互制约关系。

在一些数据处理问题中，某些操作的实施依赖于多个逻辑条件的组合，即针对不同逻辑条件的组合值，分别执行不同的操作。判定表很适合处理这类问题。判定表可以把复杂的逻辑关系和多种条件组合的情况表达得既得体又明确，能够将复杂的问题按照各种可能的情况全部列举出来，简明并避免遗漏，因此，利用判定表能够设计出完整的测试用例集合。在所有的黑盒测试方法中，基于判定表（也称决策表）的测试是最为严格、最具有逻辑性的测试方法。

判定表是分析和表达多逻辑条件下执行不同操作的情况的工具。它和 5.5 节介绍的因果图法本质上是一种方法，都是解决控件组合问题，判定表法是因果图法的简化。

判定表法的适用场景：

● 针对不同逻辑条件的组合值，分别执行不同的操作。

- 针对多种输入、输出条件的表达组合以及条件组合。
- 规则的排列顺序不影响执行哪些操作。
- 规格说明以判定表形式给出，或很容易转换成判定表。

判定表法的优点：
- 充分考虑了输入条件间的组合，对组合情况覆盖充分。
- 化繁为简，能够精简、准确地输出测试用例数据。
- 条件组合明确，故此也不容易遗漏。
- 能同时得出每个测试项目的预期输出。

判定表法的缺点：
- 输入之间的约束条件不能有效区分输入是否确实需要进行组合测试，会造成不需要组合测试的输入做了组合，从而产生用例冗余。
- 当被测试特性输入较多时，会造成判定表规格庞大。

5.4.2 判定表的组成

判定表通常由条件桩、动作桩、条件项、动作项四个部分组成，如图 5-2 所示。

图 5-2 判定表的组成

- 条件桩：列出问题的所有条件。通常认为列出的条件次序无关紧要。
- 动作桩：列出问题规定可能采取的操作。这些操作的排列顺序没有限制。
- 条件项：列出针对它左列条件的取值，在所有可能情况下的真假值。
- 动作项：列出在条件项的各种取值情况下应该采取的动作。

任何一个条件组合的特定取值及其相应要执行的操作称为规则。在判定表中贯穿条件项和动作项的一列就是一条规则。判定表中列出多少组条件取值，也就有多少条规则，也就是可以针对每个合法输入组合的规则设计用例进行测试。

5.4.3 测试用例的设计

判定表法设计测试用例的步骤：

① 列出所有的条件桩和动作桩，即列出输入、输出。
- 输入包含外部输入、内部预置、配置文件等。
- 输入和输出只有两种取值时，可以用 1/Y/T 和 0/N/F 等标识。有多种取值时，每种取值都要标识出来。
- 输入和输出需独立标识。

为了便于绘制判定表，用唯一的符号来代替每一条件的取值，并写出取值数。条件桩标识说明如表 5-7 所示，条件桩标识说明案例如表 5-8 所示。

视频

测试用例的设计（扩展案例）

表 5-7 条件桩标识说明

条 件 名	取 值	符 号	取 值 数

表 5-8 条件桩标识说明案例

条 件 名	取 值	符 号	取 值 数
有趣吗	有趣	T	3
	还可以	L	
	无趣	F	
去吗	去	T	2
	不去	F	

② 确定规则的个数 N，用来为规则编号。

若有 n 个条件，且每个条件的可取值为 0（假）或者 1（真）两种情况，那么将会有 $N=2^n$ 个规则。

例如：条件为"累吗"，条件的取值为"累"或"不累"；条件为"有趣吗"，条件的取值为"有趣"或"无趣"；条件为"去吗"，条件的取值为"去"或"不去"。

所有条件的组合数 $N=2^3=8$。

当条件项中每个条件的取值是多于两个（如取值为 a, b, c…）时，组合数 N 为每个条件取值个数的乘积。

例如：条件为"学科"，条件的取值为"高等数学 1""大学语文""大学英语"；条件为"成绩"，条件的取值为"优秀""良好""中等""及格""不及格"（也可用其他符号代替）；条件为"是计算机科学系的学生吗"，条件的取值为"是"或"否"。

所有条件的组合数为：$N=3 \times 5 \times 2=30$。

③ 填入条件项。根据条件桩中条件值的所有可能组合，填入条件项。条件项可以是各条件值的不同组合，也可以是各条件的有效等价类的不同组合。

④ 填入动作项，制定初始判定表。根据每一列各条件值的组合，填入需执行的动作项，即执行的操作。若条件项不合法，则动作项写"×"。

⑤ 简化、合并相似规则或者动作。由于一般情况下条件桩非常多，且每个条件桩都有真假两个条件项，若为每条规则都设计一个测试用例，是很浪费资源的，所以往往会合并规则。

判定表规则的简化和合并：如果两条或多条规则的动作项相同，条件项只有一项不同，则可以将该项合并，合并后的条件项用符号"-"表示，说明执行的动作与该条件的取值无关，如图 5-3 所示。

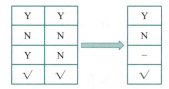
条件项"-"表示与取值无关

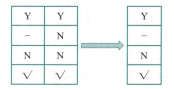
条件项"-"在逻辑上包含其他的条件

图 5-3 合并规则

需要注意的是：规则的化简、合并可能会造成漏测的风险。一个显而易见的原因是，虽然某个输入条件在输出接口上是无关的，但是在软件设计上，内部针对这个条件选择了不同的程序分支。因为某个输入条件由分析的内部业务流程而定，所以在化简时要谨慎分析。

⑥ 根据判定表设计测试用例的输入数据和预期输出。

例 5-4 某机场行李费用问题：乘客乘机可免费携带 30 kg 的行李，超出 1 kg，则收取 10 元。收取费用按超出重量的倍数进行计算（10×(X-30)× 倍数），其中倍数取值方式如下：

- 残疾乘客：国内乘客一般按超出重量的 3 倍收取费用；若是头等舱则按 2 倍收取费用；其他情况，按超出重量的 4 倍收取费用。
- 正常乘客：国内乘客一般按超出重量的 6 倍收取费用，若是头等舱则按 4 倍收取费用；国际乘客则一般按超出重量的 12 倍收取费用，若是头等舱则按 8 倍收取费用。

请使用判定表法设计测试用例。

解：第一步，列出所有的条件桩和动作桩。

条件桩：

- 行李重量：W ≤ 30 kg；W>30 kg。
- 乘客类型：残疾乘客；正常乘客。
- 乘客国籍类型：国内乘客；国际乘客。
- 机舱类型：头等舱；非头等舱。

条件桩标识说明如表 5-9 所示。

表 5-9 条件桩标识说明

条 件 名	取 值	符 号	取 值 数
行李重量	W ≤ 30 kg	0	2
	W>30 kg	1	
乘客类型	残疾乘客	0	2
	正常乘客	1	
乘客国籍类型	国内乘客	0	2
	国际乘客	1	
机舱类型	头等舱	0	2
	非头等舱	1	

动作桩：

行李费用：免费、10×(W-30)×2、10×(W-30)×3、10×(W-30)×4、10×(W-30)×6、10×(W-30)×8、10×(W-30)×12。

第二步，确定规则的个数 N，用来为规则编号。

有 4 个条件，且每个条件的可取值为两种情况，那么有 $N=2^4=16$ 个规则。

第三步，填入条件项，如表 5-10 所示。

第四步，填入动作项，如表 5-10 所示。

表 5–10 填入条件项

编号	1	2	3	4	5	6	7	8	9	10	11	12	13	14	15	16
条件桩																
行李重量	0	0	0	0	0	0	0	0	1	1	1	1	1	1	1	1
乘客类型	0	0	0	0	1	1	1	1	0	0	0	0	1	1	1	1
乘客国籍类型	0	0	1	1	0	0	1	1	0	0	1	1	0	0	1	1
机舱类型	0	1	0	1	0	1	0	1	0	1	0	1	0	1	0	1
动作桩（1 标识发生，0 标识不发生）																
免费	1	1	1	1	1	1	1	1	0	0	0	0	0	0	0	0
10×(W-30)×2	0	0	0	0	0	0	0	0	1	0	0	0	0	0	0	0
10×(W-30)×3	0	0	0	0	0	0	0	0	0	1	0	0	0	0	0	0
10×(W-30)×4	0	0	0	0	0	0	0	0	0	0	1	1	0	0	0	0
10×(W-30)×6	0	0	0	0	0	0	0	0	0	0	0	0	1	0	0	0
10×(W-30)×8	0	0	0	0	0	0	0	0	0	0	0	0	0	1	1	0
10×(W-30)×12	0	0	0	0	0	0	0	0	0	0	0	0	0	0	0	1

第五步，简化、合并相似规则或者动作。

从需求分析可得出，各类乘客可免费携带 30 kg 的行李，所以当变量行李重量取值 0 时，行李费用都是免费，即规则 1～8 可以合并为 1 条规则。

根据合并要求：如果两条或多条规则的动作项相同，条件项只有一项不同，则可以将该项合并。所以，规则 11 和 12 可以合并为 1 条规则。合并后的判定表如表 5–11 所示。

表 5–11 简化后的判定表

编号	1	2	3	4	5	6	7	8
条件桩								
行李重量	0	1	1	1	1	1	1	1
乘客类型	—	0	0	0	1	1	1	1
乘客国籍类型	—	0	0	1	0	0	1	1
机舱类型	—	0	1	—	0	1	0	1
动作桩（1 标识发生，0 标识不发生）								
免费	1	0	0	0	0	0	0	0
10×(W-30)×2	0	1	0	0	0	0	0	0
10×(W-30)×3	0	0	1	0	0	0	0	0
10×(W-30)×4	0	0	0	1	0	0	0	0
10×(W-30)×6	0	0	0	0	1	0	0	0
10×(W-30)×8	0	0	0	0	0	1	0	0
10×(W-30)×12	0	0	0	0	0	0	0	1

第六步，设计测试用例，如表 5-12 所示。

表 5-12 测试用例

用例编号	输入数据				预期结果（元）
	行李重量（kg）	乘客类型	乘客国籍类型	机舱类型	
xljf_01	10	残疾乘客/正常乘客	国内乘客/国际乘客	头等/非头等	0
xljf_02	40	残疾乘客	国内乘客	头等	200
xljf_03	40	残疾乘客	国内乘客	非头等	300
xljf_04	40	残疾乘客	国际乘客	头等/非头等	400
xljf_05	40	正常乘客	国内乘客	头等	400
xljf_06	40	正常乘客	国内乘客	非头等	600
xljf_07	40	正常乘客	国际乘客	头等	800
xljf_08	40	正常乘客	国际乘客	非头等	1200

5.5 因果图法

5.5.1 因果图法概述

通常情况下，测试时必须考虑输入条件的各种组合，因为输入条件之间的相互组合可能会产生一些新的情况。但是要检查输入条件的组合不是一件容易的事情，即使把所有输入条件划分成等价类，它们之间的组合情况也相当多。因此必须考虑采用一种适合描述多种条件组合，相应产生多个动作的形式来考虑设计测试用例，这就需要利用因果图。

视频

因果图法概述和因果图的图形符号

因果图是一种简化了的逻辑图，能直观地表明程序输入条件（原因）和输出动作（结果）之间的相互关系。因果图法是借助图形来设计测试用例的一种系统方法，特别适用于被测试程序具有多种输入条件、程序的输出又依赖于输入条件的各种情况。例如，在一个界面中有多个控件，控件之间存在一定的组合关系和限制关系，不同的输入组合会产生不同的输出结果。为了弄清输入组合和输出之间的对应关系就可以选择因果图法来进行测试。

因果图法是从自然语言书写的程序规格说明的描述中找出因（输入条件）和果（输出或程序状态的改变），将黑盒看成是从因到果的网络图，采用逻辑图的形式来表达功能说明书中输入条件的各种组合与输出的关系。

5.5.2 因果图的图形符号

因果图有两种类型的图形符号，分别是基本图形符号和约束符号。

1. 基本图形符号

因果图的基本图形符号描述的是输入条件与输出结果之间的关系，包括四种符号：恒等（—）、非（~）、或（∨）、与（∧）。

因果图使用简单的逻辑符号和直线将程序的因果连接，原因用 c_i 表示，结果用 e_i 表示，c_i 与 e_i 可以取值 "0" 或 "1"，其中 "0" 表示状态不出现，"1" 表示状态出现。

① 恒等。恒等关系中原因和结果都只能取 2 个值，分别为 0 和 1。恒等相当于原因成立，则结果出现；若原因不成立，则结果也不出现。即若 c1 是 1，则 e1 是 1；若 c1 是 0，则 e1 是 0。恒等关系用"—"来表示，如图 5-4 所示。

② 非（~）。非关系表示原因和结果相反，相当于原因出现，则结果不出现；若原因不出现，则结果出现。即若 c1 是 1，则 e1 是 0；若 c1 是 0，则 e1 是 1。非关系用"~"来表示，如图 5-5 所示。

图 5-4　恒等关系　　　　　　　　图 5-5　非关系

③ 与（∧）。与关系相当于若几个原因都出现，结果才出现；若其中有一个原因不出现，则结果不出现。即若 c1、c2 都是 1，则 e1 是 1；否则 e1 是 0。与关系用"∧"来表示，如图 5-6 所示。

④ 或（∨）。或关系相当于若几个原因中有一个出现，则结果出现；若几个原因都不出现则结果不出现。即若 c1、c2、c3 至少有一个是 1，则 e1 是 1；若 c1、c2、c3 都是 0，则 e1 是 0。或关系用"∨"来表示，如图 5-7 所示。

图 5-6　与关系　　　　　　　　图 5-7　或关系

2. 约束符号

通常情况下，在输入条件之间还可能存在某些依赖关系。例如，注册账号时，密码和确认密码之间就存在必须一致的关系，否则注册不成功。在多个输出结果之间也可能存在强制的约束关系。这些关系对测试是非常重要的。在因果图中，用特定的符号标明这些约束或强制关系。

因果图中从原因考虑有四种约束：互斥、包含、唯一、要求。从结果考虑有一种约束：屏蔽。

① 互斥（E）约束：表示 a、b、c 这三个原因不会同时成立，最多有一个可能成立，图形表示如图 5-8 所示。

② 包含（I）约束：表示 a、b、c 这三个原因中至少有一个必须成立，即 a、b、c 不能同时为 0，图形表示如图 5-9 所示。

图 5-8　互斥约束　　　　　　　　图 5-9　包含约束

③ 唯一（O）约束：表示 a，b，c 中必须有一个成立，且仅有一个成立，图形表示如图 5-10 所示。唯一和互斥的区别是：唯一必须选一个；互斥可以不选。

④ 要求（R）约束：表示当 a 出现时，b 必须也出现，其他的不做约束。若 a=1，则 b 必须为 1，图形表示如图 5-11 所示。

⑤ 强制、屏蔽（M）约束：对于结果的约束。若 a=1，则 b 必须为 0；当 a 为 0 时，b 的值不定，图形表示如图 5-12 所示。

图 5-10　唯一约束　　　　图 5-11　要求约束　　　　图 5-12　强制约束

5.5.3　测试用例的设计

因果图法设计测试用例的步骤：

① 分析需求规格说明书，确定输入（原因）和输出（结果）。

逐项分析测试子项的测试规格，找出其中的输入和输出并标识出来，其中要注意以下几点：

● 输入需要包括外部消息输入、内部预置的用户状态、数据配置等所有对系统输出有影响的因素。

● 如果输入和输出项只涉及两种取值（真和假、是和否），在两种取值中可以只把一个标识出来。如果输入项涉及多种取值，则每个取值需要作为一个输入标识出来。

● 标识符可以自己确定，但输入与输出需要独立标识。

② 分析确定输入与输入之间、输入与输出之间的对应关系，将其用因果图表示。

● 分析测试需求和需求规格说明书等参考文档，针对每个测试子项的测试规格，分析输入与输出之间、输入与输入之间的关系，根据这些关系，画出因果图。

● 由于语法或环境限制，有些输入与输入之间、输入与输出之间的组合情况不可能出现。为表明这些特殊情况，在因果图上用一些记号表示约束条件或限制条件。

③ 将因果图转换为判定表。

● 将输入和输出分别填入条件桩与动作桩，并在条件项中填满输入的所有组合，若输入有 n 项，则组合的列数应该为 2^n。

● 根据因果图中的输入条件约束关系，对不可能出现的输入组合，在动作项上做出删除标记。

● 根据因果图中的输入与输出的因果关系，在动作项上标出对应动作的结果。

④ 根据判定表设计测试用例。把判定表的每一列对应到每一个测试用例。

视频

测试用例的设计（扩展案例）

例 5-5　目前自动售货机支付方式有多种，销售的饮料品种众多，为更好地理解因果图法设计测试用例，这里对售货机做了简化，具体要求是：有一个处理单价为 5 元的瓶装饮料的自动售货机。自动售货机一次只能售卖一瓶饮料，饮料分"橙汁"和"可乐"两种，售货机每次只接收一个 5 元或一个 10 元的纸币。用户使用售货机的方法如下：

自动售货机中有一个显示是否有零钱的红灯，当自动售货机内有零钱时，红灯灭；当自动售货机内没有零钱找时，红灯亮。

无论自动售货机中是否有零钱找，当投入 5 元钱，并按下"橙汁"或"可乐"的按钮时，则相应的饮料就会被送出。

当自动售货机没有零钱找时，若投入 10 元钱，按下"橙汁"或"可乐"的按钮，则退出投入的 10 元纸币。

当自动售货机有零钱找时，若投入 10 元钱，按下"橙汁"或"可乐"的按钮，则送出 5 元纸币并把相应饮料送出。

请使用因果图为其设计测试用例。

解：第一步，分析需求规格说明书，确定输入输出。

对输入（原因）进行分析：

- 1——有零钱。
- 2——投 10 元。
- 3——投 5 元。
- 4——选可乐。
- 5——选橙汁。

中间节点：

- 11——已投币。
- 12——已选商品。
- 13——应该找零。
- 14——能够找零。

对输出结果进行分析：

- a——红灯亮。
- b——退 10 元。
- c——找 5 元。
- d——出可乐。
- e——出橙汁。

第二步，画因果图，如图 5-13 所示。

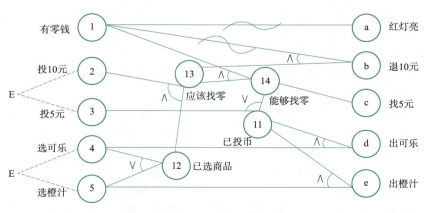

图 5-13　因果图

第三步，将因果图转换为判定表，如表 5-13 所示。

表 5-13 判定表

编号		1	2	3	4	5	6	7	8
原因									
有零钱	1	0	0	0	0	1	1	1	1
投 10 元	2	0	0	1	1	0	0	1	1
投 5 元	3	1	1	0	0	1	1	0	0
选可乐	4	0	1	0	1	0	1	0	1
选橙汁	5	1	0	1	0	1	0	1	0
中间结果									
已投币	11	1	1	0	0	1	1	1	1
已选商品	12	1	1	1	1	1	1	1	1
应该找零	13	0	0	1	1	0	0	1	1
能够找零	14	0	0	0	0	0	0	1	1
结 果（1 标识发生，0 标识不发生）									
红灯亮	a	1	1	1	1	0	0	0	0
退 10 元	b	0	0	1	1	0	0	0	0
找 5 元	c	0	0	0	0	0	0	1	1
出可乐	d	0	1	0	0	0	1	0	1
出橙汁	e	1	0	0	0	1	0	1	0

第四步，根据判定表设计测试用例，如表 5-14 所示。

表 5-14 测试用例

用例编号	输入数据			预期结果		
	售货机零钱（元）	投币（元）	选饮料	出饮料	找零（元）	售货机剩余零钱
zdsh_01	0	5	橙汁	橙汁	0	红灯亮
zdsh_02	0	5	可乐	可乐	0	红灯亮
zdsh_03	0	10	橙汁	不出	10	红灯亮
zdsh_04	0	10	可乐	不出	10	红灯亮
zdsh_05	10	5	橙汁	橙汁	0	10
zdsh_06	10	5	可乐	可乐	0	10
zdsh_07	10	10	橙汁	橙汁	5	5
zdsh_08	5	10	可乐	可乐	5	红灯亮

因果法设计测试用例可以帮助测试人员理清输入和输出的关系，但是一旦输入条件过于多，或者约束过于复杂，可能画出的图很复杂，会耗费大量的时间。

当测试需求的输入比较多时，会造成因果图和判定表规模庞大。考虑到每个测试需求可以细分为若干个功能流程，而这些功能流程都有自己各自的输入，因此功能流程间的输入是不需要进行组合的。为了简化工作量，在应用判定表法、因果图法等方法前建议对特性进行功能流程细分，然后对每个功能流程采用这两种方法。

5.6 正交试验法

5.6.1 正交试验法概述

● 视频
正交试验法概述和正交表的选择

在软件测试过程中，通常会遇到一些可能的输入数据或者这些输入数据的组合数量很大的情况，不可能为每个输入组合都创建测试用例，而使用因果图法和判定表法等测试方法会产生大量的冗余测试。为了有效、合理地减少测试的工时和费用，可利用一种新的测试用例设计方法——正交试验法来减少用例数目，用尽量少的用例覆盖输入的两两组合。

正交试验法是从大量的试验点中挑选出适量的、有代表性的点，应用依据伽罗瓦（Galois）理论导出的"正交表"，合理地安排试验的一种科学的试验设计方法，是研究多因素、多水平的一种设计方法。它是根据正交性从全面试验中挑选出部分有代表性的点进行试验，这些有代表性的点具备"均匀分散、齐整可比"的特点，是一种高效率、快速、经济的试验设计方法。

正交试验法就是使用已经造好了的表格——正交表，来安排实验并进行数据分析的一种方法。正交表测试策略提供了对所有变量组合的典型覆盖（均匀分布），能够使用最小的测试过程集合获得最大的测试覆盖率。

5.6.2 正交表的选择

正交表是正交试验法的基本工具，它是运用组合数学理论在拉丁方和正交拉丁方的基础上构造而成的一种规格化表格。在测试用例设计过程中，正交表不需要测试者自行构造，只需要根据需求选择合适的正交表即可。

1. 正交表的组成

正交表是通过 $L_n(m^k)$ 来进行表达的，其中，n 表示正交表的行数即试验次数，k 为正交表的列数即因素个数，m 表示每个因素的水平数即因素的取值范围个数。所以，正交表是由行数、因素数、水平数构成的。

- 行数：在软件测试中，行数就是测试用例的条数。
- 因素数：在软件测试中，因素可以理解为影响测试结果的输入条件。
- 水平数：在软件测试中，水平可以理解为输入条件的取值个数。

2. 正交表的类型

（1）等水平正交表

等水平正交表是指各列的水平数相同。

例如，正交表 $L_4(2^3)$ 代表有 4 次试验，3 代表有 3 列，有 3 个考察的因素，2 代表每个因素有 2 种水平，也就是 2 种取值，如表 5-15 所示。

表5-15　$L_4(2^3)$

试验号	列号		
	1	2	3
1	1	1	1
2	1	2	2
3	2	1	2
4	2	2	1

（2）混合型正交表

混合型正交表是指正交表中各列的水平数不相等。

例如，正交表 $L_8(2^4 \times 4^1)$，表示有4列是2水平的，有1列是4水平的，8为此表的行的数目（试验次数），如表5-16所示。

表5-16　$L_8(2^4 \times 4^1)$

试验号	列号				
	1	2	3	4	5
1	1	1	1	1	1
2	1	2	2	2	2
3	2	1	1	2	2
4	2	2	2	1	1
5	3	1	2	1	2
6	3	2	1	2	1
7	4	1	2	2	1
8	4	2	1	1	2

3. 正交表的两条性质

① 每一列中各数字出现的次数都一样多。

例如：$L_4(2^3)$ 正交表中，任何一列都有1与2，且任何一列中它们的次数是相等的，均分别是2次。

② 任意两列中数字的排列方式齐全而且均衡，任何两列所构成的各有序数对出现的次数相等。

例如，$L_4(2^3)$ 正交表中，同一行内的任何两列有序对共有4中，即（1,1）、（1,2）、（2,1）、（2,2），每种对数出现次数相等，均出现1次。

以上两点充分体现了正交表的两大优越性，即"均匀分散性，整齐可比"。通俗地说，每个因素的每个水平与另一个因素各水平各碰一次，这就是正交性。

4. 正交表的选择

正交试验法的首要问题是如何选择合适的正交表。在确定了因素及水平后，根据因素、水平及需要考察的交互作用的多少来选择合适的正交表。在实际测试过程中，从标准正交表中选择一个合适的正交表时，需要考虑三种不同的情况。

① 因素数和水平数与正交表完全匹配。
② 因子数或水平数与正交表不同。
③ 因子数和水平数与正交表都不相同等。

一般来说，当不考虑因素间的交互作用时，选择正交表首先需要满足正交表的列数要大于或等于已确定实验因素个数这一条件，也就是说，如果因素数不同，应当采用正交表列数包含的方法，从符合列数条件的正交表中选择行数最少的那一个正交表，使得实验次数最少。

如果水平数不同，应当采用包含和组合的方法，选取能够安排下各因素水平数的最为合适的正交表。

总之，正交表选择的首要原则是在能够安排试验因素和交互作用的前提下，尽可能选用较小的正交表，以减少试验次数。

5.6.3 测试用例的设计

视频

测试用例的设计

正交试验法设计测试用例的步骤如下：

1. 确定因素和水平

从多个角度和方式分析所有对结果有影响的因素（不要放过文本框、按钮等需求中提及的或者没有提及的）。

充分利用等价类、边界值分析每个因素的水平数量（需求中说明和未说明的都要分析）。

2. 选择合适的正交表

只有特定的因素数和水平数的组合才有对应的正交表。所以在实际测试时，找最贴近的正交表（正交表的因素数和水平数一般要大于实际的因素数和水平数），即应选取行数最少的且至少满足因素数和水平数的正交表。

3. 把因素和水平映射到表中

（1）标准正交表的映射

因素数和水平数正好和正交表的状态数相等，那么此时只需要直接替换正交表中的值即可。

（2）正交表列数大于因素数的映射

当正交表列数大于实际因素数时，在映射因素时直接删掉正交表其中一列即可。

（3）正交表的状态数与水平数不等时的映射

● 水平数多于正交表中的状态数，那么此时需要先将多余的状态合并，代入正交表中，然后再将合并的中间状态展开。

● 水平数少于正交表中的状态数，那么只要将正交表中多出来的状态使用实际状态中的任意值替换即可。

4. 根据正交表设计测试用例

将每一条测试用例分别对应于所选正交表的一列，将这些列中的数字映射为对应测试因子的水平取值。

5. 适当补充

根据经验添加一些没有生成但是有价值的测试用例作为补充。

例 5-6 状态显隐问题需求为：一个网页有 3 个不同的设置项（Left、Middle、Right），每一部分都可以独立地显示（Visable）和隐藏（Hidden）。请使用正交试验法设计测试用例来测试该网页。

解： 第一步，确定因素和水平，如表 5-17 所示。

表 5-17　因素和水平

因　　素	水　　平	取　　值
Left	Visable	2
	Hidden	
Middle	Visable	2
	Hidden	
Right	Visable	2
	Hidden	

第二步，选择合适的正交表。本案例中 3 个因素的水平数都是 2，能直接匹配到合适的正交表，即选取的正交表为 $L_4(2^3)$。

第三步，把因素和水平映射到表中，如表 5-18 所示。

表 5-18　因素和水平映射

水　平	因　　素		
	Left	Middle	Right
1	1- Visable	1- Visable	1- Visable
2	1- Visable	2- Hidden	2- Hidden
3	2- Hidden	1- Visable	2- Hidden
4	2- Hidden	2- Hidden	1- Visable

第四步，根据正交表设计测试用例，如表 5-19 所示。

表 5-19　测试用例

用例编号	输入数据			预期输出
	Left	Middle	Right	
svh_01	Visable	Visable	Visable	网页全部显示
svh_02	Visable	Hidden	Hidden	只 Left 显示
svh_03	Hidden	Visable	Hidden	只 Middle 显示
svh_04	Hidden	Hidden	Visable	只 Right 显示

此案例如果按每个因素 2 个水平数来考虑，需要 $2^3=8$ 个测试用例，而通过正交试验法设计测试用例只有 4 条，大大减少了测试用例数，实现了用最少测试用例集合达到最大测试覆盖率的目的。

例 5-7　某机票代购网站，设计了一个机票价格计算软件，针对不同购票类别有不同折扣方式：

（1）票种

● 单程票：票价为原价。

● 往返票：票价打 8 折。

(2)购票日期
- 当天购票:票价为原价。
- 提前半月以上(不包含半个月):票价打 6 折。
- 提前一个月以上:票价打 4 折。

(3)客户类型
- 普通客户:票价为原价。
- 普通会员:票价打 8 折。
- 银卡会员:票价打 7 折。
- 金卡会员:票价打 6 折。

(4)舱位

以到达深圳为例:
- 经济舱:600 元。
- 商务舱:1 500 元。
- 头等舱:3 000 元。

实际票价 = 票种基数 × 客户类型基数 × 购票日期基数 × 舱位票价,请使用正交试验法设计测试用例。

解:第一步,确定因素和水平,如表 5-20 所示。

表 5-20 因素和水平

因素	水平	取值
票种	单程票	2
	往返票	
购票日期	当天购票	3
	提前半月以上(不包含半个月)	
	提前一个月以上	
客户类型	普通客户	4
	普通会员	
	银卡会员	
	金卡会员	
舱位	经济舱	3
	商务舱	
	头等舱	

第二步,选择合适的正交表。

本案例中每个因素的水平数不等,又因为没有 $2^1 \times 3^2 \times 4^1$ 的正交表,所以以水平数中的最大值为标准,查找水平数为 4、因素数大于或等于 4 的正交表。最终选取的正交表为 $L_{16}(4^5)$。

第三步,把因素和水平映射到表中,如表 5-21 所示。

表 5-21 因素和水平映射

水平	因素			
	客户类型	购票日期	票种	舱位
1	普通客户	当天购票	单程票	经济舱
2	普通会员	当天购票	往返票	商务舱
3	银卡会员	当天购票	3（单程票）	头等舱
4	金卡会员	当天购票	4（往返票）	4（经济舱）
5	普通客户	提前半月以上（不包含半个月）	3（单程票）	商务舱
6	普通会员	提前半月以上（不包含半个月）	4（往返票）	经济舱
7	银卡会员	提前半月以上（不包含半个月）	单程票	4（商务舱）
8	金卡会员	提前半月以上（不包含半个月）	往返票	头等舱
9	普通客户	提前一个月以上	4（往返票）	头等舱
10	普通会员	提前一个月以上	3（单程票）	4（头等舱）
11	银卡会员	提前一个月以上	往返票	经济舱
12	金卡会员	提前一个月以上	单程票	商务舱
13	普通客户	4（提前一个月以上）	往返票	4（经济舱）
14	普通会员	提前半月以上（不包含半个月）	单程票	头等舱
15	银卡会员	4（当天购票）	4（往返票）	商务舱
16	金卡会员	4（当天购票）	3（单程票）	经济舱

第四步，根据正交表设计测试用例，如表 5-22 所示。

表 5-22 测试用例

用例编号	输入数据				预期输出
	客户类型	购票日期	票种	舱位	
jpjw_01	普通客户	当天购票	单程票	经济舱	600
jpjw_02	普通会员	当天购票	往返票	商务舱	960
jpjw_03	银卡会员	当天购票	单程票	头等舱	2100
jpjw_04	金卡会员	当天购票	往返票	经济舱	288
jpjw_05	普通客户	提前半月以上（不包含半个月）	单程票	商务舱	900
jpjw_06	普通会员	提前半月以上（不包含半个月）	往返票	经济舱	230.4
jpjw_07	银卡会员	提前半月以上（不包含半个月）	单程票	商务舱	630
jpjw_08	金卡会员	提前半月以上（不包含半个月）	往返票	头等舱	864
jpjw_09	普通客户	提前一个月以上	往返票	头等舱	960
jpjw_10	普通会员	提前一个月以上	单程票	头等舱	960
jpjw_11	银卡会员	提前一个月以上	往返票	经济舱	134.4
jpjw_12	金卡会员	提前一个月以上	单程票	商务舱	360

通过分析，由于四个因素里有三个的水平值小于3，所以从第13行到16行的测试用例可以忽略。

5.7 场景法

5.7.1 场景法概述

视频
场景法概述和场景分析

现在的软件几乎都是用事件触发来控制流程的，事件触发时的情景便形成了场景，而同一事件不同的触发顺序和处理结果就形成事件流。该方法可以比较生动地描绘出事件触发时的场景，有利于测试设计者设计测试用例，使测试用例更容易理解和执行。

场景法又称为流程分析法，是一种通过使用"场景"的特殊方式对玩法、系统等功能点或业务流程进行描述，亦是针对策划案模拟出不同的"场景"进行所有功能点及业务流程的覆盖，从而提高测试效率并达到良好效果的方法。

用例场景来测试需求是指模拟特定场景边界发生的事情，通过事件来触发某个动作的发生，观察事件的最终结果，从而用来发现需求中存在的问题。用业务流把各个孤立的功能点串起来，为测试人员建立整体业务感觉，从而避免陷入功能细节而忽视业务流程要点的错误倾向。

场景法的基本思想是：
- 场景法从技术角度而言是一种等价类划分的测试技术。
- 根据策划案中的用例所包含的事件流信息构造场景并设计对应的测试用例，使其每个场景至少发生过一次。

场景法优缺点：

优点：
- 拥有针对特点，针对业务场景流的业务测试，非常适用于场景法。
- 使用场景法分选场景，条理清晰，井然有序

缺点：
场景法对于非业务流程的测试不够友好，当不能以列举"场景"的方式进行测试时，需要配合其他测试方法一同使用，防止用例设计遗漏。

5.7.2 场景分析

场景主要包括四种主要的类型：正常的用例场景，备选的用例场景，异常的用例场景，假定推测的场景。场景法一般包含基本流和备选流，从一个流程开始，通过描述经过的路径来确定的过程，经过遍历所有的基本流和备选流来完成整个场景。通常以正常的用例场景分析开始，然后再着手其他的场景分析。

1. 基本流

基本流就是模拟用户正确的操作流程，即在用例执行过程中无任何异常和错误，从用例开始执行到结束的路径，它是经过用例的最简单的路径。一个用例只存在一个基本流，基本流用黑色的直线表示。

基本流的目的是验证业务流程和基本功能是否实现。

2. 备选流

备选流又称为错误流，就是模拟用户错误的操作或不合理的操作流程，即在用例执行过程中发生的各种错误和异常的情况。一个备选流可以始于基本流，也可以始于另一个备选流，该

备选流在某个特定条件下执行后，可以重新加到基本流中，也可以直接终止用例，不再加入基本流中。备选流可采用不同颜色表示。

备选流的目的是验证软件的错误处理能力和程序的健壮性。

图 5-14 中经过用例的每条路径都用基本流和备选流来表示。

从图 5-14 可见，黑色箭头表示基本流，是主要的业务流程、主干流程，是经过用例的最简单的路径。

备选流选用其他颜色特殊表示，一个备选流可能会从基本流的某个节点开始，在某个特定条件下执行，然后重新加入基本流中，如备选流 1 和 3；也可能起源于另一个备选流，如备选流 2，或终止用例而不再重新加入某一个流中，如备选流 4。

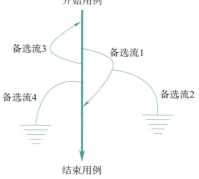

图 5-14 用例的基本流和备选流

3. 场景分析

每个流经用例的可能路径可以确定不同的用例场景，即可以遍历所有从用例开始到结束的包含基本流和备选流的路径。从图 5-14 中可以分析出如下场景：

- 场景 1：基本流。
- 场景 2：基本流、备选流 1、基本流。
- 场景 3：基本流、备选流 1、备选流 2。
- 场景 4：基本流、备选流 3、基本流。
- 场景 5：基本流、备选流 3、备选流 1、基本流。
- 场景 6：基本流、备选流 3、备选流 1、备选流 2。
- 场景 7：基本流、备选流 4。
- 场景 8：基本流、备选流 3、备选流 4。

5.7.3 测试用例的设计

场景法测试用例设计步骤：

① 根据需求规格说明书，列举出程序的基本流及各项备选流。

② 根据基本流与备选流，生成场景。

③ 为每个场景设计对应的测试用例。对于每一个场景都需要确定测试用例。可以采用矩阵或判定表来确定和管理测试用例。通过从确定执行用例场景所需的数据元素入手构建矩阵。然后，对于每个场景，至少要确定包含执行场景所需的适当条件的测试用例。在矩阵中，通常使用 V（有效）表明这个条件必须是 VALID（有效的）才可执行基本流；使用 I（无效）表明这种条件下将激活所需备选流；使用的 N/A（不适用）表明这个条件不适用于测试用例。

④ 对设计的所有测试用例重新复查，去除多余测试用例，对每一个测试用例确定具体的测试数据数值。

视 频

测试用例的设计（扩展案例）

例 5-8 录网购系统需要输入用户名、密码。验证登录成功后可以浏览商品、设置订单，确认并付款成功后生成订单。生成订单即表示整个网购活动成功。

设置订单时，如果库存不足，可以重新设置订单或重新选择商品；付款时，如果账号余额不足，可以返回浏览商品；生成订单后，还可以返回浏览商品，继续购物；另外，登录不成功或遇到库存不足、账号余额不足的情况可以直接退出登录。

请使用场景法设计测试用例。

解：第一步，根据需求规格说明书，列举出程序的基本流及各项备选流，如表 5-23 所示。

表 5-23 基本流和备选流

基本流	登录账号，选择商品，设置订单，确认后付款，生成订单
备选流 1	用户名错误
备选流 2	用户名错误，直接退出
备选流 3	密码错误
备选流 4	密码错误，直接退出
备选流 5	库存不足
备选流 6	重新选择商品
备选流 7	库存不足，直接退出
备选流 8	账户余额不足
备选流 9	账户余额不足，直接退出
备选流 10	继续购物

第二步，根据基本流与备选流，生成场景，如表 5-24 所示。

表 5-24 场景分析

场景描述	基本流	备选流
场景 1——成功购物	基本流	
场景 2——用户名错误	基本流	备选流 1
场景 3——用户名错误，直接退出	基本流	备选流 1，备选流 2
场景 4——密码错误	基本流	备选流 3
场景 5——密码错误，直接退出	基本流	备选流 3，备选流 4
场景 6——成功购物，继续购物	基本流	备选流 10
场景 7——库存不足	基本流	备选流 5
场景 8——库存不足，重新选择商品	基本流	备选流 5，备选流 6
场景 9——库存不足，直接退出	基本流	备选流 5，备选流 7
场景 10——库存不足，账户余额不足	基本流	备选流 5，备选流 8
场景 11——重新选择商品，账户余额不足	基本流	备选流 5，备选流 6，备选流 8
场景 12——账户余额不足，库存不足，直接退出	基本流	备选流 5，备选流 7，备选流 8
场景 13——库存不足，账户余额不足，直接退出	基本流	备选流 5，备选流 8，备选流 9
场景 14——重新选择商品，账户余额不足，退出	基本流	备选流 5，备选流 6，备选流 8，备选流 9
场景 15——账户余额不足，直接退出	基本流	备选流 8，备选流 9
场景 16——账户余额不足	基本流	备选流 8

第三步，为每个场景设计对应的测试用例。

设计构建购物测试用例矩阵，如表 5-25 所示。

表 5-25 购物测试用例矩阵

用例编号	输入					预期输出
	用户名	密码	购买数量	商品库存	余额	
1	V	V	V	V	V	提示"交易成功！"
2	I	V	V	V	N/A	①提示"用户名错误！" ②提示"交易成功！"
3	I	V	V	V	N/A	提示"用户名错误！"
4	V	I	V	V	N/A	①提示"密码错误！" ②提示"交易成功！"
5	V	I	V	V	N/A	提示"密码错误！"
6	V	V	V	V	V	①提示"交易成功！" ②再次购物提示"交易成功！"
7	V	V	V	I	V	①提示"库存不足！" ②重新设置订单后提示"交易成功！"
8	V	V	V	I	V	①提示"库存不足！" ②重新选择商品后提示"交易成功！"
9	V	V	V	I	N/A	提示"库存不足！"
10	V	V	V	V	I	①提示"库存不足！" ②重新设置订单后提示"账户余额不足！" ③提示"交易成功！"
11	V	V	V	V	I	①提示"库存不足！" ②重新选择商品后提示"账户余额不足！" ③提示"交易成功！"
12	V	V	V	I	I	①提示"账户余额不足！" ②重新选择商品后提示"库存不足！"
13	V	V	V	I	I	①提示"库存不足！" ②重新设置订单后提示"账户余额不足！"
14	V	V	V	I	I	①提示"库存不足！" ②重新选择商品后提示"账户余额不足！"
15	V	V	V	V	I	提示"账户余额不足！"
16	V	V	V	V	I	①提示"账户余额不足！" ②重新选择商品后提示"交易成功"

第四步，为购物测试用例矩阵设计测试数据。

对生成的所有测试用例重新复审，去掉多余的测试用例，测试用例确定后，对每一个测试用例确定测试数据，如表 5-26 所示。

表 5-26 购物测试数据

用例编号	输入					预期输出
	用户名	密码	购买数量	商品库存	余额	
1	root	root123	4	500	1 000	提示"交易成功！"
2	Root	root123	4	500	1 000	①提示"用户名错误！" ②提示"交易成功！"
3	ROOT	root123	4	500	1 000	提示"用户名错误！"
4	root	root	4	500	1 000	①提示"密码错误！" ②提示"交易成功！"
5	root	Root	4	500	1 000	提示"密码错误！"
6	root	root123	4	500	1 000	①提示"交易成功！" ②再次购物提示"交易成功！"
7	root	root123	4	3	1 000	①提示"库存不足！" ②重新设置订单后提示"交易成功！"
8	root	root123	4	3	1 000	①提示"库存不足！" ②重新选择商品后提示"交易成功！"
9	root	root123	4	3	1 000	提示"库存不足！"
10	root	root123	4	3	100	①提示"库存不足！" ②重新设置订单后提示"账户余额不足！" ③提示"交易成功！"
11	root	root123	10	5	200	①提示"库存不足！" ②重新选择商品后提示"账户余额不足！" ③提示"交易成功！"
12	root	root123	4	5	150	①提示"账户余额不足！" ②重新选择商品后提示"库存不足！"
13	root	root123	4	3	50	①提示"库存不足！" ②重新设置订单后提示"账户余额不足！"
14	root	root123	10	5	50	①提示"库存不足！" ②重新选择商品后提示"账户余额不足！"
15	root	root123	10	500	10	提示"账户余额不足！"
16	root	root123	10	500	300	①提示"账户余额不足！" ②重新选择商品后提示"交易成功"

除对购物用例进行上述正常的用例场景及经常发生的异常用例场景进行测试外，还需考虑对不常发生的异常用例场景、备选的用例场景、假定推测的用例场景进行设计和测试。对购物用例可考虑以下备选流补充进行场景设计。

① 无账号。
② 账户没有钱。

例 5-9 请使用场景法对客户管理系统的添加客户功能设计测试用例，图 5-15 给出了新增联络的流程。销售根据客户经理分配给自己的销售机会新建客户联络信息，其中，系统自动关联当前已经存在的客户名称（即客户公司名称）。销售人员可以选择其中某个客户名称来创建联络信息，新增联络的要素如表 5-27 所示。

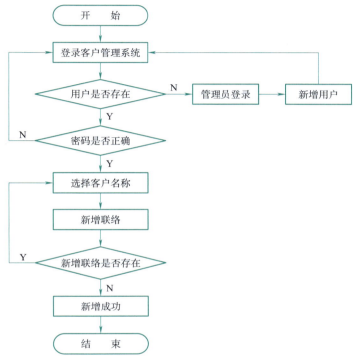

图 5-15 添加客户流程图

表 5-27 新增联络的要素

数据项	说明	输入格式	是否必填
客户名称	系统自动关联已经建好的客户公司名称	下拉框选择（默认第一项）	是
客户姓名		文本	是
客户部门		文本	
客户职位	客户担任职位描述	下拉框（默认第一项）	是
客户电话		数字	
客户手机		数字	
客户邮箱		字符＋符号	
客户 QQ		数字	
客户微信		文本、数字	
技术程度	不懂、略懂、精通	下拉框（默认第一项）	是
日志日期	自动生成当前时间	时间格式（年／月／日）	

软件测试基础及实践

解：第一步，根据需求说明，列举出基本流及各项备选流，如表 5-28 所示。

表 5-28 基本流和备选流

基本流	登录账号，添加客户，新增联络，新增成功
备选流 1	账户不存在
备选流 2	账户密码错误
备选流 3	新增联络已存在

第二步，根据基本流与备选流，生成场景，如表 5-29 所示。

表 5-29 场景分析

场景描述	基本流	备 选 流
场景 1——成功添加客户	基本流	
场景 2——账户不存在	基本流	备选流 1
场景 3——账户密码错误	基本流	备选流 2
场景 4——新增联络已存在	基本流	备选流 3

第三步，为每个场景设计对应的测试用例。

设计构建新增联络的测试用例矩阵，如表 5-30 所示。

表 5-30 新增联络的测试用例矩阵

用例编号	场 景	步骤描述	输 入	期 望 值
1	成功新增联络	登录客户管理系统	V	新增联络成功
		选择客户名称	V	
		新增联络	V	
		新增成功	V	
2	账号不存在	登录客户管理系统，用户不存在，管理员登录新增用户	I	①提示账户不存在，返回基本流 ②新增联络成功
		选择客户名称	V	
		新增联络	V	
		新增成功	V	
3	账号密码错误	登录客户管理系统，密码错误，重新登录	I	①提示账号密码错误，返回基本流 ②新增联络成功
		选择客户名称	V	
		新增联络	V	
		新增成功	V	
4	新增联络已存在	登录客户管理系统	V	①提示新增联络已存在，返回基本流 ②新增联络成功
		选择客户名称	V	
		新增联络，新增联络已存在，重新输入	I	
		新增成功	V	

第四步，为新增联络的测试用例矩阵设计测试数据，如表 5-31 所示。

表 5-31 新增联络的测试用例

用例编号	场景	步骤描述	输入	期望值
1	成功新增联络	登录客户管理系统	用户名 test1，密码 test1	新增联络成功
		选择客户名称	泽众软件	
		新增联络	客户姓名：customer1 客户职位：总经理 技术程度：不懂 日志日期：2022/5/10	
		新增成功	单击"确认"按钮	
2	账号不存在	登录客户管理系统，用户不存在，管理员登录新增用户	①用户名 abcd，密码 test ②用户名 test1，密码 test1	①提示账户不存在，返回基本流 ②新增联络成功
		选择客户名称	泽众软件	
		新增联络	客户姓名：customer2 客户职位：副经理 技术程度：不懂 日志日期：2022/5/10	
		新增成功	单击"确认"按钮	
3	账号密码错误	登录客户管理系统，密码错误，重新登录	①用户名 test1，密码 test2 ②用户名 test1，密码 test1	①提示账号密码错误，返回基本流 ②新增联络成功
		选择客户名称	泽众软件	
		新增联络	客户姓名：customer3 客户职位：部门经理 技术程度：略懂 日志日期：2022/5/10	
		新增成功	单击"确认"按钮	
4	新增联络已存在	登录客户管理系统	用户名 test1，密码 test1	①提示新增联络已存在，返回基本流 ②新增联络成功
		选择客户名称	泽众软件	
		新增联络，新增联络已存在，重新输入	①客户姓名：customer1 客户职位：总经理 技术程度：不懂 日志日期：2022/5/10 ②客户姓名：customer4 客户职位：测试经理 技术程度：精通 日志日期：2022/5/10	
		新增成功	单击"确认"按钮	

注：在该例中，表 5-31 中输入数据只构建必填项，读者可自行构建其他输入数据。

5.8 错误推测法

5.8.1 错误推测法概述

推测是一种思维方式，在软件的测试用例设计中，它主要是依赖经验、直觉和简单的判断来推测程序中可能存在的各种错误，从而有针对性地设计测试用例。

错误推测法是指在测试程序时，测试人员可以根据经验或直觉推测程序中可能存在的各种错误，从而有针对性地编写检查这些错误的测试用例的方法。

错误推测方法的基本思想：

软件测试基础及实践

列举程序中所有可能出现的错误和容易发现错误的地方，根据它们来选择和设计测试用例。可以利用不同测试阶段的经验，软件系统测试中可能出现问题的地方组织测试用例。例如：在单元测试时曾列出的许多在模块中常见的错误、以前产品测试中曾经发现的错误等，这些就是经验的总结；输入数据和输出数据为 0 的情况；输入表格为空格或输入表格只有一行；等等。这些都是容易发生错误的情况。所以，可选择这些情况下的例子作为测试用例。

容易出现错误的情况：
- 在单元测试中程序模块已经遇到的错误，可以在系统测试中为这些可能出现问题的地方组织测试用例。
- 在前一个版本中常见的错误在下一个版本测试中有针对性地设计测试用例。
- 在应用软件中可能出错的环节，例如 C++ 软件的内存分配、内存泄漏、Web 程序的 Session 失效问题、JavaScript 字符转义等常见的问题。

针对以上容易出错的情况选择性地设计测试用例。

容易出现错误的原因：
- 客观原因：产品先前版本的问题，衰减测试。
- 已知原因：语言、操作系统、浏览器的限制可能带来的问题。
- 经验：由模块之间的关联所联想到的测试，由修复软件的错误可能会带来的问题。

错误推测法的特点：

错误推测法主要是依据经验、直觉和简单的判断来推测程序中可能存在的各种错误，从而有针对性地设计测试用例。它充分发挥个人的经验和潜能，命中率高，但是过多的依赖于个人的经验且覆盖率难以保证。错误推测法由于存在较大的随机性，因而常作为一种辅助的黑盒测试方法。

5.8.2 测试用例的设计

错误推测法设计测试用例的步骤：
① 确定合适的错误推测清单。
② 确定需要进行错误推测的测试子项。
③ 根据清单对测试子项的规格进行错误推测并设计测试用例。

例 5-10 测试一个对线性表（比如数组）进行排序的程序，请使用错误推测法补充测试用例。

解：使用错误推测法可推测列出以下几项需要特别测试的情况。
① 输入的线性表为空表。
② 表中只含有一个元素。
③ 输入表中所有元素已排好序。
④ 输入表已按逆序排好。
⑤ 输入表中部分或全部元素相同。

例 5-11 测试手机终端的通话功能，请使用错误推测法补充测试用例。

解：使用错误推测法设计各种通话失败的情况来补充测试用例。
① 无 SIM 卡插入时进行呼出（非紧急呼叫）。
② 插入已欠费 SIM 卡进行呼出。
③ 射频器件损坏或无信号区域插入有效 SIM 卡呼出。
④ 网络正常，插入有效 SIM 卡，呼出无效号码（如 1、888、333333、不输入任何号码等）。

⑤ 网络正常，插入有效 SIM 卡，使用"快速拨号"功能呼出设置无效号码的数字。

例 5-12 请使用错误推测法对【例 5-5】补充测试用例。

解：例 5-5 使用正交试验法设计的测试用例中没有针对所有因素都是"隐藏"状态的测试用例，所以从某个角度看存在测试漏洞，下面使用错误推测法补充测试用例，如表 5-32 所示。

表 5-32 补充测试用例

用例编号	输入数据			预期输出
	Left	Middle	Right	
svh_05	Hidden	Hidden	Hidden	网页全部隐藏

通过黑盒测试方法的学习，在实践测试过程中建议选择测试方法的思路如下：

① 分析需求规格说明书，先用场景法梳理清楚软件的基本流和备选流，再结合等价类划分法、边界值分析法设计测试用例。

② 当输入与输出有对应关系的时候先画出判定表，再结合等价类划分法、边界值分析法设计测试用例。

③ 当软件项目特别复杂时，先用因果图梳理出判定表。

④ 正交试验法主要是用于有水平关系、项目比较紧急、采取抽样测试时。

⑤ 最后根据对软件错误的知识积累，采取错误推测法来测试。

小 结

黑盒测试的依据是用户需求规格说明书，所以它是最接近用户角度的测试方法，主要验证软件的功能需求和用户最终需求。黑盒测试仅需要知道被测对象的输入和预期输出，也就是把输入域里所有可能的输入数据作为测试情况考虑，以达到最全面的测试。但是，在实际项目测试过程中，要做到穷举测试并不可能。本章详细介绍了黑盒测试的主要测试方法，目的就是在巨量的输入域中合理地设计有代表性的测试用例，同时针对每种测试方法精心安排了案例来驱动理论与实践的融合。

等价类划分法是一种典型的、重要的黑盒测试方法，是将程序所有可能的输入数据（有效的和无效的）划分成若干个等价类，然后从每个等价类中选取具有代表性的数据当做测试用例的输入数据进行测试的方法。

边界值分析法是对输入或输出的边界值进行测试的一种黑盒测试方法，是作为对等价类划分法的补充。边界值测试不是从某等价类中随便挑一个作为代表，而是使这个等价类的每个边界都要作为测试条件。

判定表是分析和表达多逻辑条件下执行不同操作的情况的工具。判定表可以把复杂的逻辑关系和多种条件组合的情况表达得既具体又明确，能够将复杂的问题按照各种可能的情况全部列举出来。因果图法是借助图形来设计测试用例的一种系统方法，特别适用于被测试程序具有多种输入条件、程序的输出又依赖于输入条件的各种情况。判定表和因果图本质上是一种方法，都是解决控件组合问题，判定表法是因果图法的简化。

正交试验法根据正交性，从全面试验中挑选出部分有代表性的点进行试验，就是使用已经造好了的正交表来安排实验并进行数据分析的一种方法。

场景法是模拟用户使用系统时的场景进行测试，是对不同的"场景"进行所有功能点及业务流程的覆盖，是能提高测试效率并达到良好效果的方法。

错误推测法是依赖经验、直觉和简单的判断来推测程序中可能存在的各种错误，从而有针对性地设计测试用例的方法。

习 题

一、选择题

1. 以下关于黑盒测试的测试方法选择的叙述中，不正确的是（　　）。
   A. 在任何情况下都要采用边界值分析法
   B. 必要时用等价类划分法补充测试用例
   C. 可以用错误推测法追加测试用例
   D. 如果输入条件之前不存在组合情况，则采用因果图法

2. 以下关于黑盒测试的叙述中，不正确的是（　）。
   A. 不需要了解程序内部的代码及实现
   B. 容易知道用户会用到哪些功能，会遇到哪些问题
   C. 基于软件开发文档，所以也能知道软件实现了文档中的哪些功能
   D. 可以覆盖所有的代码

3. 以下叙述中，不正确的是（　　）。
   A. 黑盒测试可以检测软件行为、性能等特性是否满足要求
   B. 黑盒测试可以检测软件是否有人机交互上的错误
   C. 黑盒测试依赖于软件内部的具体实现，如果实现发生了变化，则需要重新设计用例
   D. 黑盒测试用例设计可以和软件实现同步进行

4. 黑盒测试不能发现（　　）。
   A. 功能错误或者遗漏　　　　　　　　B. 输入输出错误
   C. 执行不到的代码　　　　　　　　　D. 初始化和终止错误

5. 以下关于等价划分法的叙述中不正确的是（　　）。
   A. 如果规定输入值 str 必须是 '\0' 结束，那么得到两个等价类，即有效等价类 str 以 '\0' 结束，无效等价类 str 不以 '\0' 结束
   B. 如果规定输入值 i 取值范围为 -10~10，那么得到两个等价类，即有效等价类 $-10 \leq i \leq 10$，无效等价类 $i<-10$ 或者 $i>10$
   C. 如果规定输入值 i 取值为 1、-1 两个数之一，那么得到三个等价类，即有效等价类 $i=1$, $i=-1$，无效等价类 $i \neq 1$ 且 $i \neq -1$
   D. 如果规定输入值 i 为质数，那么得到两个等价类，即有效等价类 i 是质数，无效等价类 i 不是质数

6. 根据输入输出等价类边界上的取值来设计用例的黑盒测试方法是（　　　）。
   A. 边界值分析法　　　　　　　　　　B. 因果图法

C. 等价类划分法 D. 场景法

7. 以下关于判定表测试法的叙述中，不正确的是（　　）。

    A. 判定表由条件桩、动作桩、条件项和动作项组成

    B. 判定表依据软件规格说明建立

    C. 判定表需要合并相似规则

    D. n 个条件可以得到最多 $2n$ 个规则的判定表

8. 以下关于黑盒测试的测试方法选择策略的叙述中，不正确的是（　　）。

    A. 首先进行等价类划分，因为这是提高测试效率最有效的方法

    B. 任何情况下都必须使用边界值分析，因为这种方法发现错误能力最强

    C. 如果程序功能说明含有输入条件组合，则一开始就需要错误推测法

    D. 如果没有达到要求的覆盖准则，则应该补充一些测试用例

9. 软件测试的基本方法包括白盒测试和黑盒测试，以下关于二者之间关联的叙述，错误的是（　　）。

    A. 黑盒测试与白盒测试是设计测试用例的两种基本方法

    B. 在集成测试阶段是采用黑盒测试与白盒测试相结合的方法

    C. 针对相同的系统模块，执行黑盒测试和白盒测试对代码的覆盖率都能够达到 100%

    D. 应用系统负载压力测试一般采用黑盒测试方法

10. 以下关于边界值测试法的叙述中，不正确的是（　　）。

    A. 边界值分析法仅需考虑输入域边界，不用考虑输出域边界

    B. 边界值分析法是对等价类划分方法的补充

    C. 错误更容易发生在输入输出边界上而不是输入输出范围的内部

    D. 测试数据应尽可能选取边界上的值

11. 根据输出对输入的依赖关系设计测试用例的黑盒测试方法是（　　）。

    A. 等价类划分法 B. 因果图法

    C. 边界值分析法 D. 场景法

12. 测试 ATM 取款功能，已知取款数只能输入正整数，每次取款数要求是 100 的倍数且不能大于 500，下面哪个是正确的无效等价类？（　　）

    A. (0,100)、(100,200)、(200,300)、(300,400)、(400,500)、(500,+∞)

    B. (500,+∞)

    C. (500,+∞)、任意大于 0 小于 500 的非 100 倍数的整数

    D. (-∞,100)、(100,200)、(200,300)、(300,400)、(400,500)、(500,+∞)

13. 黑盒测试法是根据产品的（　　）来设计测试用例的。

    A. 功能 B. 输入数据

    C. 应用范围 D. 内部逻辑

14. （　　）测试用例设计方法既可以用于黑盒测试，也可以用于白盒测试。

    A. 边界值法 B. 基本路径法

C. 正交试验法 D. 逻辑覆盖法

15. 下列选项中，（   ）不是正交试验法的关键因素。

　　A. 行数　　　　　　B. 因子　　　　　　C. 因子状态　　　　　　D. 正交表

16. 若有一个计算类型的程序，它的输入量只有一个 a，其范围是 [-1.000，1.000]，现从输入的角度考虑一组测试用例：-1.001，-1.000，1.000，0.999。设计这组测试用例的方法是（   ）。

　　A. 条件覆盖法　　　　　　　　　　B. 等价分类法
　　C. 边界值分析法　　　　　　　　　D. 错误推测法

二、判断题

1. 软件中有数据输入的地方都可以使用等价类划分法。（   ）
2. 黑盒测试方法中最有效的是因果图法。（   ）
3. 黑盒测试往往会造成测试用例之间可能存在严重的冗余和未测试的功能漏洞。（   ）
4. 边界测试时，所选择的输入测试数据一定是有效数据。（   ）
5. 错误推测法是根据输出对输入的依赖关系来设计测试用例的。（   ）

三、话题讨论

1. 因果图法与判定表法比较相似，两种方法应在什么情况下使用？
2. 使用判定表时全部列举是为了防止遗漏，如果你确定所测试的内容应当如何以简化判定表的形式输出，还有列举全部内容的必要吗？

第 6 章

自动化测试

引言

软件测试实行自动化进程，不是因为测试工作的重复，而是测试工作的需要。手工测试全部依靠人手工完成，因此工作量大且耗时，难以衡量测试工作的进展。当测试规模较大时，纯人工的测试过程的管理也会面临困难。自动化测试能完成手工测试所不能完成的任务，提高测试效率和测试结果的可靠性、准确性和客观性，提高测试覆盖率，保证测试工作的质量。本章将对自动化测试的基本概念、优势、适用对象和自动化测试流程进行介绍，并着重讲解 Web 应用自动化测试和移动应用自动化测试，同时对相应地自动化测试工具——AutoRunner 和 MobileRunner 进行实战讲解。

内容结构图

学习目标

- 了解：自动化测试的基础知识，包括自动测试的定义、与手工测试相比自动化测试的优势、自动化测试的分类等。
- 应用：通过自动化测试流程的学习和案例的实操，熟练使用 AutoRunner 和 MobileRunner 自动化测试工具对 Web 应用和移动应用开展自动化测试。
- 分析：根据项目的特点和项目的进展情况，分析出能否采用自动化测试、何时开始自动化测试和选择何种自动化测试工具开展测试。

6.1 自动化测试概述

1. 自动化测试的定义

通常,在设计完测试用例并通过评审之后,由测试人员根据测试用例中描述的规程一步步执行测试,得到实际结果与期望结果的比较。在此过程中,为了节省人力、时间或硬件资源,提高测试效率,便引入了自动化测试的概念。

自动化测试是把以人为驱动的测试行为转化为机器执行的一种过程,即利用自动化测试工具,经过对测试需求的分析,设计出自动化测试用例,搭建自动化测试的框架,设计与编写自动化脚本,测试脚本的正确性,从而完成该套测试脚本的过程。

自动化测试包括自动测试执行、输出的比较、测试的录制与回放、测试用例自动生成等,其中,测试用例生成是最需要智力和创造力的活动,而这正是自动化工具最不擅长的事情。

2. 自动化测试的优势

自动化测试是提高测试效率,降低项目成本,而不是完全取代手工测试。

(1)提升效率,减少重复工作

自动化测试最大的意义就是提高测试效率,减少重复测试的时间,实现快速回归测试。手工测试的最大问题在于,面对快速迭代,无法快速完整地执行冒烟用例。

(2)节省人力成本

执行测试脚本可以实现无人值守、不限时间的测试,从而让测试人员可以做更多有意义事,比如探索性测试等。

(3)发现更多隐藏问题

手工测试无法验证系统的稳定性、可靠性等,需要通过工具等自动化手段,对系统进行压力测试、稳定性测试等,发现更多手工测试不能发现的问题。

(4)简化测试执行

使用手动测试,必须一次又一次地为同一测试用例编写代码,而使用自动化测试工具,可以根据需要,多次重复使用测试脚本,从而节省了时间和精力。自动化测试可以运行更多更烦琐的测试,可以执行一些手工测试困难或不可能进行的测试。

(5)减少人为干预

利用自动化工具,可以在无人值守的情况下(或夜间)运行自动化测试,无须人工干预。编写后,可以无限制地重复使用和执行测试,不需要支付额外费用。自动化测试可以创建优良可靠的测试过程,减少人为错误。

(6)加快测试

加快测试执行速度和增大测试覆盖范围,从而缩短了软件开发周期。自动化测试能够在多个平台上并行执行测试,无须在不同的浏览器版本中创建大量测试用例,从而增加了在多个平台上的测试覆盖率。

自动化测试最主要的任务是降低大型系统由于变更或者多期开发引起的大量回归测试的人力投入,特别是在程序修改比较频繁时,效果是非常明显的。自动化测试前期人力投入较多,但后期进入维护期后,可节省大量人力,而手工测试后期需要增加大量人力用于回归测试。

3. 自动化测试的分类

（1）从软件开发周期的角度分类

- 单元自动化测试：主要是对代码中的类和方法进行自动化测试，重点关注代码所需遵循的编码规范和各种规则，以及代码实现的业务逻辑等方面。
- 接口自动化测试：是对系统或组件间的请求和返回进行测试，重点校验数据的交换、传递和控制管理过程以及相互逻辑依赖关系。接口测试适合开展自动化是因为其具有稳定性高的特点。
- UI 自动化测试：是通过对 Web 应用及移动应用进行自动化测试的过程，主要是对图形化界面进行流程和功能等方面进行测试。

（2）从测试目的的角度分类

- 功能自动化测试：是在功能自动化测试工具上执行测试用例和编写测试脚本检查实际功能是否符合用户需求的过程。功能自动化测试主要以回归测试为主，涉及图形界面、数据库连接以及其他比较稳定而不经常发生变化的部分。
- 性能自动化测试：是在性能自动化测试工具上执行性能测试、收集性能测试结果，并分析结果的过程。性能自动化测试具备的特性是：需要设定自动化任务；事中监控（如场景执行时发送异常错误自动预警邮件）；支持自动收集测试结果并存储；自动分析功能（如分析有异常的事务、异常的资源消耗等）。

4. 自动化测试的适用对象

（1）实施自动化测试的前提条件

① 需求变动不频繁：需求变动频繁的项目，自动化脚本不能重复使用，维护成本太大，性价比低。

② 项目周期足够长：项目周期短，自动化脚本编制完成后使用次数不多，性价比低。

③ 自动化测试脚本可重复使用：交互性较强的项目，需要人工干预的项目，自动化无法实施。

（2）适合做自动化的项目

① 产品型项目：产品型的项目是指新版本在旧版本的基础上进行改进，功能变化不大的项目，但项目的新老功能都必须重复进行回归测试。回归测试是自动化测试的强项，它能够很好地验证是否引入了新的缺陷，老的缺陷是否修改过来了。在某种程度上可以把自动化测试工具称为回归测试工具。

② 机械并频繁的测试。每次需要输入相同、大量的数据，并且在一个项目中运行的周期比较长。

6.2 自动化测试流程

自动化测试一般在系统开发比较成熟、系统测试后版本比较稳定时进行。自动化测试基本流程如图 6-1 所示。

1. 分析测试需求

测试需求其实就是测试目标，也可以看作是自动化测试的功能点。自动化测试是做不到 100% 覆盖率的，只有尽可能提高测试覆盖率。测试需求需要设计多个自动化测试用例，通过测试需求分析判定软件自动化测试要做到什么程度。一般情况下，自动化测试优先考虑实现正向的测试用例后再去实现反向测试用例，而且反向的测试用例大多都是需要通过分析筛选出来的。因此，确定测试覆盖率以及自动化测试粒度、筛选测试用例等工作都是分析测试需求的重点工作。

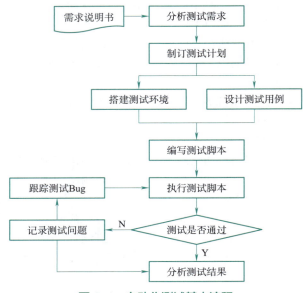

图 6-1　自动化测试基本流程

2. 制订测试计划

自动化测试之前，需要制订测试计划，明确测试对象、测试目的、测试的项目内容、测试的方法。此外，要合理分配好测试人员以及测试所需要的硬件、数据等资源。制订测试计划后可使用禅道等管理工具监管测试进度。

3. 设计测试用例

在设计测试用例时，要考虑到软件的真实使用环境，例如对于性能测试、安全测试，需要设计场景模拟真实环境，以确保测试真实有效。

4. 搭建测试环境

自动化测试人员在用户设计工作开展的同时即可着手搭建测试环境。自动化测试的脚本编写需要录制页面控件、添加对象。测试环境的搭建，包括被测系统的部署、测试硬件的调用、测试工具的安装和设置、网络环境的布置等。

5. 编写并执行测试脚本

公共测试框架确立后，可进入脚本编写的阶段，根据自动化测试计划和测试用例编写自动化测试脚本。编写测试脚本要求测试人员掌握基本编程知识，并且需要和开发人员沟通交流，以便于了解软件内部结构，从而设计编写出有效的测试脚本。测试脚本编写完成之后需要对测试脚本进行反复测试，确保测试脚本的正确性。

6. 分析测试结果、记录测试问题

建议测试人员每天抽出一定时间，对自动化测试结果进行分析，以便更早发现缺陷。如果软件缺陷真实存在，则要记录问题并提交给开发人员修复，如果不是系统缺陷，就检查自动化测试脚本或者测试环境。

7. 跟踪测试 Bug

测试发现的 Bug 要记录到缺陷管理工具中去，以便定期跟踪处理。开发人员修复后，需要对问题执行回归测试，如果问题的修改方案与客户达成一致，但与原来的需求有偏离，那么在回归测试前，还需要对脚本进行必要的修改和调试。

6.3 自动化测试工具概述

6.3.1 自动化测试工具的分类

自动化测试工具种类很多，大多从用途、应用领域、价位、特性、是否开源、测试对象等角度来分类。基本上，分类只是一种归纳方式，下面介绍以是否开源、用途和测试对象三种分类角度来介绍自动化测试工具。

1. 根据是否开源分类

（1）开源自动化工具

开源自动化工具是免费的平台，允许用户访问和使用源代码，用户可以选择完全采用代码或修改代码来满足自身的测试需求。工具是免费的，由社区开发。开源工具是许多具有编程背景的自动化测试人员的首选，因为它可以自由访问和定制高级测试用例。

（2）商业自动化工具

商业工具用于商业目的，用户必须购买才能使用软件。与开源软件相比，这种工具通常具有更多的高级特性和完善的客户服务，为公司或企业完成整个测试过程。

（3）定制框架

在某些项目中，单个开源软件或固定的商业测试工具无法满足要求，这主要是由于测试过程和测试环境的不同。在这种情况下，团队需要自己开发定制的软件。定制框架比其他两个解决方案复杂得多，可以由技术专家部署。

2. 根据主要用途分类

（1）GUI自动化用途

目前许多以测试用软件为主要产品的软件公司，大多提供这类的自动化测试软件。这类软件除了提供在窗口界面中使用外，也有不少是针对浏览器接口开发的自动化测试工具。

（2）软件产品功能、性能测试用途

这类测试工具通过自动录制、检测和回放用户的应用操作，将被测系统的输出记录同预先给定的标准结果进行对比。

功能测试工具：实现功能测试脚本的编写、执行和管理。

性能测试工具：实现性能测试脚本的编写、性能测试场景的设计，执行性能测试场景、案例，分析性能测试监控数据。

（3）测试管理工具

测试管理工具主要实现需求跟踪、测试流程管理、测试用例设计、编写、管理、执行，缺陷跟踪管理等。

（4）测试辅助工具

测试辅助工具本身不执行测试，主要用来采集和生成测试数据；性能监控，实现Oracle等数据库监测诊断，收集数据库活动状况和应用的运行情；安全测试；实现自动化测试脚本的编写、执行和管理。

（5）代码分析工具

代码分析工具对代码进行静态分析，找出不符合编码规范的地方。

3. 根据测试对象分类

（1）Web自动化测试工具

Web应用自动化测试是自动化测试领域的重点。对于有页面类的项目，几乎都可以进行Web自动化的测试，主要通过模拟人操作对应系统，验证功能等方面是否正常，能大大提升测试效率，主要应用在一些重复操作的测试中。

（2）移动自动化测试工具

移动自动化主要是针对移动系统的测试。该测试需要验证功能、性能、兼容性、易用性等方面，主要通过工具或者代码命令的方式模拟人工操作，验证整个软件系统的过程。目前，对于移动端的测试除功能方面的测试外，还需要覆盖到非功能方面的测试。

6.3.2 自动化测试工具的选择

在企业内部通常存在许多不同种类的应用平台，应用开发技术也不尽相同，甚至在一个应用中可能就跨越了多种平台；或同一应用的不同版本之间存在技术差异。所以选择软件测试自动化方案必须深刻理解这一选择可能带来的变动、来自诸多方面的风险和成本开销。

1. 学习成本

自动化测试比手动测试更具技术性。在许多自动化工具中，尤其是开源软件中，测试人员必须具备足够水平的编程知识才能编写和执行测试脚本。对于技术背景有限的QA（质量保证）团队，在采用测试自动化方面，这一技术障碍是最具挑战性的。实践证明，不需要执行编码的测试工具是解决这一瓶颈的解决方案。

2. 预算

在许多情况下，测试自动化是负担不起的。但是，只要彻底计算了预算，从长远来看，它会为团队和业务带来极大的投资回报率。根据预算，可以更容易地选择合适的软件、开源或商业工具。在预算有限的情况给出以下建议：

- 选择尽可能少的自动化产品覆盖尽可能多的平台，以降低产品投资和团队的学习成本。
- 测试流程管理自动化通常应该优先考虑，以满足为企业测试团队提供流程管理支持的需求。
- 性能测试自动化产品应该优先于功能测试自动化产品被考虑。

3. 功能

尽管各个团队的要求各不相同，但是在选择合适的自动化工具时，应该考虑一些关键因素。其中包括：支持的平台、编程语言、CI（持续集成，Continuous Integration）/CD（持续交付，Continuous Delivery）集成功能、报告功能等。同时，应对测试自动化方案的可扩展性提出要求，以满足企业不断发展的技术和业务需求。

4. 脚本维护和可重用性

脚本维护是提高测试自动化总成本的重要因素，理想的自动化工具应具有减少此类工作量的功能。另一方面，脚本的可重用性为团队节省了大量时间来处理类似的测试用例。

5. 集成能力

选定的自动化工具必须能够集成到CI/CD管道和外部平台，以确保测试的连续性。强大而全面的集成可以更好地进行测试管理和团队协作。

6. 技术支持

在考虑产品性价比的同时，应充分关注产品的支持服务和售后服务的完善性。对于商业工具，应该为用户提供所有技术问题的及时客户支持。查看他们的官方文档和网站，了解可以获得哪些支持方法。开源软件遇到问题时可以依靠用户社区。建议尽量选择趋于主流的产品，以便通过行业间交流甚至网络等方式获得更为广泛的经验和支持。

6.4 常见的自动化测试工具

1. UI 自动化测试工具

（1）AutoRunner

AutoRunner（简称 AR）是上海泽众科技有限公司自主研发的自动化测试工具，也是一个自动测试框架，加载不同的测试组件，能够实现面向不同应用的测试。AR 是国内专业的支持 C/S、B/S 各种技术框架的、基于组件识别的自动化测试工具，实现 7×24 小时的自动化回归测试和功能测试。通过录制和编写测试脚本，实现功能测试、回归测试的自动化，自动化执行测试用例取代人工执行测试用例，提高测试执行效率，降低测试人工成本。

（2）Selenium

Selenium 是网页应用中流行的开源自动化测试框架。起源于 2000 年，20 多年来不断地完善，Selenium 成为许多 Web 自动化测试人员的选择，尤其是那些有高级编程和脚本技能的人。Selenium 是一个涵盖几种工具的生态系统，主要包括 Selenium WebDriver、Selenium IDE 和 Selenium Grid。Selenium 核心特性是跨浏览器和跨平台测试、多种测试语言（Python、Java、C＃等）、高度可调整的开源代码，并行运行测试等。Selenium 的灵活性使得测试人员可以写各种复杂的、高级的测试脚本来应对各种复杂的问题，但需要高级的编程技能和付出来构建满足自己需求的自动化测试框架和库。

（3）QTP

QTP 针对的是 GUI 应用程序，包括传统的 Windows 应用程序，以及现在越来越流行的 Web 应用。它可以覆盖绝大多数的软件开发技术，简单高效，并具备测试用例可重用的特点。其中包括创建测试、插入检查点、检验数据、增强测试、运行测试、分析结果和维护测试等方面。使用 QTP 的目的是想用它来执行重复的手动测试，主要是用于回归测试和测试同一软件的新版本。因此在测试前要考虑好如何对应用程序进行测试，例如要测试哪些功能、操作步骤、输入数据和期望的输出数据等。

（4）MobileRunner

MobileRunner（简称 MR）是上海泽众科技有限公司自主研发的自动化测试工具，支持同时直接连接多台移动设备，通过脚本录制和执行，实现移动设备和应用的自动化测试、设备兼容性测试、功能测试等工作。MobileRunner 是国内专业的支持 IOS 及 Android 上 App、小程序、H5 应用的自动化测试工具，实现 7×24 小时的自动化回归测试、功能测试、兼容性测试，让测试更简单。

（5）Appium

Appium 是一个移动端自动化测试开源工具，支持 iOS 和 Android 平台，支持 Python、Java 等语言，即同一套 Java 或 Python 脚本可以同时运行在 iOS 和 Android 平台，Appium 是一个 C/S 架构，核心是一个 Web 服务器，它提供了一套 REST 的接口。当收到客户端的连接后，就会监听到命令，然后在移动设备上执行这些命令，最后将执行结果放在 HTTP 响应中返还给客户端。Appium 是跨平台的，它允许使用相同的 API 编写针对多个平台（iOS、Android、Windows）的测试。这使 iOS、Android 和 Windows 测试套件之间的代码重用成为可能。

（6）Robot Framework

Robot Framework 是一款 Python 编写的功能自动化测试框架，具备良好的可扩展性，支持关键字驱动,可以同时测试多种类型的客户端或者接口,可以进行分布式测试执行。主要用于轮次很多的验收测试和验收测试驱动开发(ATDD)。

(7) Airtest

Airtest 是网易出品的一款基于 Python 语言、可通过图像识别和 Poco 控件识别的 UI 自动化测试工具,包括 AirtestIDE、Airtest、Poco、AirLab 等部分,有 Poco、图像识别、Selenium 三个大类库,适用于游戏、App、Web、Windows 程序项目的自动化测试,可以轻而易举地实现自动化测试流程。

(8) Cypress

Cypress 是基于 Web 的下一代前后端测试工具,与 Selenium 相比,Cypress 底层协议不采用 WebDriver,这使得它能够实现快速、简单、可靠的测试。Cypress 支持端到端测试、集成测试、单元测试。

2. 接口自动化测试工具

(1) JMeter

JMeter 是 Apache 公司开发的一个纯 Java 的开源项目,既可以用于接口测试,也可以用于性能测试。JMeter 具备高移植性,可以实现跨平台运行;可以实现分布式负载;采用多线程,允许通过多个线程并发取样或通过独立的线程对不同的功能同时取样;具有较高的扩展性。

(2) Postman

Postman 提供功能强大的 Web API 和 HTTP 请求的调试,它能够发送任何类型的 HTTP 请求(GET、POST、PUT、DELETE 等),并且能附带任何数量的参数和 Headers。不仅如此,它还提供测试数据和环境配置数据的导入导出,付费的 Post Cloud 用户还能够创建自己的 Team Library 用来团队协作式的测试,并能够将自己的测试收藏夹和用例数据分享给团队。

(3) Python+Requests

Requests 是一个很实用的 Python HTTP 客户端库,编写爬虫和测试服务器响应数据时经常会用到,Requests 是 Python 语言的第三方的库,专门用于发送 HTTP 请求,处理 URL 资源特别方便。

(4) SoapUI

SoapUI 是一个非常流行的用于 SOAP 和 REST 的开源 API 测试自动化框架,它还支持功能测试、性能测试、数据驱动测试和测试报告。

(5) HttpClient

HttpClient 是 Apache Jakarta Common 下的子项目,用来提供高效的、最新的、功能丰富的支持 HTTP 协议的客户端编程工具包,并且它支持 HTTP 协议最新的版本和建议。HttpClient 实现了基于 HTTP 的各种方法,如 Get、Post、Put 等,支持 HTTPs。

3. 单元测试自动化工具

(1) C++ Test

C++ Test 是一个功能强大的自动化 C/C++ 单元级测试工具,可以自动测试任何 C/C++ 函数和类,自动生成测试用例、测试驱动函数或桩函数,在自动化环境下能快速地使单元级的测试覆盖率达到 100%。

(2) NUnit

NUnit 是一个专门针对 .NET 语言的单元测试框架。它允许在不修改原代码的前提下编写测试用例脚本并支持数据驱动的测试用例,适用于所有 .NET 语言。

(3) JUnit

JUnit 是一个 Java 语言的单元测试框架。它由 Kent Beck 和 Erich Gamma 建立,逐渐成为源于 Kent Beck 的 sUnit 的 xUnit 家族中最为成功的一个。JUnit 有它自己的 JUnit 扩展生态圈。多数 Java 的开发环境都已经集成了 JUnit 作为单元测试的工具。

（4）TestNG

TestNG 的创造者是 Cedric Beust，是一个设计用来简化测试需求的测试框架，从单元测试（隔离测试一个类）到集成测试（测试由有多个类、多个包甚至外部框架组成的整个系统，例如运用服务器）。TestNG 是 Java 中的一个测试框架，是一个目前很流行实用的单元测试框架，有完善的用例管理模块，配合 Maven 能够很方便地管理第三方插件。使用 TestNG 可以进行功能、接口、单元、集成的自动化测试。

（5）unittest

unittest 是 Python 单元测试框架，类似于 JUnit 框架。unittest 是 Python 自带的一个单元测试框架，类似于 Java 的 JUnit，基本结构是类似的。

（6）Pytest

Pytest 是 Python 的一种单元测试框架，与 Python 自带的 unittest 测试框架类似，但是比 unittest 框架使用起来更简洁，效率更高。Pytest 可非常方便地创建简单及可扩展性测试用例。测试用例清晰、易读而无须大量的烦琐代码。

6.5 Web 自动化测试工具——AutoRunner

6.5.1 AutoRunner 简介

AutoRunner（简称 AR）的基本功能就是对软件进行功能测试。功能测试本身是面向需求的黑盒测试工具。它以需求点为出发点，为了满足需求点（即需求）进行测试分析，然后使用测试工具得到测试案例库（测试案例库包括测试脚本和案例数据），并且根据测试案例库对功能进行测试，得到被测试软件的错误报告和缺陷跟踪报告，进而反馈给软件开发人员，帮助确定问题、修改错误、提高软件的质量。

1. AR 的功能模块

（1）脚本管理

AR 支持 Java 程序、浏览器、Flex 程序、Siverlight 程序等类型的脚本录制，支持脚本录制暂停功能；支持配置"脚本回放时写日志文件"、"脚本运行出错时立即停止"、"脚本执行失败时截屏"以及"回放动作录制"等操作。支持脚本回放速度的设置、播放超时设置；支持从指定脚本行开始执行的功能；支持执行失败时显示行号功能。

（2）函数、脚本调用

AR 支持跨脚本函数调用、类调用，支持脚本调用脚本，将常用的函数封装在一个公共函数内可以有效提高产品开发效率，实现各种复杂脚本的编写，使脚本简单明了，有利于后期的维护。

（3）校验点

AR 支持校验对象属性、校验数据库、校验消息框、校验矩形文本、校验文件文本、校验 Excel 文件、校验正则表达式等属性。

（4）参数化

AR 支持脚本参数化，实现了脚本与数据分离：脚本使用 Java 的脚本，在脚本执行的时候，从数据源中读取数据，通过循环参数列表对脚本进行控制，实现了值传递。

软件测试基础及实践

（5）同步点

AR 支持自动同步点和手工同步点功能。

（6）对象库

AR 支持可视化对象库，查看对象的属性；支持对象的编辑、复制、粘贴、重新录制、比较；支持对象的权重设置，通过权重设置实现模糊识别；支持对象查看，包括查看对象信息和对象对比功能；支持对静态文本控件手工添加对象。

（7）测试日志

AR 支持自动生成、自动保存测试日志，详细记录脚本运行情况。支持可视化日志功能，其中包含"打开文件"、"保存文件"、"保存网页"和"播放视频"按钮，前三者均是对日志文件 .log 进行操作。

（8）图形对象

支持图形对象，将不能识别的对象截取为图片，对图片进行操作，更方便自动化执行；支持图片检验，将截取的图片与被测系统对应的位置进行图片对比，可进行系统的校验。

2. AR 的特点

（1）可对 PC 端 CS、BS 系统进行功能自动化测试

AR 支持浏览器和客户端系统，支持浏览器包括 IE、谷歌、火狐、Edge 等。

（2）录制、拖动、编写生成脚本，脚本语言支持 Java 扩展

通过对被测系统界面进行操作，工具自动记录脚本；或者通过增加对象的方式获取对象，通过对于视图对象的拖动直接生成脚本；工具脚本是 BeanShell，支持 Java 扩展，也就是用户用 Java 语言封装函数，工具可以识别。

（3）可识别标准、非标准控件，可视化管理脚本与对象

对于页面非 Windows 的标准控件，工具可强制获取对象信息，较差情况可通过坐标位置获取。

（4）对象属性丰富，一次识别通过率 99% 以上

录制脚本时，抓取页面对象的属性值，记录于对象库，可通过设置属性权重判断该对象在回放时是否校验该属性。

（5）测试用例可进行参数化，并且有丰富的校验方法，可与 ATF 无缝集成

通过测试用例覆盖业务规则的测试，减少脚本设计的复杂度和脚本设计的简单性；校验点包括属性校验、数据库校验、文本校验、图形校验。

3. AR 的优势

（1）支持丰富的技术框架

使用 Java 作为脚本语言，使脚本更简单，并且 Java 有大量的扩展包，能够让用户自己来扩展功能。Java 作为标准化、流行的开发技术，拥有大量的拥护者和开发者，容易学习，也更容易找到懂得 Java 的测试工程师，降低人员成本。AR 支持函数调用，支持脚本调用脚本，能够非常简单地实现各种复杂脚本的编写。

（2）采用关键字提醒、关键字高亮、关键字驱动

IDE 提供了关键字提醒和关键字高亮，在编写程序的过程中弹出自动提示，防止编写程序错误。关键字驱动提供了关键字视图。支持不懂得编程语言的用户通过拖动和配置实现测试脚本编写。

（3）功能全面、执行高效、运行可靠

AR 实现了全面的功能，包括同步点、各种检查点、参数化、录制、脚本执行、测试日志、对象比较、视频录像等功能，能够满足用户的各种复杂应用需求。

AR 启动和执行速度快，避免了启动应用的大量等待时间，也支持不需要启动 IDE 可以执行

测试脚本。

（4）图形对象

实现图形对象，将图片作为对象，提高对象的辨识度。

（5）便于维护使用

AR 提供了针对测试案例的框架，框架包括：案例层次划分（AR 的案例由 Action 组成，每个 Action 包含对一个 Window 的所有操作，AR 允许在案例之间共享 Action 来提高系统的可维护性）、数据驱动框架、自动同步、数据校验模式等。使用这些框架能够非常容易地维护测试案例库。

6.5.2　AutoRunner 的安装

AR 安装环境要求：

- 操作系统要求：Windows（32 位 /64 位）系列产品。
- 浏览器要求：IE、Edge、Chrome、Firefox 等主流浏览器。
- 内存要求：不少于 128 MB。
- 磁盘空间要求：不少于 150 MB 剩余磁盘空间。

AR 的安装过程：

双击安装图标，弹出图 6-2~ 图 6-4 所示的提示框，并按照提示安装完成。

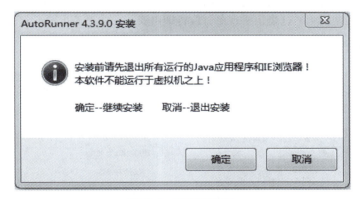

图 6-2　安装前提示

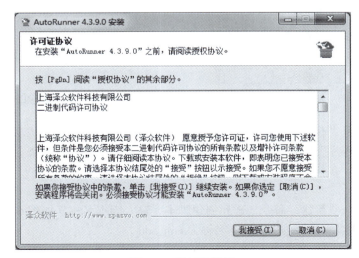

图 6-3　许可证协议

软件测试基础及实践

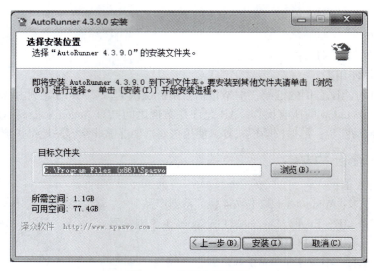

图6-4 选择安装位置

在安装的过程中由于本软件要录制网页脚本，因而加入了必需的网页插件，在安装插件时有些杀毒软件会出现拦截提示，这是正常现象，放行即可安装，如果禁止则不能正常录制网页脚本。

6.5.3 AutoRunner 的使用

1. 创建项目

AR 启动后，选择"文件"→"新建"命令，可以创建项目和创建脚本，如图 6-5 所示，新建项目如图 6-6 所示。

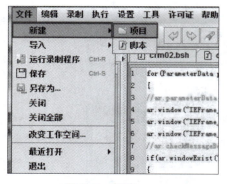

图 6-5 新建

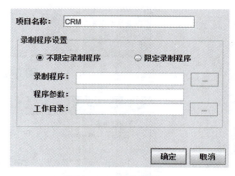

图 6-6 新建项目

录制程序设置为"不限定录制程序"时不用填写"录制程序"、"程序参数"和"工作目录"；设置为"限定录制程序"时选择录制程序、输入程序参数和选择工作目录。此处选择"不限定录制程序"。

2. 新建脚本

选择"文件"→"新建"命令，选择创建脚本，输入脚本名称，如图 6-7 所示，这里以客户管理系统（CRM）新增账号为例，脚本名称为 crm_add。

3. 录制脚本

以录制 IE 中的客户管理系统（CRM）新增账号为例，介绍一下录制脚本的过程。

单击工具栏中的"开始录制"按钮,弹出对话框如图 6-8 所示。需要注意的是:开始录制之前首先打开被测系统,这里打开客户管理系统(CRM),使用管理员账号登录。选择"全新录制",单击"确定"按钮,进入录制中,如图 6-9 所示。进行 CRM 新增账号操作,录制区域记录了新增账号操作的脚本,单击"停止"按钮,可以停止录制,回到 AR 界面,查看录制的脚本,如图 6-10 所示。

图 6-7　输入脚本名称

图 6-8　开始录制

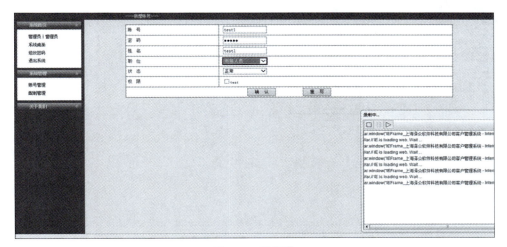

图 6-9　录制中

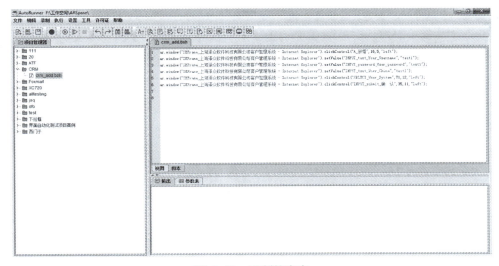

图 6-10　录制的脚本

软件测试基础及实践

在录制好脚本后，在项目目录下会存在三个文件：

第一个为 crm_add.bsh 脚本文件，保存了脚本编辑器中的脚本。

第二个为 crm_add.xls 参数表文件，是一个 Excel 表格，所有的参数化数据都将被保存到这里，在没用到参数化时，此文件中无数据。

第三个为 crm_add.xml 对象库文件，是一个 xml 格式，前面看到的对象库信息会被保存到这里，对象库可以进行编辑，编辑后也会被保存下来。

上面的三个文件都可以在软件中修改，不建议在软件外编辑。

4. 编辑脚本

（1）参数表编辑

参数表编辑方法有两种：第一种使用 AR 内置的参数表编辑，如图 6-11 所示；第二种使用为 crm_add.xls 参数表文件编辑并导入，如图 6-12~ 图 6-14 所示。

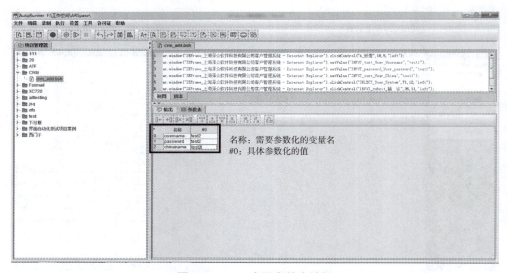

图 6-11　AR 内置参数表编辑

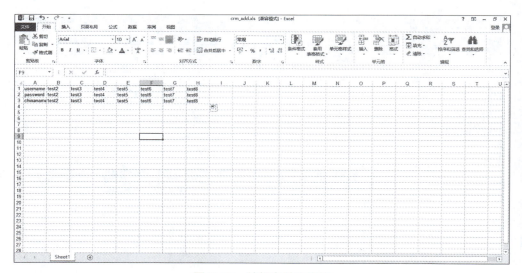

图 6-12　编辑参数化表格

第 6 章 自动化测试

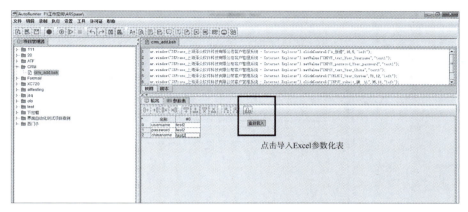

图 6-13 导入参数表

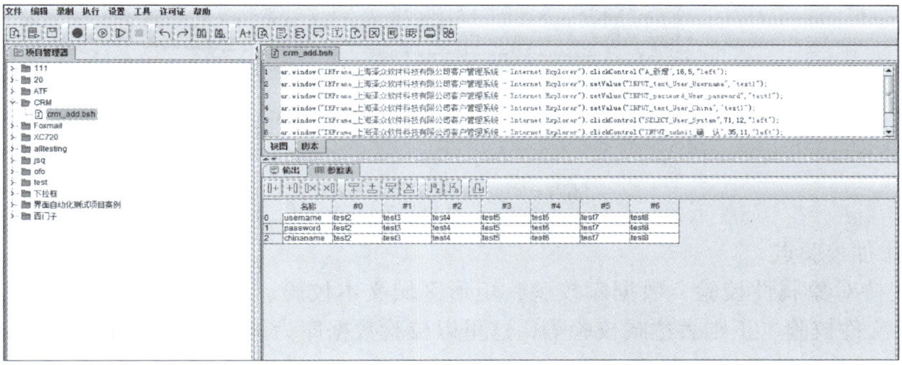

图 6-14 导入结果

（2）参数化脚本编辑

此处需要新增账号 test2、test3、test4、test5、test6、test7、test8，新增账号的操作过程是一样的，所以可以使用 for 循环添加，如图 6-15 和图 6-16 所示。

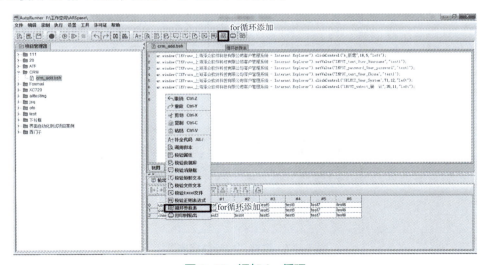

图 6-15 添加 for 循环

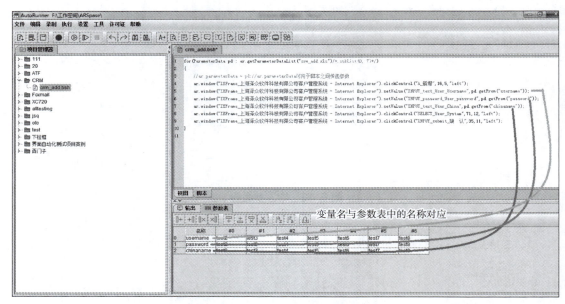

图 6-16 脚本参数化编辑

（3）添加校验点

AR 支持对象属性校验、数据库校验、矩形区域文本校验、消息框文本校验、文件文本校验、Excel 文件校验、正则表达式校验等，这里以校验数据库为例，在脚本编辑器中右击添加校验点，具体操作和结果如图 6-17~图 6-19 所示。

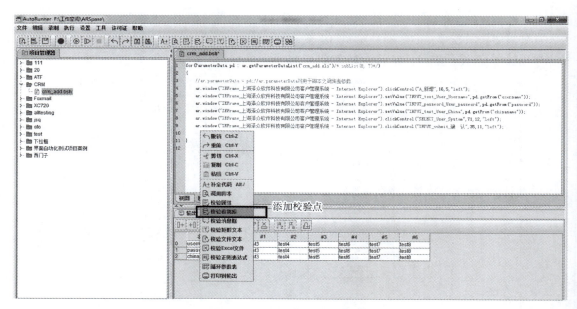

图 6-17 选择"校验数据库"

第 6 章　自动化测试

图 6-18　配置数据库

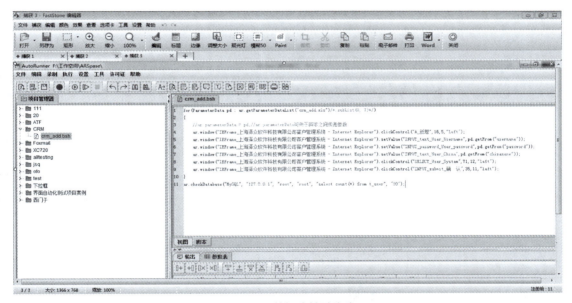

图 6-19　数据库校验脚本

5. 脚本回放

回放脚本的过程，实质是对先前的录入动作的一次重复操作，只是这个过程是根据录入的脚本自动完成的。对于回放来说，不管是回放 Windows 程序脚本、Java 程序脚本还是 IE 程序脚本，都基本相同。

单击工具栏的"回放"按钮，如图 6-20 所示，此时软件进入回放阶段，界面会被隐藏，回放的结果会在输出窗口中显示，也可查看回放日志。

当执行完脚本后，系统保存执行结果到工作目录，此时系统自动弹出执行结果查看窗口，在该窗口用户可更友好地查看执行的结果信息。日志中需要体现检查点信息，含检查点名。执行结果查看界面以独立窗口形式展示，窗口以 HTML 的形式用列表显示对象的执行结果，如图 6-21 所示。

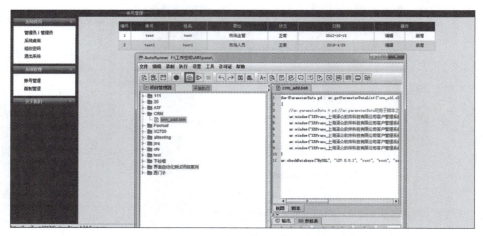

图 6-20 单击"回放"按钮

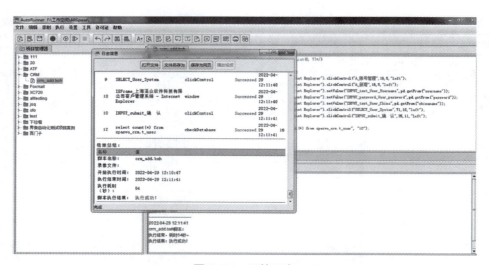

图 6-21 回放日志

最终的新增账号结果如图 6-22 所示。

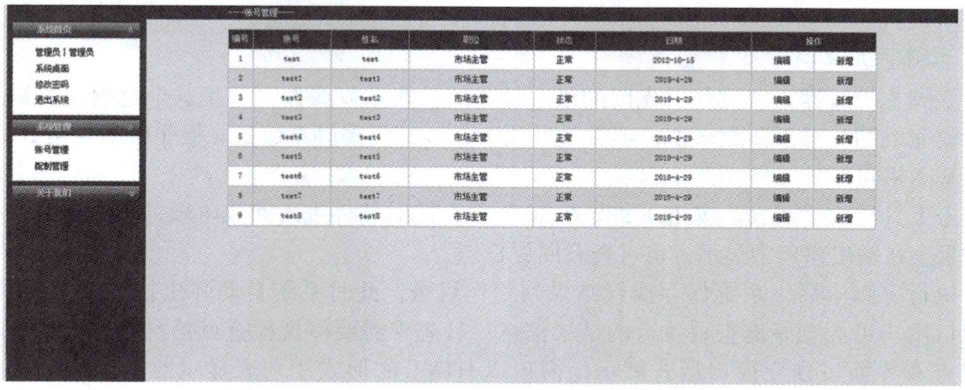

图 6-22 被测系统界面回放结果

6.6 移动自动化测试工具——MobileRunner

6.6.1 MobileRunner 简介

MobileRunner（简称 MR）是伴随着移动设备测试自动化的理念孕育而生的自动化测试软件产品，它专注于移动设备的系统及应用软件的自动化功能测试、兼容性测试、性能测试等领域，通过将自动化方法和黑盒测试方法相结合，快速发现和定位问题，并向使用用户提供问题跟踪和解决建议，有效地从源头解决各种软件质量问题。

1. MR 的功能模块

① 操作脚本录制：把对设备的操作录制成脚本，在录制过程中自动识别操作的界面组件，形成资源（对象）库。

② 自动图形组件识别及编辑：脚本录制时自动记录操作场景截图及操作组件，可对识别出来的组件进行编辑。

③ 图形检查点设置：通过图形识别对比的方式检查脚本执行结果。

④ 对象检查点设置：通过对象识别对比的方式检查脚本执行结果。

⑤ 脚本回放与实时日志：对录制好的脚本在指定的设备上回放，自动识别界面组件并发送事件。兼容多操作系统及多设备分辨率。对执行的脚本进行实时回放记录，可以查看执行结果，执行结果以 HTML 来显示。

⑥ 兼容性测试以及多设备回放：支持一个脚本在多台不同的设备上、不同分辨率的设备上批量执行，以检核该 App 对于不同设备的兼容性生成执行日志。

⑦ 移动设备管理：对连接设备管理服务器的移动设备进行集中式管理，自动识别设备厂商、设备型号、操作系统版本、设备分辨率等设备基本信息。支持仿真器和真机设备。

⑧ 移动设备连接控制：对设备进行连接，通过鼠标操作设备，支持基本的触屏（点击、滑动、长按）、物理按键操作等。

⑨ 录制时单步调试：在设备录制脚本时，实现对脚本的单步调试功能，可以单步运行一条脚本语句，提高脚本调试效率。

⑩ 录制界面视图化：通过视图化界面进行录制，可以直观地查看录制的对象。

⑪ 函数及脚本调用：支持脚本调用脚本、类调用以及封装函数调用。

⑫ 对象库管理：支持可视化对象库，查看对象的属性；支持对象的重命名、复制、删除。

⑬ 参数化：支持脚本参数化，实现了脚本与数据分离：脚本使用 Java 的脚本，在脚本执行的时候，从数据源中读取数据，通过循环参数列表对脚本进行控制，实现了值传递。

⑭ 设备运行状态监控：支持实时监控并展示连接设备的 CPU 使用率、内存使用率等信息。

⑮ 回放日志内存和 CPU 显示：支持在回放脚本中显示当前脚本执行时内存和 CPU 的状态。

⑯ TC 同步脚本：支持通过连接 TestAgent 绑定本地脚本和 TC 的组件组，可将 MR 的脚本同步上传到 TC。

2. MR 的特点

① 自然语言展示脚本业务逻辑：支持通过录制和拖动脚本语句的方式配置脚本，降低代码编写能力要求。

② 脚本支持 Android、Harmony、iOS 手机：MR 平台可以对 Android、Harmony 和 iOS 手机的 App、小程序、H5 进行测试。

③ 云管理移动设备，通过浏览器连接设备进行操作：通过浏览器访问的方式连接设备，增强了移动设备的统一管理。

④ 可进行功能和兼容性的自动化测试，同时，兼容性可查询性能指标；执行过程可以获取 CPU、内存、流量、FPS、电池温度。

⑤ 可自动截图，直观查看执行记录：可在执行过程中通过截图命令截取需要查看的页面，校验页面 UI 设计；同样，在脚本执行失败时，可以通过截图定位问题。

⑥ 测试用例可进行参数化，并且有丰富的校验方法：通过参数化覆盖业务规则的测试，减少脚本设计的复杂度和脚本设计的简单性；校验点包括数据库校验、正则表达式校验。

3. MR 的优势

① 自然语言脚本：通过自然语言展示脚本业务逻辑，增加了脚本的可读性。

② 通过录制、配置生成脚本语句：通过录制和配置的方式进行脚本设计，降低了对代码编写能力的要求。

③ 云管理移动设备：通过浏览器访问的方式连接设备，增强了移动设备的统一管理。

④ 多种方式定位对象：对象类型包括对象库对象、图像对象、XPath 对象。

⑤ 自定义函数：通过自定义方式配置函数的方法名、入参、出参、方法体，生成自定义函数。

⑥ 参数化：将业务中的输入内容、选择内容等作为参数，进行参数化设计，通过数据驱动设计业务逻辑覆盖。

⑦ 支持当前主流操作系统：支持 Android、iOS、Harmony 移动设备。

⑧ 脚本同步管理平台：支持脚本同步，与 TestOne 平台组件模块绑定后同步脚本，脚本保存时自动同步至平台组件模块。

⑨ 移动端性能监听：回放时可开始性能监听，性能维度有 CPU、内存、流量、FPS、电池温度等。

6.6.2 MobileRunner 的安装

1. MR 安装环境要求：

（1）安卓设备及配套环境要求

- 操作系统要求：Windows（32 位 /64 位）系列。
- 内存要求：不少于 128 MB。
- 磁盘空间要求：不少于 150 MB 剩余磁盘空间。
- 安卓设备版本要求：安卓版本 4.2 及以上。

（2）IOS 设备及配套环境要求

- 操作系统要求：MAC。
- 内存要求：不少于 128 MB。
- 磁盘空间要求：不少于 150 MB 剩余磁盘空间。
- iOS 设备版本要求：iOS 版本 9.3 及以上。

2. MR 的安装过程

双击安装图标，弹出图 6-23 和图 6-24 所示的对话框，并按照提示安装完成。

第 6 章 自动化测试

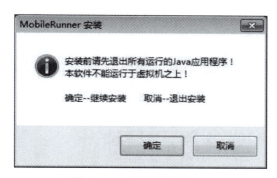

图 6-23 安装前提示

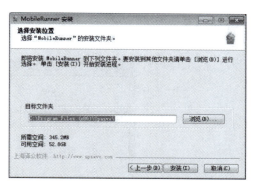

图 6-24 选择安装位置

6.6.3 MobileRunner 的使用

1. 新建项目

MR 启动后，选择"文件"→"新建"命令，可以创建项目和脚本，如图 6-25 所示，新建项目如图 6-26 所示，此处以京东为例。

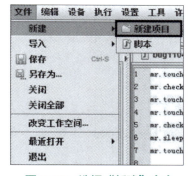

图 6-25 选择"新建"命令

图 6-26 新建项目

2. 新建脚本

选择"文件"→"脚本"命令，新建脚本，输入脚本名称，如图 6-27 所示。

3. 脚本录制

脚本录制之前要有手机连接，手机的"开发者选项"与"USB"调试均为开启状态。单击工具栏中的"开始录制"按钮，弹出"设备列表"对话框，如图 6-28 所示。

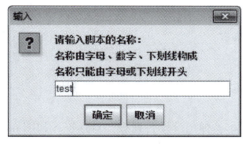

图 6-27 脚本命名

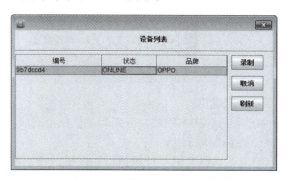

图 6-28 "设备列表"对话框

单击对话框中的"录制"按钮,弹出询问窗口,单击"确定"按钮后进入录制状态,如图 6-29 所示。

图 6-29 "录制中"对话框

4. 生成脚本

在录制界面,单击工具栏上的"停止录制"按钮,生成脚本,如图 6-30 所示。

```
1  mr.touch("TextView|京东超市");
2  mr.checkElement("TextView|休闲零食");
3  mr.touch("TextView|国际名牌");
4  mr.touch("TextView|奢侈品");
5  mr.checkPoint("ImageCheck|1517468033025.jpg", 551, 632, 233, 217);
6  mr.sleep(1000);
7  mr.touch("TextView|全球购");
```

图 6-30 生成脚本

5. 脚本回放

MR 有两种脚本回放,分别为单机执行回放和多机执行回放。

(1)单机执行回放

单击工具栏上的"开始执行"按钮,开始回放脚本,弹出"设备列表"对话框,如图 6-31 所示。

第 6 章　自动化测试

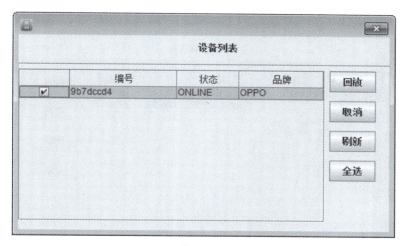

图 6-31　"设备列表"对话框

单击对话框中的"回放"按钮进入回放，出现实时回放日志，执行完毕后，出现日志信息，如图 6-32 所示。

图 6-32　日志信息

（2）多机执行回放

在执行菜单中，单击"开始执行"按钮，弹出"设备列表"对话框，选择多个设备信息，如图 6-33 所示。单击"回放"按钮，弹出回放页面。单击"回放"按钮，连接的手机会回放之前录制的操作，同步会有日志回放提示，结束操作完成后会生成多个设备执行日志信息。

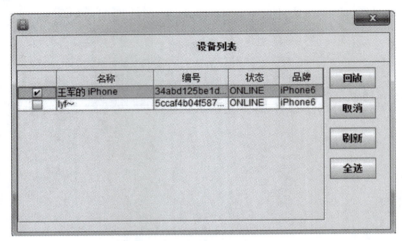

图 6-33 "设备列表"对话框

随着软件发布频率的增高,不可能每次都有足够的时间测试到所有的功能,此时就需要自动化测试去覆盖已有功能,而手工测试聚焦在新功能的验证上。但是,对自动化测试也不要存在偏见,自动化测试不是要取代手工测试,也不是所有的功能都适合自动化。本章介绍了自动化测试的分类、自动化测试的优势以及自动化测试适用的对象。

自动化测试一般在系统开发比较成熟、系统测试后版本比较稳定时进行。自动化测试包括分析测试需求、制订测试计划、设计测试用例、搭建测试环境、编写并执行测试脚本、分析测试结果、记录测试问题和跟踪测试 Bug。

自动化测试必不可少的就是自动化测试工具,自动化测试工具种类很多,大多从用途、应用领域、价位、特性、是否开源、测试对象等角度来分类。分类只是一种归纳方式,本章从是否开源、用途和测试对象等角度介绍了自动化测试工具的分类。结合自动化测试工具的分类,介绍了常用的 UI 自动化测试工具、接口自动化测试工具和单元测试自动化工具。在琳琅满目的自动化测试工具中,公司必须结合项目特点及需求进行选择。

最后,本章详细介绍了 Web 自动化测试工具 AutoRunner 和移动自动化测试工具 MobileRunner 的功能和特性、安装过程和实操演练。

习 题

一、选择题

1. 自动化测试工具中,(　　)是最难自动化的。
   A. 测试执行　　　　　　　　　　B. 实际输出与预期输出的比较
   C. 测试用例生成　　　　　　　　D. 测试录制与回放
2. (　　)不属于使用软件测试工具的目的。
   A. 帮助测试寻找问题　　　　　　B. 协助问题的诊断

C. 节省测试时间　　　　　　　　　　D. 替代手工测试
3. （　　）适合自动化测试。
   A. 需求不确定且变化频繁的项目
   B. 产品设计完成后测试过程不够准确
   C. 项目开发周期长而且重复测试部分较多
   D. 项目开发周期短，测试比较单一
4. 在引入自动化测试工具以前，手工测试遇到的问题包括（　　）。
   ①工作量和时间耗费过于庞大　　　　②衡量软件测试工作进展困难
   ③长时间运行的可靠性测试问题　　　④对并发用户进行模拟的问题
   ⑤确定系统的性能瓶颈问题　　　　　⑥软件测试过程的管理问题
   A. ①②③④⑤⑥　　　　　　　　　B. ①②③④⑤
   C. ①②③④　　　　　　　　　　　D. ①②③
5. 以下关于Web测试的叙述中，不正确的是（　　）。
   A. Web软件的测试贯穿整个软件生命周期
   B. 按系统架构划分，Web测试分为客户端测试、服务端测试和网络测试
   C. Web系统测试与其他系统测试测试内容基本不同，但测试重点相同
   D. Web性能测试可以采用工具辅助
6. 以下不属于软件测试工具的是（　　）。
   A. JMeter　　　　B. LoadRunner　　　　C. JTest　　　　D. JBuilder
7. 关于自动化测试描述正确的是（　　）。
   A. 自动化测试中测试人员仅仅测试负责的模块，不需要考虑其他干扰因素
   B. 自动化测试能够很好地进行回归测试，从而缩短回归测试时间
   C. 自动化测试脚本不需要维护，每次测试完成后进行下一次测试需要重新编写测试用例
   D. 自动化测试只需要熟练掌握自动化测试工具就可以
8. 一个Web信息系统需要进行的测试包括（　　）。
   ①功能测试　②性能测试　③可用性测试　④客户端兼容性测试　⑤安全性测试
   A. ①②　　　　　　　　　　　　　B. ①②③
   C. ①②③④　　　　　　　　　　　D. ①②③④⑤
9. （　　）是当前自动化测试技术不能解决的问题。
   A. 保证测试质量　　　　　　　　　B. 提高测试效率
   C. 排除手工操作错误　　　　　　　D. 降低测试用例设计的难度
10. （　　）不是自动化测试的缺点。
    A. 自动化测试对测试团队的技术有更高的要求
    B. 自动化测试对于迭代较快的产品来说时间成本高
    C. 自动化测试具有一致性和重复性的特点，但测试中错误的测试用例会浪费资源

D. 自动化测试脚本需要进行开发且错误的测试用例会浪费资源和时间的投入

11. 关于自动化测试，下面说法正确的是（　　）。

  A. 通常，自动化测试比手工测试发现的缺陷更多

  B. 运行相同的测试，自动化测试一定会比手工测试更加有效

  C. 手工测试时，测试人员可以运用想象力和创造力对测试进行改进，但自动化测试工具不具备想象力，只能按原计划的测试方法指令进行

  D. 在自动化测试中，测试的艰巨任务是验证期望输出的正确性

二、判断题

1. 编写脚本是自动化测试的重要步骤。（　　）
2. 自动化测试能完成人工测试无法完成的场景。（　　）
3. 软件在升级或者功能发生改变之后不需要进行回归测试，只需要测试改变的部分即可。（　　）
4. 自动化测试可以提高测试效率，却无法保证测试的有效性。（　　）
5. 自动化测试可以达到 100% 覆盖率。（　　）
6. Appium 支持 C/C++ 语言。（　　）
7. 移动 App 是指运行在手机上的应用程序。（　　）

三、话题讨论

1. 自动化测试在不久的将来可以取代手工测试。请谈谈你对这种观点的看法。
2. 移动 App 与传统软件在测试时有哪些区别？

第 7 章

性能测试

引言

　　软件产品不仅仅需要满足用户对系统功能的要求，还需要满足用户对系统性能的要求。性能对应用系统的重要程度越来越重要，特别是大量的 B/S 系统出现之后。因此，如何有效地开展性能测试也成为测试人员必须思考和探索的问题。本章首先介绍性能测试的基本概念，包括性能测试的定义、类型和目的等；然后介绍性能测试的内容、指标和流程，以及常见的性能测试工具；最后详细讲解 PerformanceRunner 性能测试工具的实施过程。

内容结构图

学习目标

- 了解：性能测试的基础知识，包括性能测试的定义、目的、类型等。
- 应用：通过性能测试的流程学习以及案例的性能测试实操，熟练使用 PerformanceRunner 性能测试工具的使用。
- 分析：通过性能测试的内容和指标学习，在实际项目性能测试时能分析出需要测试哪些内容和着重关注哪些指标。

7.1 性能测试概述

1. 性能测试的定义

性能测试是通过自动化的测试工具模拟多种正常、峰值以及异常负载条件来对系统的各项性能指标进行测试。性能测试就是模拟一些极端场景,对软/硬件性能进行测试,判断其极限性能和在极限性能边界上的运行状态。

2. 性能测试的目的

① 评估系统的能力:测试中得到的负荷和响应时间数据可被用于验证所计划的模型的能力,并帮助作出决策。

② 识别体系中的弱点:受控的负荷被增加到一个极端水平,并突破它,从而修复体系的瓶颈或薄弱的地方。

③ 系统调优:重复运行测试,验证调整系统的活动得到了预期的结果,从而改进性能。

④ 检测软件中的问题:长时间的测试执行可导致程序发生由于内存泄漏引起的失败,揭示程序中的隐含问题或冲突。

⑤ 验证稳定性、可靠性:在一个生产负荷下执行测试一定的时间是评估系统稳定性和可靠性是否满足要求的唯一方法。

总之,性能测试的目的,就是为了提前发现软/硬件的瓶颈,从而可以进行评估和改进的一种测试。

3. 性能测试开始的时间

性能测试一般分前期阶段和后期阶段。

前期阶段是功能实现后但还没有到系统集成时,可以针对功能实现进行性能测试,检测单独功能实现的响应时间。

后期阶段是指系统功能通过功能测试完毕后,到整体的性能测试阶段。

4. 性能测试的类型

系统性能包括时间和空间两个维度,时间是指客户操作业务的响应时间,空间是指系统执行客户端请求时系统资源消耗情况。用户关注的性能偏向于时间的表现,不关注是什么原因引起的性能问题,但性能测试工程师就必须关注系统资源使用的情况。那么性能测试分为哪几种类型呢?

① 基准测试:给系统施加较低压力,查看运行情况并记录相关数据,作为基础数据。

② 负载测试:对系统不断增加压力或增加一定压力下的持续时间,直到某项或者多项指标到达临界值(此时临界值仍满足要求性能值)。

③ 压力测试:评估系统处于或者超过预期负载时系统的运行情况,即负载状态继续加压,超出峰值,关注点在于系统在峰值负载或超出极限载荷情况下的处理能力。

需要注意的是:基准测试→负载测试→压力测试,是在对系统不断加压的过程。

④ 稳定性测试:给系统加载一定业务压力的情况下,使系统运行一段时间,检测是否稳定。

⑤ 并发测试:多个用户同时访问同一个应用/同一个模块或者数据时,是否存在死锁或者其他性能问题。

7.2 性能测试内容

中国软件评测中心将性能测试内容概括为三个方面：应用在客户端性能的测试、应用在网络上性能的测试和应用在服务器端性能的测试。通常情况下，三方面有效、合理地结合，可以达到对系统性能全面的分析和瓶颈的预测。

1. 应用在客户端性能的测试

应用在客户端性能的测试主要包括并发性能测试、疲劳强度测试、大数据量测试和速度测试等，目的是考查客户端应用的性能，测试的入口是客户端。要强调的是，不要刻意孤立地执行某一类型的性能测试，应该综合设计测试场景，在执行性能测试的过程中，在不断增加系统并发数、延长执行时间、逐渐增加数据量的情况下，自然地从一种测试类型过渡到另一种测试类型。

应用在客户端性能的测试主要是指对前端相关的数据指标进行测试，主要是对 HTTP 请求、JavaScript、多媒体数据、CDN、缓存等进行测试，主要关注响应时间。一般优化方向是缩小数据包、提高缓存命中率和即时响应能力。

2. 应用在网络上性能的测试

应用在网络上性能的测试重点是利用成熟先进的自动化技术进行网络应用性能分析、网络应用性能监控和网络预测。网络性能主要关注网络带宽、网络吞吐量、网络延时、丢包率等指标。

（1）网络应用性能分析

网络应用性能分析的目的是准确展示网络带宽、延迟、负载和 TCP 端口的变化是如何影响用户的响应时间的。利用网络应用性能分析工具能够发现应用的瓶颈，例如在网络上运行时在每个阶段发生的应用行为、在应用线程级分析应用的问题。可以解决多种问题：客户端是否对数据库服务器运行了不必要的请求？当服务器从客户端接收了一个查询，应用服务器是否花费了不可接受的时间联系数据库服务器？在投产前预测应用的响应时间；调整应用在广域网上的性能；根据最终用户在不同网络配置环境下的响应时间，用户可以根据自己的条件决定应用投产的网络环境。

（2）网络应用性能监控

在系统试运行之后，需要及时准确地了解网络上正在发生什么事情，什么应用在运行、如何运行，多少 PC 正在访问 LAN 或 WAN，哪些应用程序导致系统瓶颈或资源竞争。这时网络应用性能监控以及网络资源管理对系统的正常稳定运行是非常关键的。利用网络应用性能监控工具分析关键应用程序的性能，定位问题的根源是在客户端、服务器、应用程序还是网络。在大多数情况下，用户较关心的问题还有哪些应用程序占用大量带宽、哪些用户产生了最大的网络流量等。

（3）网络预测

考虑到系统未来发展的扩展性，预测网络流量的变化、网络结构的变化对用户系统的影响非常重要，根据规划数据进行预测并及时提供网络性能预测数据。利用网络预测分析容量规划工具可以做到：设置服务水平、完成日网络容量规划、离线测试网络、网络失效和容量极限分析、完成日常故障诊断、预测网络设备迁移和网络设备升级对整个网络的影响。

3. 应用在服务器端性能的测试

应用在服务器端性能测试的目的是实现服务器设备、服务器操作系统、数据库系统、应用在服务器端性能的全面监控，可以采用工具监控，也可以使用系统本身的监控命令，例如 Tuxedo 中可以使用 Top 命令监控资源使用情况。它主要关注 TPS（Transaction Per Second，每秒事务请求数）、CPU、内存、交换内存、IOPS（IO 吞吐量）、TCP 连接数等指标。

7.3 性能测试指标

性能测试不同于功能测试，功能测试只要求软件的功能实现即可，而性能测试是测试软件功能的执行效率是否达到要求。例如某个软件具备查询功能，功能测试只测试查询功能是否实现，而性能测试却要求查询功能足够准确、足够快速。但是，对于性能测试来说，多快的查询速度才是足够快、什么样的查询情况才足够准确是很难界定的，因此，需要一些指标来量化这些数据。

性能测试常用的指标包括响应时间、吞吐量、并发用户数、TPS 等，下面分别进行介绍。

1. 响应时间

响应时间（Response Time）是指系统对用户请求做出响应所需要的时间。这个时间是指用户从软件客户端发出请求到用户接收到返回数据的整个过程所需要的时间，包括各种中间件（如服务器、数据库等）的处理时间。

在性能检测中一般以压力发起端至被压测的服务器端返回处理结果的时间为计量，单位一般为秒或毫秒，由于一个系统通常会提供许多功能，而不同功能的处理逻辑也千差万别，因而不同功能的响应时间也不尽相同，甚至同一功能在不同输入数据的情况下响应时间也不相同。所以，在讨论一个系统的响应时间时，通常是指该系统所有功能的平均时间或者所有功能的最大响应时间。

不同行业不同业务可接受的响应时间是不同的，一般情况下对于在线实时交易的行业参考标准如下：

- 互联网企业：500 ms 以下，例如淘宝业务 10 ms 左右。
- 金融企业：1 s 以下为佳，部分复杂业务 3 s 以下。
- 保险企业：3 s 以下为佳。
- 制造业：5 s 以下为佳。
- 时间窗口：不同数据量结果是不一样的，大数据量的情况下，2 h 内完成。

需要指出的是，响应时间的绝对值并不能直接反映软件的性能高低，软件性能的高低实际上取决于用户对该响应时间的接受程度。

系统的响应时间会随着访问量的增加、业务量的增长等变长，一般在性能测试时，除了测试系统的正常响应时间是否达到要求之外，还会测试在一定压力下系统响应时间的变化。

2. 吞吐量

对于单用户的系统，响应时间可以很好地度量系统的性能，但对于并发系统，通常需要用吞吐量（Throughput）作为性能指标。吞吐量是指单位时间内系统能够完成的工作量，它衡量的是软件系统服务器的处理能力。吞吐量的度量单位可以是请求数/秒、页面数/秒、访问人数/天、处理业务数/小时等。一般而言，吞吐量是一个比较通用的指标，两个具有不同用户数和用户使用模式的系统，如果其最大吞吐量基本一致，则可以判断两个系统的处理能力基本一致。

吞吐量是软件系统衡量自身负载能力的一个很重要的指标，吞吐量越大，系统单位时间内处理的数据就越多，系统的负载能力就越强。

3. 并发用户数

并发用户数是指同一时间请求和访问的用户数量。例如对于某一软件，同时有 100 个用户请求登录，则其并发用户数就是 100。并发用户数量越大，对系统的性能影响越大，并发用户数量较大可能会导致系统响应变慢、系统不稳定等。软件系统在设计时必须要考虑并发访问的情况，测试工程师在进行性能测试时也必须进行并发访问的测试。

与吞吐量相比，并发用户数是一个更直观但也更笼统的性能指标。实际上，并发用户数是一个非常不准确的指标，因为用户不同的使用模式会导致不同用户在单位时间发出不同数量的请求。

4. TPS

TPS 是指系统每秒能够处理的事务和交易的数量。此指标是衡量系统处理能力非常重要的指标，越大越好，根据经验，一般情况下行业参考标准如下：

- 金融行业：1 000 TPS~50 000 TPS，不包括互联网化的活动。
- 保险行业：100 TPS~100 000 TPS，不包括互联网化的活动。
- 制造行业：10 TPS~5 000 TPS。
- 互联网电子商务：10 000 TPS~1 000 000 TPS。
- 互联网中型网站：1 000 TPS~50 000 TPS。
- 互联网小型网站：500 TPS~10 000 TPS。

5. 点击率

点击率（Hits per Second）是指用户每秒向 Web 服务器提交的 HTTP 请求数，这个指标是 Web 应用特有的性能指标，通过点击率可以评估用户产生的负载量，并且可以判断系统是否稳定。点击率只是一个参考指标，帮助衡量 Web 服务器的性能。

6. 资源利用率

资源利用率是指软件对系统资源的使用情况，包括 CPU 利用率、内存利用率、磁盘利用率、网络利用率等。资源利用率是分析软件性能瓶颈的重要参数。其中，内存的性能对计算机的影响非常大，因为计算机中所有程序的运行都是在内存中进行。例如某一个软件，预期最大访问量为 1 万，但是当达到 6 000 访问量时内存利用率就已经达到 80%，此时就需要考虑软件是否有内存泄漏等缺陷，从而进行优化。

7.4 性能测试流程

性能测试从实际执行层面来看，一般分为以下几个阶段，如图 7-1 所示。

1. 分析性能测试需求

性能测试需求分析是整个性能测试工作的基础。在性能测试需求分析阶段，测试人员需要收集有关项目的各种资料，并与开发人员进行沟通，对整个项目有一定的了解，针对需要性能测试的部分进行分析，确定测试的目标。例如客户要求软件产品的查询功能响应时间不超过 2 s，则需要明确多少用户量情况下响应时间不超过 2 s。对于刚上线的产品，用户量不多，但几年之后可能用户量会剧增，那么在性能测试时是否要测试产品的高并发访问，以及高并发访问下的响应时间？对于这些复杂的情况，性能测试人员必须要清楚客户的真实需求，消除不明确因素，做到更专业。

对于性能测试来说，测试需求分析是一个比较复杂的过程，不仅要求测试人员有深厚的理论基础（熟悉专业术语、专业指标等），还要求测试人员具备丰富的实践经验，如熟悉场景模拟、

性能测试流程

工具使用等。通常做场景模拟时建议挑选用户使用频繁的场景来测试，比如对某购物平台做性能测试时，建议选择登录、搜索、下单等场景。

2. 制订性能测试计划

性能测试计划是性能测试工作中的重中之重，整个性能测试的执行都要按照测试计划进行。在性能测试计划中，核心内容主要包括以下几个方面：

① 确定测试环境：包括物理环境、生产环境、测试团队可利用的工具和资源等。

② 确定性能验收标准：确定响应时间、吞吐量和系统资源（CPU、内存等）利用率总目标和限制。

③ 设计测试场景：对产品业务、用户使用场景进行分析，设计符合用户使用习惯的场景，整理出一个业务场景表，为编写测试脚本提供依据。

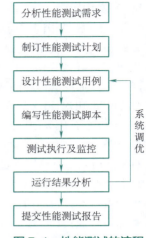

图 7-1　性能测试的流程

④ 准备测试数据：性能测试是模拟现实的使用场景，例如模拟用户高并发，则需要准备用户数量、工作时间、测试时长等数据。

3. 设计性能测试用例

性能测试用例是根据测试场景为测试准备数据，例如模拟用户高并发，可以分别设计 100 用户并发数量、1 000 用户并发数量等，此外还要考虑用户活跃时间、访问频率、场景交互等各种情况。测试人员可以根据测试计划中的业务场景表设计出足够的测试用例，以达到最大的测试覆盖。

4. 编写性能测试脚本

测试用例编写完成之后就可以编写测试脚本了，测试脚本是虚拟用户具体要执行的操作步骤，使用脚本执行性能测试免去了手动执行测试的麻烦，并且降低了手动执行的错误率。在编写测试脚本时，要注意以下几个事项：

① 正确选择协议，脚本的协议要与被测软件的协议保持一致，否则脚本不能正确录制与执行。

② 性能测试工具一般可以自动生成测试脚本，测试人员也可以手动编写测试脚本，而且测试脚本可以使用多种语言编写，如 Java、Python、JavaScript 等，具体可根据工具的支持情况和测试人员熟悉程度选取脚本语言。

③ 编写测试脚本时，要遵循代码编写规范，保证代码的质量。另外，有很多软件在性能测试上有很多类似的工作，因此脚本复用的情况也很多，测试人员最好做好脚本的维护管理工作。

5. 测试执行及监控

在这个阶段，测试人员按照测试计划执行测试用例，并对测试过程进行严密监控，记录各项数据的变化。在性能测试执行过程中，测试人员的关注点主要有以下几个方面：

① 性能指标：本次性能测试要测试的性能指标的变化，如响应时间、吞吐量、并发用户数量等确定性能指标，比如：事务通过率为 100%，99% 的请求耗时都低于 5 s 的响应时间，并发用户为 1 000 人，CPU 和内存的使用率在 70% 以下。

② 资源占用与释放情况：性能测试执行时，CPU、内存、磁盘、网络等使用情况。性能测试停止后，各项资源是否能正常释放以供后续业务使用。

③ 警告信息：一般软件系统在出现问题时会发出警告信息，当有警告信息时，测试人员要

及时查看。

④ 日志检查：进行性能测试时要经常分析系统日志，包括操作系统、数据库等日志。

在测试过程中，如果遇到与预期结果不符合的情况，测试人员要调整系统配置或修改程序代码来定位问题。

性能测试监控对性能测试结果分析、对软件的缺陷分析都起着非常重要的作用。由于性能测试执行过程需要监控的数据复杂多变，所以要求测试人员对监控的数据指标有非常清楚的认识，同时还要求测试人员对性能测试工具非常熟悉。

6. 运行结果分析

性能测试完成之后，测试人员需要收集整理测试数据并对数据进行分析，将测试数据与客户要求的性能指标进行对比，若不满足客户的性能要求，需要进行性能调优然后重新测试，直到产品性能满足客户需求。

7. 提交性能测试报告

性能测试完成之后需要编写性能测试报告，阐述性能测试的目标、性能测试环境、性能测试用例与脚本使用情况、性能测试结果及性能测试过程中遇到的问题和解决办法等。

需要注意的是：根据不同的性能测试工具，以上流程会有稍微差别，但主要流程是不变的。

7.5 常见的性能测试工具

性能测试需要大量的并发来实现，如果采用人工方式进行性能测试，那么就需要投入大量的人力资源。而且即使通过大量的人员集中在一起进行并发测试，也难以达到性能测试的目标。因此，使用性能测试工具是行业发展的共识。下面介绍几种常见的性能测试工具。

1. PerformanceRunner

PerformanceRunner 是上海泽众软件科技有限公司自主研发的性能测试软件，主要面向大负载量的各种性能测试，提供并发压力产生、测试监控、测试报表等功能。PerformanceRunner 主要通过协议来进行性能测试，支持 HTTP、HTTPS、Socket 等协议。

PerformanceRunner 适用于 B/S、C/S 等架构的系统，模拟客户端的用户操作（action）来实现性能测试。

2. JMeter

Apache JMeter 是一个开源的 Java 桌面应用程序，是一款功能比较全的性能测试工具，主要用于 Web 应用程序的负载测试，可以在 Windows 和 Linux 环境下安装使用。JMeter 在 Windows 环境下使用了图形界面，可以通过图形界面来编写测试用例，具有易学和易操作的特点。

JMeter 不仅可以实现简单的并发性能测试，还可以实现复杂的宏基准测试，可以通过录制脚本的方式，在 JMeter 实现整个业务流程的测试。JMeter 也支持通过 csv 文件导入参数变量，实现用多样化的参数测试系统性能。它有很多好的特性，比如动态报告、可移植性、强大的测试 IDE 等，并且支持不同类型的应用程序、协议、Shell 脚本、Java 对象和数据库。

3. LoadRunner

LoadRunner 是一种预测系统行为和性能的负载测试工具。通过模拟上千万用户实施并发负载及实时性能监测的方式来确认和查找问题，LoadRunner 能够对整个企业架构进行测试。

企业使用 LoadRunner 能最大限度地缩短测试时间、优化性能和加速应用系统的发布周期。LoadRunner 可适用于各种体系架构的自动负载测试，能预测系统行为并评估系统性能。此外，

LoadRunner 能支持最宽范的协议和技术，为用户的特殊环境提供量身定做的解决方案。

4. QA Load

Compuware 公司的 QALoad 是客户/服务器系统、企业资源配置（ERP）和电子商务应用的自动化负载测试工具。QALoad 是 QACenter 性能版的一部分，它通过可重复的、真实的测试，能够彻底地度量应用的可扩展性和性能。

5. SilkPerformer

SilkPerformer 是一种在工业领域高级的企业级负载测试工具。它可以模仿成千上万的用户在多协议和多计算的环境下工作。不管企业电子商务应用的规模大小及其复杂性，通过 SilkPerformer，均可以在部署前预测它的性能。可视的用户化界面、实时的性能监控和强大的管理报告可以迅速解决问题。

7.6 性能测试工具——PerformanceRunner

7.6.1 PerformanceRunner 简介

PerformanceRunner（简称 PR）通过模拟海量用户，并发测试整个系统的承受能力，实现压力测试、性能测试、配置测试、峰值测试等。PerformanceRunner 主要由生成器、执行器、分析器三大模块构成。生成器主要用来进行项目管理、脚本编写、录制、回放、添加事务、集合点、查看对象库等操作。执行器用来进行场景新建、打开、指定场景计划、运行场景、IP 欺骗设置、场景编辑等操作。分析器模块主要用来对已运行的场景数据进行分析，主要包括虚拟用户图、事务图、点击量、吞吐量、CPU 使用率、物理内存使用、网络流量等图表。

1. PR 的功能模块

（1）生成器

录制脚本：通过监听应用程序的协议和端口，录制应用程序的协议和报文，创建测试脚本。

编辑脚本：可以在脚本中添加校验点、集合点并实现参数化，可以很大程度上满足测试需求。

回放脚本：PR 采用 Java 作为标准测试脚本，对已经录制的脚本在 PR 中再次运行，通过回放，可以排除录制脚本时可能产生的错误，为下一步执行场景做好铺垫。

（2）执行器

场景设计视图中包含了三个部分，分别是场景组管理、预期指标管理、场景计划管理，可以为该场景设置虚拟用户的数量以及虚拟用户启动、停止的规则，还可以设置 IP 欺骗、远程监控服务器等。

设计场景完成后，即可运行场景，场景运行界面分为五个部分，主要包括用户状态区、事务统计区、图表树、性能波形图、性能数据统计分析。可以看到实时的数据统计图，如 VU 图、事务图、Web 资源图、被测系统性能监视图等。

（3）分析器

分析器可以帮助用户确定系统性能并提供有关事务及 Vuser 的信息。通过合并多个负载测试场景的结果，或将多个图合并为一个图，可以比较多个图。分析器主要通过图表——虚拟用户图、事务概要图、事务响应时间图、每秒事务图、事务性能概要图、每秒点击量等进行常用性能分析。

2. PR 的特点

① 支持多种协议以及基准、负载、配置、稳定性等单场景和组合场景性能测试。支持常用

的 HTTP、HTTPS、TCP/IP、UDP、Web Service、MQ、Socket 等多种协议混合测试；模拟多种测试场景，如单场景、多脚本混合场景、百分比分配模式、递增模型、稳定性模型等；场景设计视图可为场景添加虚拟用户的数量以及虚拟用户启动、停止的规则；可建立基准、负载、配置、稳定性等单场景和组合场景。

② 可以通过录制、抓包等方式设计脚本，脚本语言支持 Java。支持 IE、Edge、Chrome、Firefox 等浏览器录制，提供丰富的脚本命令，支持各种检查点、参数化，采用 Java 语法易于上手，可 Java 扩展，根据 UV 分配参数数据，实现大数据量和特定需求和场景的测试；采用 Java 语法易于上手，继承了 Java 所有的优良特性，可使用强大的工具函数、String、集合、JDBC、File 等。

③ 支持单机与集群化部署，支持 10 万虚拟用户，可监控系统、网络、数据库、中间件的性能指标。支持横向扩展，快速部署分布式施压集群，可达到 10 万级的并发虚拟用户，支持操作系统、网络、数据库、中间件等各种监控。

④ 测试报告自动生成，结果客观准确，报告支持 HTML、PDF 和 Word 格式。分析图可确定系统性能并提供有关事务及 Vuser 的信息；报表内容涉及虚拟用户、事务、Web 资源图、被测系统性能监控图，用户可通过这些报表详细了解到被测系统的性能全貌，同时可以实现错误捕获和定位。报告以图表和表格数据两种形式提供，图表包括了性能曲线、柱状图等，清晰直观，帮助快速了解测试结果，查找性能问题。

⑤ 产品自研，可定制开发或者集成第三方系统。可与测试管理、项目管理等平台集成。

3. PR 的优势

① 安装简便，易学易用。PR 支持一键安装，可对客户端程序，C/S 系统、B/S 系统录制测试脚本，方便了用户使用。测试脚本使用 Java，语法规范，易于编写和维护，并且提供扩展机制，可以调用第三方的函数库以引进高级功能。

② 强大的脚本编辑功能。PR 可以在脚本中添加校验点、集合点并实现参数化，可以很大程度上满足自己的测试任务。使用查找和替换功能，快速进行脚本的定位，还可以支持参数化，甚至是数据驱动的参数化。

③ 丰富的命令函数。命令函数有利于测试人员进行各种功能测试，熟练掌握这些命令函数，能够让测试人员编写出更简练、更高效的测试脚本。

④ IP 欺骗。PR 能够从一台机器生成大量不同 IP 地址访问服务器，模拟真实状况，更好地保证压力测试结果的有效性。

⑤ 监控被测系统。PR 支持监控服务器硬件系统运行情况，检测硬件设备对软件测试结果的影响，以便更好地检测软件性能。

⑥ 分析报表。PR 支持自动生成性能分析报告，报告以图表和表格数据两种形式提供，图表包括了性能曲线、柱状图等，清晰直观，帮助快速了解测试结果，查找性能问题。

⑦ 打印 VU 日志。PR 新版本可用输出语句在 runAgent 窗口中打印虚拟用户运行信息。

⑧ 关联与 Session。对于应用程序，特别是 B/S 架构程序中的 Session，通过"关联"来实现，PR 会自动扫描测试脚本，设置关联，实现有 Session 的测试。

7.6.2 PerformanceRunner 的安装

PR 安装环境要求：

- 操作系统要求：Windows 7/10（32 位/64 位）。
- 内存要求：不少于 128 MB。

- 磁盘空间要求：不少于 150 MB 剩余磁盘空间。

PR 的安装过程：

双击安装图标，按照提示安装完成，如图 7-2~ 图 7-4 所示。

图 7-2　安装前提示框

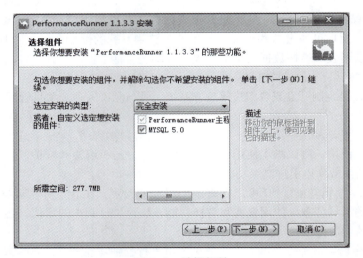

图 7-3　选择组件

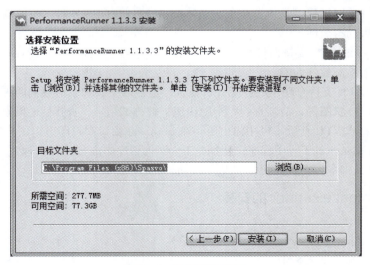

图 7-4　选择安装位置

7.6.3 PerformanceRunner 的使用

PerformanceRunner（PR）的使用以客户管理系统（CRM）的登录模块为例。

1. 新建项目

选择"文件"→"新建"→"项目"命令，弹出"输入"的对话框，如图 7-5 所示。

图 7-5 "输入"对话框

输入项目名称，单击"确定"按钮，项目创建成功，在该项目下自动生成三个脚本，分别为 Action.bsh、Init.bsh 和 Uninit.bsh。

2. 录制脚本

以录制客户管理系统（CRM）登录为例，介绍 PR 录制脚本的过程。

单击工具栏 ￼ （开始录制）按钮，弹出"开始录制"对话框，如图 7-6 所示。

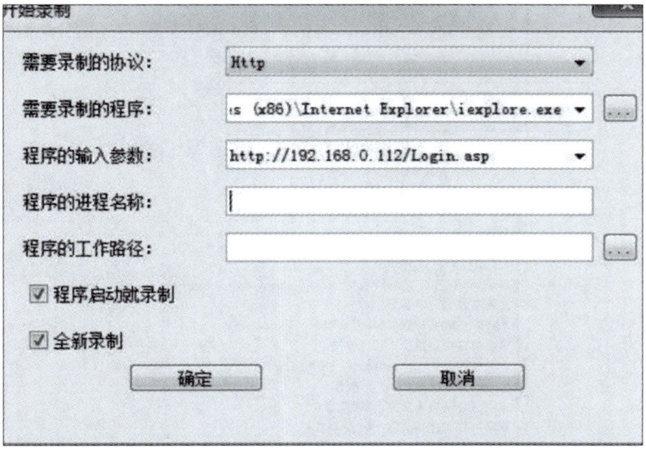

图 7-6 "开始录制"对话框

在"开始录制"对话框中，选择相应的录制协议、录制的程序以及输入参数。此处录制程序为 B/S 系统，则录制协议选择 HTTP，录制的程序路径选择 C:\Program Files (x86)\Internet Explorer\

iexplore.exe，输入参数为录制的被测系统的访问地址。

单击"确定"按钮，即开始录制脚本，进行相应的 CRM 登录操作，录制区域记录了登录操作的脚本请求，如图 7-7 所示。

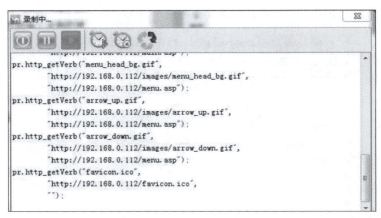

图 7-7　录制脚本

单击"停止"按钮，可以停止录制，回到 PR 界面，在脚本编辑区域生成相应的脚本语句。

3. 回放脚本

单击工具栏中的"开始执行"按钮进行脚本回放，如图 7-8 所示。

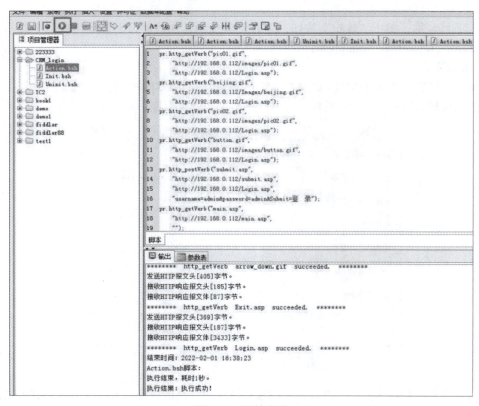

图 7-8　回放脚本

输出控制台会打印出相应的执行信息,如果录制的脚本没有问题,则会显示执行成功;如果脚本存在问题,相应的控制台会打印错误信息。

4. 场景设计

当脚本创建好后,需要创建测试场景,一个运行场景包括一个运行虚拟用户的机器列表、一个测试脚本的列表,以及大量的虚拟用户,然后利用 PR 的执行器来组织测试方案。

在执行器中单击"文件"→"新建"命令,在弹出的对话框中输入场景名称即可新增场景,如图 7-9 所示。

图 7-9　输入场景名称

单击"确定"按钮后,进行场景设计。场景设计视图中包含了两个部分,分别是场景组和场景计划。单击"添加项目"按钮,输入相应的执行器主机名,选择之前录制的脚本,如图 7-10 所示。单击"确认"按钮,选择的脚本名称与主机显示在场景脚本中。

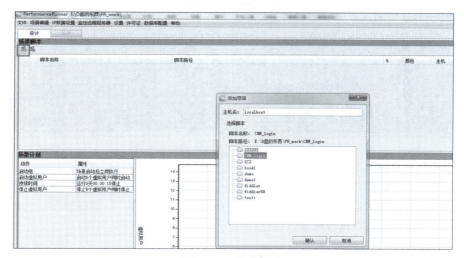

图 7-10　选择脚本

场景计划下双击一个选项可以打开该选项的设计窗口,设置启动组、并发数、运行时间以及停止组,如图 7-11 所示。设计完成之后一定要单击"文件"→"保存"命令,进行场景信息保存。

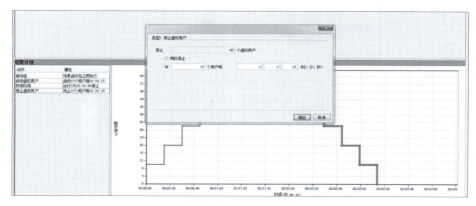

图 7-11　设置启动组

5. 场景运行

在本机执行场景时需要先将本地的 runAgent 打开才可以执行（安装 PR 时会自动在桌面上生成 runAgent 的快捷方式），如图 7-12 所示。

图 7-12　runAgent

设计场景完成后，即可单击"运行"标签，进入场景运行界面，如图 7-13 所示。场景运行界面分为五个部分，主要包括项目显示区、事务统计区、图表树、性能报表图、性能数据统计分析。单击"开始"按钮，执行场景，勾选场景脚本。

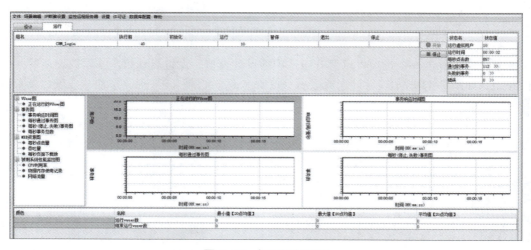

图 7-13　场景运行界面

运行过程中显示相应的动态图表及数据展示，运行结束之后提示导出执行数据，如图 7-14 所示。

第 7 章 性能测试

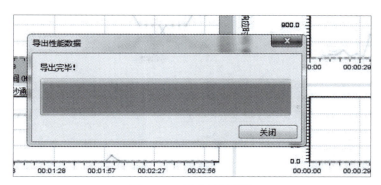

图 7-14 导出性能数据

6. 报表生成

进入分析器，设置浏览器的路径（将会使用该浏览器打开分析图），单击"生成"按钮，弹出"配置报告生成"对话框，如图 7-15 所示。选择需要生成报告的场景名称，设置开始与截止日期（不选择的话，默认场景执行的全部时间），设置报表统计时间间隔。

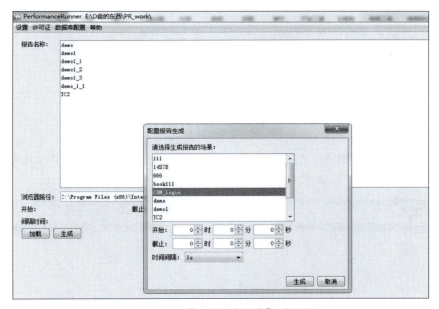

图 7-15 "配置报告生成"对话框

单击"生成"按钮，系统会弹出"新生成报告命名"对话框，如图 7-16 所示，可自定义报表名称，以方便对同一场景进行多次数据保存。

图 7-16 "新生成报告命名"对话框

软件测试基础及实践

确认后系统将使用设置的浏览器打开分析图表,如图 7-17 所示,单击左侧的图表名称可以查看相应的性能指标信息。

图 7-17 分析图表

7. 报表查看

在分析器中可以进行相应报表的查看。进入分析器,选择需要查看的报告名称,单击"加载"按钮,如图 7-18 和图 7-19 所示。

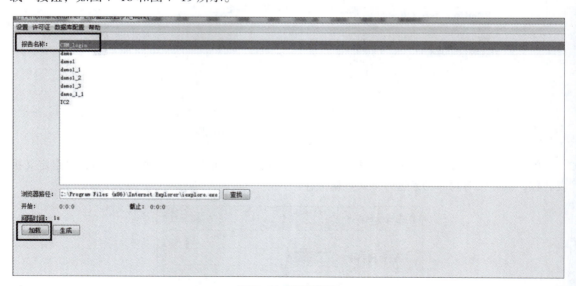

图 7-18 查看报表

第 7 章 性能测试

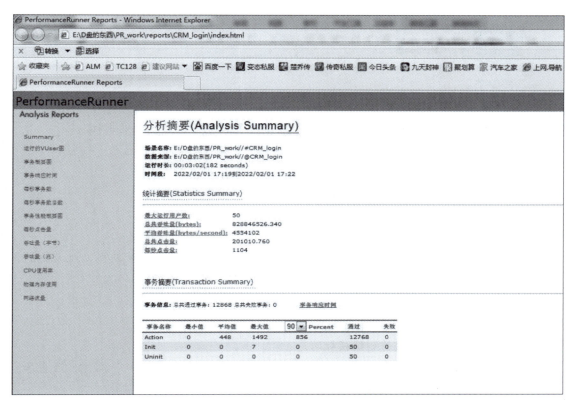

图 7-19 分析图表

小 结

　　软件性能测试是在交替进行负荷和强迫测试时常用的术语，是通过自动化的测试工具模拟多种正常、峰值以及异常负载条件来对系统的各项性能指标进行测试。本章详细介绍了应用在客户端性能的测试、应用在网络上性能的测试和应用在服务器端性能的测试的三种性能测试内容，以及响应时间、吞吐量、并发用户数、TPS 等常用的性能指标。

　　性能测试与功能测试一样，也需要遵循具体的流程规范要求。性能测试的具体流程包括分析性能测试需求、制订性能测试计划、设计性能测试用例、编写性能测试脚本、测试执行及监控、运行结果分析、提交性能测试报告。当测试数据与客户要求的性能指标进行对比后，发现不满足客户的性能要求就需要进行性能调优，然后重新测试，直到产品性能满足客户需求。

　　性能测试需要大量的并发来实现，通过大量的人员集中在一起进行性能测试，难以达到目标，并且需要大量的人力投入。因此，使用性能测试工具是行业发展的共识。性能测试是通过自动化的测试工具模拟多种正常、峰值以及异常负载条件来对系统的各项性能指标进行测试。本章概括性地介绍了 PerformanceRunner、JMeter、LoadRunner、QA Load 和 SilkPerformer 等常用的几种性能测试工具的特性和功能。最后对 PerformanceRunner 性能测试工具的安装过程进行了详细描述，并通过案例演示具体的性能测试过程。

习 题

一、选择题

1. 以下关于性能测试的叙述中，不正确的是（　　）。
   A. 性能测试的目的是验证软件系统是否能够达到用户提出的性能指标
   B. 性能测试不用于发现软件系统中存在的性能瓶颈
   C. 性能测试类型包括负载测试、强度测试、容量测试等
   D. 性能测试常通过工具来模拟大量用户操作，增加系统负载

2. 关于性能测试，下列说法中错误的是（　　）。
   A. 软件响应慢属于性能问题
   B. 性能测试就是使用性能测试工具模拟正常、峰值及异常负载状态，对系统的各项性能指标进行测试的活动
   C. 性能测试可以发现软件系统的性能瓶颈
   D. 性能测试是以验证功能完整实现为目的

3. 以下不属于网络测试的测试指标的是（　　）。
   A. 吞吐量　　　　　B. 延时　　　　　C. 并发用户数　　　　　D. 丢包率

4. 为检验某 Web 系统并发用户数是否满足性能要求，应进行（　　）。
   A. 负载测试　　　　　　　　　　　　B. 压力测试
   C. 疲劳强度测试　　　　　　　　　　D. 大数据量测试

5. 下列选项中，哪一项是瞬间将系统压力加载到最大的性能测试？（　　）
   A. 压力测试　　　　B. 负载测试　　　　C. 并发测试　　　　D. 峰值测试

6. 为预测某 Web 系统可支持的最大在线用户数，应进行（　　）。
   A. 负载测试　　　　　　　　　　　　B. 压力测试
   C. 疲劳强度测试　　　　　　　　　　D. 大数据量测试

7. 为验证某音乐会订票系统是否能够承受大量用户同时访问，测试工程师一般采用（　　）测试工具。
   A. 故障诊断　　　　B. 代码　　　　C. 负载压力　　　　D. 网络仿真

8. 一般而言，Web 应用软件最常用的性能指标是（　　）。
   A. 系统响应时间　　　　　　　　　　B. 吞吐量
   C. 并发用户数　　　　　　　　　　　D. 资源利用率

9. 下列说法中错误的是（　　）。
   A. 性能测试比较特殊，它并不遵循一般测试流程
   B. 性能测试需求分析中，测试人员首先要明确测试目标
   C. 在制订性能测试计划时，一个非常重要的任务就是设计场景
   D. 性能测试通常需要对测试过程执行监控

10. 性能测试过程中需要对数据库服务器的资源使用进行监控，（   ）不属于应该监控的指标。

  A. CPU 占用率   B. 可用内存数

  C. 点击率   D. 缓存命中率

11. 在网络应用测试中，网络延迟是一个重要指标。以下关于网络延迟的理解，正确的是（   ）。

  A. 指响应时间

  B. 指报文从客户端发出到客户端接收到服务器响应的间隔时间

  C. 指从报文开始进入网络到它开始离开网络之间的时间

  D. 指报文在网络上的传输时间

二、判断题

1. 点击率是 Web 应用特有的一个指标。 （   ）
2. 峰值测试与压力测试是同一个概念。 （   ）
3. 吞吐量的度量单位是"请求数/s"。 （   ）
4. 恢复测试属于负载压力测试。 （   ）
5. 对于并发系统，通常需要用吞吐量作为性能指标。 （   ）

三、话题讨论

1. 性能测试应该在什么时候开展？
2. 1 台客户端有 500 客户与 500 客户端有 500 客户对服务器施压，请谈谈它们的区别。

第 8 章

软件测试评估

引言

软件测试的评估是对整个测试过程进行评估的过程,即对测试过程中的各种测试现象和结果进行记录、分析和评价的活动。测试评估的目的:一是量化测试进程,判断软件测试进行的状态,决定什么时候软件测试可以结束;二是为最后的测试或软件质量分析报告生成所需的量化数据。软件测试评估是软件测试的一个阶段性结论,是用所生成的软件测试评估报告来确定软件测试是否达到完全和成功的标准。软件测试的评估方法主要包括覆盖评估和缺陷评估,这两种方法是本章的重点学习内容。

内容结构图

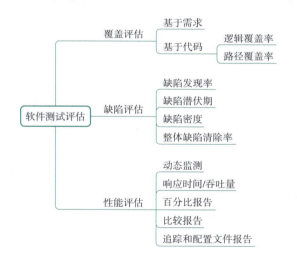

学习目标

- 掌握:通过基于需求和基于代码的测试覆盖评估方法的学习,能熟练计算出实际项目的测试覆盖率;通过缺陷发现率、缺陷潜伏期、缺陷密度和整体缺陷清除率的缺陷度量方法的学习,能评估出软件缺陷的收敛情况、修复成本、分布情况和清除情况等。
- 应用:根据性能测试的指标数据能生成相应的性能评测报告。
- 分析:结合软件系统的测试情况,分析出应该从哪些方面进行基本的测试评估。

8.1 覆盖评估

测试评估可以说贯穿整个软件测试过程，可以在测试每个阶段结束前进行，也可以在测试过程中某一个时间进行，目的只有一个，提高测试覆盖度，保证测试的质量。通过不断地测试覆盖度评估或测试覆盖率计算，及时掌握测试的实际状况与测试覆盖度目标的差距，及时采取措施，就可以提高测试的覆盖度。

覆盖评估

测试覆盖评估是对测试完全程度的评测，它建立在测试覆盖基础上，测试覆盖是由测试需求和测试用例的覆盖或已执行代码的覆盖表示的。所以，测试覆盖是就需求（基于需求的）或代码的设计/实施标准（基于代码的）而言的完全程度的任意评测，如用例的核实（基于需求的）或所有代码行的执行（基于代码的）。基于需求和基于代码的覆盖评估都可以手工得到，或通过测试自动化工具计算得到。

8.1.1 基于需求的覆盖评估

基于需求的测试覆盖是分析测试用例对软件需求的覆盖程度，以证实所选的测试用例满足指定的需求覆盖准则。如果需求已经完全分类，则基于需求的覆盖策略可能足以成为测试完成程度的可计量评测。基于需求的测试覆盖在测试生命周期中要评测多次，并在测试生命周期的里程碑处提供测试覆盖的标识（如已计划的、已实施的、已执行的和成功的测试覆盖）。

基于需求的测试覆盖率的计算方法如下：

$$测试覆盖率 = T^{(p,i,s)}/RfT \times 100\%$$

式中，$T^{(p,i,s)}$ 是用测试过程或测试用例表示的测试（Test）需求数（已计划的、已实施的或成功的）。RfT 是测试需求（Requirement for Test）的总数。

在制订测试计划活动中，计算计划的测试覆盖方法如下：

$$计划的测试覆盖率 = T^p/RfT \times 100\%$$

式中，T^p 是用测试过程或测试用例表示的计划测试需求数；RfT 是测试需求的总数。

在实施测试过程中，由于测试过程正在实施，在计算测试覆盖时方法如下：

$$已执行的测试覆盖率 = T^i/RfT \times 100\%$$

式中，T^i 是用测试过程或测试用例表示的已执行的测试需求数；RfT 是测试需求的总数。

在执行测试活动中，确定成功的测试覆盖率（即执行时未出现失败的测试，如没有出现缺陷或者意外结果的测试）评估方法如下：

$$成功的测试覆盖率 = T^s/RfT \times 100\%$$

式中，T^s 是用完全成功、没有缺陷的测试过程或测试用例表示的已执行的测试需求数；RfT 是测试需求的总数。

在执行测试过程中，经常使用两个测试覆盖度量指标：一个是确定已执行的测试覆盖率；另一个是确定成功的测试覆盖率，即没有出现缺陷或意外结果所计算出的测试覆盖率。确定成功的测试覆盖率指标是很有意义的，可以将其与已定义的成功标准进行对比。如果不符合标准，则该指标可成为预测剩余测试工作量的基础。

8.1.2 基于代码的覆盖评估

基于代码的覆盖是根据测试已经执行的源代码的多少来表示的。这种测试覆盖策略类型对于安全至上的系统来说非常重要。代码覆盖可以建立在控制流（语句、分支或路径）或数据流的基础上。控制流覆盖的目的是测试代码行、分支条件、代码中的路径或软件控制流的其他元素。数据流覆盖的目的是通过软件操作测试数据状态是否有效,例如,数据元素在使用之前是否已作定义。

基于代码的测试覆盖率计算方法如下:

$$\text{基于代码的测试覆盖率} = I^e / \text{TIic} \times 100\%$$

式中,I^e 是用代码语句、代码分支、代码路径、数据状态判定点或数据元素名表示的已执行代码数;TIic(Total number of Items in the code)是代码中的项目总数。

例如:

语句覆盖率 = 至少被执行一次的语句数量 / 有效的程序代码行数 × 100%

判定覆盖率 = 判定结果被评价的次数 / 判定结果总数 × 100%

条件覆盖率 = 条件操作数值至少被评价一次的数量 / 条件操作数值的总数 × 100%

判定条件组合覆盖率 = 条件操作数值或判定结果至少被评价一次的数量 /(条件操作数值总数 + 判定结果总数)× 100%

多条件覆盖率 = 被评测到的条件组合数 / 条件组合数 × 100%

路径覆盖率 = 至少被执行一次的路径数 / 程序总路径数 × 100%

上下文判定覆盖率 = 上下文内已执行的判定分支数和 /(上下文数 × 上下文内的判定分支总数)× 100%

基于状态的上下文入口覆盖率 = 累加每个状态内执行到的方法数 /(状态数 × 类内方法总数)× 100%

基于代码的测试覆盖评估在测试工作中是十分重要的,因为任何未经测试的代码都是一个潜在的不利因素。一般情况下,代码覆盖运用于较低的测试等级(单元测试或集成测试)时最为有效,通常是由开发人员进行。

8.2 缺陷评估

• 视频
缺陷评估

缺陷评估是针对测试过程中缺陷达到的比率或发现的比率提供的一个软件可靠性指标。对于缺陷评估,常用的主要缺陷参数有 4 个:

- 状态:缺陷的当前状态(打开的、正在修复或关闭的等)。
- 优先级:必须处理和解决缺陷的相对重要性。
- 严重性:缺陷的相关影响。对最终用户、组织或第三方的影响等。
- 起源:导致缺陷的起源故障及其位置,或排除该缺陷需要修复的构件。

软件测试的缺陷评估可依据缺陷发现率、缺陷潜伏期、缺陷密度、整体缺陷清除率等 4 类形式的度量提供缺陷评估标准。

8.2.1 缺陷发现率

缺陷发现率是将发现的缺陷数量作为时间的函数来报告,即创建缺陷趋势图或报告,如图 8-1 所示。在该趋势图中,时间显示在 X 轴上,而在此期间发现的缺陷数目显示在 Y 轴上,图中的曲线显示发现的软件缺陷如何随时间的推移而变化。

从图 8-1 可发现,在测试工作中,发现缺陷的趋势遵循较好的预测模式。在测试初期,缺陷率增长很快,在达到峰值后,就会随时间增加以较慢的速度下降。当发现的新缺陷数量呈下降趋势时,如果假设工作量是恒定的,那么每发现一个缺陷所消耗的成本也会呈现出上升的趋势。所以，到交叉点以后，继续进行测试，需要的成本将会急剧增加。此时的工作就是对出现这种情况的时间进行估计，当缺陷发现率将随着测试进度和修复进度而最终减少时，可以将缺陷发现率和测试成本的交叉点设定一个阈值，在缺陷发现率低于该阈值时才能部署软件。

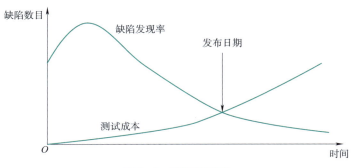

图 8-1 缺陷发现率

8.2.2 缺陷潜伏期

测试有效性的另外一个重要度量是缺陷潜伏期，也称为阶段潜伏期。缺陷潜伏期是一种特殊类型的缺陷分布度量。表 8-1 显示了一个项目的缺陷潜伏期的度量。

表 8-1 缺陷潜伏期的度量

缺陷造成阶段	发现阶段									
	需求	总体设计	详细设计	编码	单元测试	集成测试	系统测试	验收测试	试运行产品	发布产品
需求	0	1	2	3	4	5	6	7	8	9
总体设计		0	1	2	3	4	5	6	7	8
详细设计			0	1	2	3	4	5	6	7
编码				0	1	2	3	4	5	6

如表 8-1 所示，在总体设计的评审过程中发现的需求缺陷，其阶段潜伏期可以指定为 1，在发布产品时都没有发现的缺陷，就可以将它的阶段潜伏期设定为 9。在实际项目中，可能需要对这个度量进行适当的调整，以反映特定的软件开发生命周期的各个阶段、各个测试等级的数量和名称。

在实际测试工作中，发现缺陷的时间越晚，这个缺陷所带来的损害就越大，修复这个缺陷所耗费的成本即缺陷损耗就越多。所以，在一项有效的测试工作中，发现缺陷的时间往往都会比一项低效的测试工作要早。缺陷损耗是使用阶段潜伏期和缺陷分布来度量缺陷消除活动的有效性的指标。缺陷损耗的计算方法如下：

$$缺陷损耗 = \frac{缺陷数量 \times 发现的阶段潜伏期}{缺陷总量}$$

一般而言，缺陷损耗的数值越低，则说明缺陷的发现过程越有效，最理想的数值是 1。

8.2.3 缺陷密度

缺陷密度是一种以平均值估算法来计算软件缺陷密度值，程序代码通常以千行为单位，计算方法如下：

$$缺陷密度 = \frac{缺陷数量}{代码行或功能点的数量}$$

例如，某个项目有 150 千行代码，软件测试小组在测试工作中共找出 800 个缺陷，其缺陷密度按照计算方法得出结果约为 5.3（800/150），也就是说每千行代码内会产生 5.3 个缺陷。

在实际测试评估中，缺陷密度这种度量方法是极不完善，度量本身是不充分的。因为所有的缺陷并不都是均等构造的，各个缺陷的恶劣程度，及其对产品和用户的影响严重程度，以及修复缺陷的重要程度存在很大差异。所以，有必要结合缺陷的严重性级别或优先级的分布来补充度量，这样会使这种评估更加充分，更有实用价值。

8.2.4 整体缺陷清除率

为了估算缺陷清除率，首先需引入几个变量，F 为描述软件规模用的功能点，D_1 为软件开发过程中发现的所有软件缺陷数，D_2 为软件发布后发现的软件缺陷数量，D 为发现的总软件缺陷数。由此可得出 $D=D_1+D_2$ 的关系。对于一个软件项目，可用如下的公式从不同的角度来估算软件的质量：

质量（每个功能点的缺陷数）$=D_2/F$

软件缺陷注入率 $=D/F$

整体缺陷清除率 $=D_1/D$

例如，假设某软件项目有 80 个功能点，即 $F=80$，在软件开发过程中发现 14 个缺陷，提交后又发现 1 个缺陷，则 $D_1=14$，$D_2=1$，$D=D_1+D_2=15$，使用以上公式估算软件质量：

质量（每个功能点的缺陷数）$=D_2/F=1/80=0.0125=1.25\%$

软件缺陷注入率 $=D/F=15/80=0.1875=18.75\%$

整体缺陷清除率 $=D_1/D=14/15=0.93=93\%$

目前有资料统计，有良好管理的著名软件公司其主流软件产品的整体缺陷清除率可以达到 98%。

软件缺陷评估用来度量测试的有效性，以及通过生成的各种度量来评估当前软件的可靠性，并且预测继续测试并排除缺陷时可靠性如何增长是有效的。

覆盖评估和缺陷评估的度量方式都是不充分的，在实际软件测试评估中需要两种方式互为结合。当缺陷评估与覆盖评估结合时，缺陷分析可提供出色的评估，测试完成的标准也可以建立在此评估基础上。

8.3 性能评估

视频
性能评估

评估测试对象的性能时，可以使用多种测试方法，这些测试侧重于获取与软件行为有关的数据，如响应时间、吞吐量、执行流、操作可靠性等。这些主要在评估测试活动中进行评估，但是也可以评估测试进度和状态。主要的性能评测包括以下几点：

① 动态监测：在测试执行过程中，实时获取并显示正在监测指标的状态数据，通常以柱状图或曲线图的形式提供实时显示，从而监测或评估性能测试执行情况。

② 响应时间/吞吐量：测试对象针对特定用例的响应时间或吞吐量的评测。通常用曲线图表示。

③ 百分比报告：数据已收集值的百分位评测/计算，提供了另一种性能统计计算方法。

④ 比较报告：代表不同测试执行情况的两个（或多个）数据集之间的差异或趋势。比较不同

性能测试的结果，以评估测试执行过程中所做的变更对性能的影响，这种报告是非常有必要的。

⑤ 追踪和配置文件报告：测试用例和测试对象之间的消息和会话详细信息。该信息包括测试用例与测试对象之间的消息、执行流、数据访问以及函数和系统调用等。当性能行为可以接受时，或性能监测表明存在可能的瓶颈时（如当测试用例保持给定状态的时间过长），追踪报告可能是最有价值的报告。

小 结

软件测试的评估是对整个测试过程进行评估的过程，测试评估可以说贯穿整个软件测试过程，可以在测试每个阶段结束前进行，也可以在测试过程中某一个时间进行，目的就是提高测试覆盖度，保证测试的质量。本章详细阐述了软件测试评估的主要评测方法，分别是测试覆盖评估、缺陷评估和性能评估。测试覆盖评估是对测试完全程度的评测，它建立在测试覆盖基础上，测试覆盖是由测试需求和测试用例的覆盖或已执行代码的覆盖表示的。缺陷评估是针对测试过程中缺陷达到的比率或发现的比率提供的一个软件可靠性指标。本章详细介绍了四类形式的度量缺陷评估标准，分别是缺陷发现率、缺陷潜伏期、缺陷密度和整体缺陷清除率。软件性能评估是对使用多种测试方法获取到的与软件行为有关数据进行分析来评估软件的性能，其中重点关注分析的数据有响应时间、吞吐量、执行流、操作可靠性等，通常会使用图形来表示，以便更直观地观察数据的变化趋势等信息。

习 题

一、判断题
1. 缺陷发现率是衡量测试人员在测试执行中工作效率的指标。　　　　　（　　）
2. 缺陷评估是量度软件可行性的重要指标。　　　　　　　　　　　　　（　　）
3. 基于需求和基于代码的覆盖评估必须通过测试自动化工具计算得到。　（　　）
4. 一般情况下，代码覆盖运用于较低的测试等级时最为有效，通常是由测试人员进行。（　　）
5. 在测试执行过程中，实时获取并显示正在监测指标的状态数据的过程叫动态监测。
　　　　　　　　　　　　　　　　　　　　　　　　　　　　　　　　　（　　）

二、简答题
1. 某个项目有 100 千行代码，软件测试小组在测试工作中共找出 250 个缺陷，请计算缺陷密度。
2. 某软件项目有 50 个功能点，在软件开发过程中发现 8 个缺陷，发布后又发现 2 个缺陷，请计算整体缺陷清除率。
3. 什么是缺陷发现率？
4. 什么是测试覆盖评估？

三、话题讨论
1. 结合实际谈谈你在测试时是如何提升覆盖率的？
2. 在项目的质量评估过程中，请结合实际谈谈你是如何评估软件项目的性能的？

附录 A

部分习题参考答案

第 1 章　软件测试概述

一、选择题
1. A　2. D　3. A　4. C　5. D　6. C　7. D　8. D　9. C　10. B
11. C　12. B　13. D　14. C　15. B

二、判断题
1. √　2. √　3. ×　4. ×　5. √　6. √　7. ×　8. √　9. √　10. ×

第 2 章　软件测试基础

一、选择题
1. A　2. B　3. A　4. D　5. A　6. B　7. B　8. B　9. D　10. C
11. A　12. A　13. B　14. B　15. C　16. B　17. A　18. D　19. B　20. D
21. B　22. D　23. C　24. B　25. A　26. A　27. A　28. D　29. B　30. B

二、判断题
1. √　2. ×　3. ×　4. ×　5. √　6. √　7. √　8. √　9. ×　10. ×

第 3 章　软件缺陷基础

一、选择题
1. C　2. D　3. C　4. B　5. C　6. C　7. B　8. D　9. D　10. B
11. D　12. A　13. C　14. A　15. B

二、判断题
1. ×　2. ×　3. √　4. ×　5. ×　6. ×　7. √　8. √　9. ×　10. ×

第 4 章　白盒测试

一、选择题
1. B　2. B　3. D　4. B　5. A　6. D　7. C　8. D　9. C　10. C
11. C　12. B　13. A　14. A　15. D　16. B

二、判断题
1. √　2. √　3. ×　4. √　5. ×　6. ×　7. ×　8. ×　9. ×　10. √

第 5 章　黑盒测试

一、选择题
1. D　2. D　3. C　4. C　5. B　6. A　7. D　8. C　9. C　10. A

11. B 12. C 13. A 14. A 15. D 16. C
二、判断题
1. √ 2. × 3. √ 4. × 5. ×

第 6 章　自动化测试

一、选择题
1. C 2. D 3. C 4. A 5. C 6. D 7. B 8. D 9. D 10. A
11. C
二、判断题
1. √ 2. √ 3. × 4. √ 5. × 6. × 7. ×

第 7 章　性能测试

一、选择题
1. B 2. D 3. C 4. A 5. D 6. B 7. C 8. C 9. A 10. C
11. C
二、判断题
1. √ 2. × 3. × 4. × 5. √

第 8 章　软件测试评估

一、判断题
1. √ 2. √ 3. × 4. × 5. √
二、简答题
1. 缺陷密度 =2.5
2. 整体缺陷清除率 =80%
3. 缺陷发现率是将发现的缺陷数量作为时间的函数来报告，即创建缺陷趋势图或报告。
4. 测试覆盖评估是对测试完全程度的评测，它建立在测试覆盖基础上，测试覆盖是由测试需求和测试用例的覆盖或已执行代码的覆盖表示的。

参 考 文 献

[1] 朱少民. 全程软件测试 [M].3 版. 北京：人民邮电出版社，2019.
[2] 全国计算机专业技术资格考试办公室. 软件评测师 2014 至 2019 年试题分析与解答 [M]. 北京：清华大学出版社，2020.
[3] 朱少民. 软件测试方法和技术 [M]. 3 版. 北京：清华大学出版社，2018.
[4] 佟伟光，郭霏霏. 软件测试 [M]. 2 版. 北京：人民邮电出版社，2018.
[5] 周苏，王硕苹. 大数据时代管理信息系统 [M]. 北京：中国铁道出版社，2017.
[6] 郑炜，刘文兴，杨喜兵，等. 软件测试：慕课版 [M]. 北京：人民邮电出版社，2017.
[7] 詹慧静，陈燕，段相勇. 软件测试技术及实践 [M]. 2 版. 北京：清华大学出版社，2016.
[8] 宁波，金花. 软件项目管理 [M]. 北京：中国铁道出版社，2016.
[9] 陆惠恩. 软件工程 [M]. 上海：上海交通大学出版社，2016.
[10] 冯灵霞，邵开丽，张亚娟，等. 软件测试技术 [M]. 西安：西安电子科技大学出版社，2017.
[11] 杨胜利. 软件测试技术 [M]. 广州：广东高等教育出版社，2015.
[12] 张文宁，郭丽，刘安战，等. 软件测试实践教程 [M]. 北京：清华大学出版社，2015.
[13] 孟磊. 软件质量与测试 [M]. 西安：西安电子科技大学出版社，2015.
[14] 刘德宝，杨鹏. 软件测试技术基础教程：理论、方法、面试 [M]. 北京：人民邮电出版社，2015.
[15] 江开耀，韩永国. 软件测试技术 [M]. 西安：西安电子科技大学出版社，2009.
[16] 兰景英. 软件测试实践教程 [M]. 北京：清华大学出版社，2016.
[17] 徐丽，朱云霞，紫君，等. 软件测试实例教程 [M]. 北京：人民邮电出版社，2014.